高等职业教育软件技术专业系列规划教材

微信小程序开发入门与项目实战

主 编 何 苗 刘小飞
副主编 李 俊 张应征 吴卫宏

大连理工大学出版社

图书在版编目(CIP)数据

微信小程序开发入门与项目实战 / 何苗，刘小飞主编. -- 大连：大连理工大学出版社，2024.7
高等职业教育软件技术专业系列规划教材
ISBN 978-7-5685-4465-8

Ⅰ.①微… Ⅱ.①何… ②刘… Ⅲ.①移动终端－应用程序－程序设计－高等职业教育－教材 Ⅳ.①TN929.53

中国国家版本馆 CIP 数据核字(2023)第 105298 号

大连理工大学出版社出版
地址：大连市软件园路 80 号　邮政编码：116023
发行：0411-84708842　邮购：0411-84708943　传真：0411-84701466
E-mail:dutp@dutp.cn　URL:https://www.dutp.cn
大连图腾彩色印刷有限公司印刷　大连理工大学出版社发行

幅面尺寸：185mm×260mm	印张：17.75	字数：453 千字
2024 年 7 月第 1 版		2024 年 7 月第 1 次印刷

责任编辑：高智银　　　　　　　　　　　　责任校对：李　红
　　　　　　　　　　封面设计：张　莹

ISBN 978-7-5685-4465-8　　　　　　　　　　　定价：59.80 元

本书如有印装质量问题，请与我社发行部联系更换。

前 言

党的二十大报告指出,加快发展数字经济,促进数字经济和实体经济深度融合,打造具有国际竞争力的数字产业集群。在这一时代背景下,数字人才将成为促进经济全面数字化转型的核心动力。因此,培养掌握数字化技能的专门人才至关重要,他们将在研发、创新等数字化技术应用领域发挥关键作用。

为响应党的号召并满足市场需求,我们精心编写了这本《微信小程序开发入门与项目实战》教材。本教材不仅拥有完整的知识体系和丰富的内容,而且融入了最新的技术趋势和行业标准,旨在帮助学习者掌握前沿的开发技能。同时,我们还注重融入爱国主义精神、工匠精神和协同合作等核心价值观,以培养全面发展的高素质人才。

本教材采用"项目引导、任务驱动"的教学方法,通过一系列实际案例激发学习者的学习兴趣和创新能力。除综合项目外,其他项目均按照"知识准备→项目实施→拓展训练"的流程进行,使学习者在实践中掌握知识和技能,提高解决实际问题的能力。经过学习,学习者将具备应用软件项目开发的全流程能力,为未来的职业发展奠定坚实基础。

此外,本教材紧密结合当前市场需求和行业发展趋势,力求使学习者在掌握微信小程序开发的基础上,能够顺应时代潮流不断创新和发展。随着数字化时代的深入发展和智能移动设备的大规模普及,人们对于服务获取渠道和方式提出了更高要求。在这个背景下,微信小程序凭借其便捷特性以及与微信平台的集成优势,迅速成为移动互联网领域的明星产品。本教材旨在为希望投身小程序开发领域的读者提供一本系统且实用的教材。在编写过程中,我们紧密关注微信小程序官方文档的更新动态和实际应用场景的需求变化,力求呈现前沿且实用的开发知识和技能。

全书内容划分为12个项目,每个项目都是一个独立的学习单元,但又彼此关联,共同构成了微信小程序开发的完整知识体系。

项目1~4聚焦于基础知识的讲授,从开发环境的搭建到小程序的基本架构和页面布局,每一步都讲解得详尽细致,确保读者能够稳固掌握小程序开发的入门基础。

随后的7个项目则逐步深入小程序的各项功能开发。教材将通过一系列精心设计的案例,带领读者学习和应用微信小程序提供的各种API接口。无论是网络通信、数据存储、地理位置定位,还是与硬件设备的交互等高级功能,读者都能在本书中找到清晰的指引和实用的示例代码。

最后的综合项目则是一次对所学知识的全面应用和升华。通过模拟实际的应用场景和开发需求,本教材将指导读者综合运用之前所学,开发出一个功能完备、用户体验优良的微信小程序应用。

本教材由陕西工业职业技术学院何苗、陕西交通职业技术学院刘小飞担任主编，陕西工业职业技术学院李俊、湖南工程职业技术学院张应征、河北软件职业技术学院吴卫宏担任副主编，西安速应网络科技有限公司总经理赵志铎参与编写。具体分工如下：何苗负责编写项目1、项目5以及项目12；刘小飞负责编写项目2、项目3以及项目4；李俊负责编写项目6和项目7；张应征负责编写项目8和项目9；吴卫宏负责编写项目10和项目11，赵志铎负责拓展项目设计以及大纲审核。全书由何苗确定编写大纲并负责统稿。

在编写教材过程中，还得到其他职业院校专家、同仁的关心指导和大力支持。在此，我们一并表示诚挚的谢意。

在编写本教材的过程中，编者参考、引用和改编了国内外出版物中的相关资料以及网络资源，在此表示深深的谢意！相关著作权人看到本教材后，请与出版社联系，出版社将按照相关法律的规定支付稿酬。

由于编者水平有限，教材中难免有疏漏和不妥之处，恳请读者与专家批评指正。

编　者

2024年7月

所有意见和建议请发往：dutpgz@163.com
欢迎访问职教数字化服务平台：https://www.dutp.cn/sve/
联系电话：0411-84706671　84707492

目 录

项目 1　微信小程序入门 …………………………………………………………………… 1
　1.1　知识准备 ……………………………………………………………………………… 1
　　1.1.1　微信小程序概述 ………………………………………………………………… 1
　　1.1.2　开发团队管理 …………………………………………………………………… 3
　1.2　项目实施 ……………………………………………………………………………… 4
　　任务 1　微信小程序开发前准备工作 ………………………………………………… 4
　　任务 2　人员组织结构分配 …………………………………………………………… 6
　拓展训练　微信小程序开发准备工作 …………………………………………………… 8
　项目小结 …………………………………………………………………………………… 8
　同步练习 …………………………………………………………………………………… 8

项目 2　开发环境搭建及开发工具介绍 ………………………………………………… 10
　2.1　知识准备 ……………………………………………………………………………… 10
　　2.1.1　开发环境搭建 …………………………………………………………………… 11
　　2.1.2　创建首个微信小程序 …………………………………………………………… 11
　2.2　项目实施 ……………………………………………………………………………… 11
　　任务 1　软件安装 ……………………………………………………………………… 11
　　任务 2　微信开发者工具功能使用 …………………………………………………… 14
　拓展训练　搭建环境创建项目 …………………………………………………………… 19
　项目小结 …………………………………………………………………………………… 19
　同步练习 …………………………………………………………………………………… 19

项目 3　从"HelloWechat"开启微信小程序之旅 ……………………………………… 21
　3.1　知识准备 ……………………………………………………………………………… 21
　　3.1.1　小程序目录结构 ………………………………………………………………… 22
　　3.1.2　页面元素和样式 ………………………………………………………………… 24
　　3.1.3　Flex 布局 ………………………………………………………………………… 26
　　3.1.4　自适应尺寸单位 ………………………………………………………………… 28
　3.2　项目实施 ……………………………………………………………………………… 30
　　任务 1　手动编写第一个小程序页面 ………………………………………………… 30
　　任务 2　设计小程序页面样式 ………………………………………………………… 32
　　任务 3　全局样式设计及项目配置 …………………………………………………… 33
　拓展训练　首个微信小程序的 Hello World …………………………………………… 36
　项目小结 …………………………………………………………………………………… 37
　同步练习 …………………………………………………………………………………… 37

项目 4　新闻列表页面设计 ... 39
4.1　知识准备 ... 39
4.1.1　swiper 组件 ... 40
4.1.2　image 组件的缩放模式及裁剪模式 ... 41
4.1.3　Page 页面的生命周期 ... 44
4.1.4　数据绑定 ... 48
4.1.5　列表渲染 ... 52
4.1.6　事件 ... 54
4.1.7　模块化 ... 56
4.1.8　模板化应用 ... 58
4.2　项目实施 ... 58
任务 1　新闻列表页面元素分析及准备工作 ... 58
任务 2　实现新闻轮播展示效果 ... 59
任务 3　新闻列表骨架及样式构建 ... 61
任务 4　静态展示新闻列表 ... 64
任务 5　新闻数据绑定 ... 66
任务 6　导航栏设置及页面跳转设置 ... 74
任务 7　数据与业务分离并引用模块 ... 76
任务 8　业务逻辑模块化并引入样式模块 ... 78
拓展训练　仿微信"发现"页小程序设计 ... 79
项目小结 ... 79
同步练习 ... 80

项目 5　天气预报查询实现 ... 82
5.1　知识准备 ... 82
5.1.1　服务器数据交互 ... 82
5.1.2　API 密钥申请 ... 87
5.1.3　API 调用方法 ... 89
5.1.4　服务器域名配置 ... 91
5.2　项目实施 ... 91
任务 1　构建项目 ... 91
任务 2　页面结构及样式设计 ... 92
任务 3　逻辑实现 ... 96
拓展训练　自制格点天气预测小程序 ... 100
项目小结 ... 101
同步练习 ... 101

项目 6　美好时光视频相册制作 ... 103
6.1　知识准备 ... 103
6.1.1　video 组件 ... 104
6.1.2　腾讯视频插件 ... 107

6.2 项目实施 …………………………………………………………………… 108
　　任务1　设计页面结构及样式 …………………………………………… 108
　　任务2　逻辑实现 ………………………………………………………… 111
拓展训练　微信小程序视频录播系统 …………………………………………… 115
项目小结 …………………………………………………………………………… 117
同步练习 …………………………………………………………………………… 117

项目7　小程序电子书架设计 ……………………………………………… 119
7.1 知识准备 …………………………………………………………………… 119
　　7.1.1 保存临时文件到本地 …………………………………………… 119
　　7.1.2 获取本地缓存文件信息 ………………………………………… 122
　　7.1.3 获取本地缓存文件列表 ………………………………………… 125
　　7.1.4 删除本地缓存文件 ……………………………………………… 128
　　7.1.5 打开指定文档 …………………………………………………… 131
7.2 项目实施 …………………………………………………………………… 134
　　任务1　页面结构设计 …………………………………………………… 134
　　任务2　逻辑实现 ………………………………………………………… 138
拓展训练　微信小程序图片管理 ………………………………………………… 144
项目小结 …………………………………………………………………………… 146
同步练习 …………………………………………………………………………… 146

项目8　学生学籍卡展示 …………………………………………………… 148
8.1 知识准备 …………………………………………………………………… 148
　　8.1.1 本地缓存 ………………………………………………………… 148
　　8.1.2 数据存取 ………………………………………………………… 149
　　8.1.3 数据的删除与清空 ……………………………………………… 156
8.2 项目实施 …………………………………………………………………… 161
　　任务1　页面结构设计 …………………………………………………… 161
　　任务2　逻辑实现 ………………………………………………………… 169
拓展训练　微信小程序商城 ……………………………………………………… 176
项目小结 …………………………………………………………………………… 177
同步练习 …………………………………………………………………………… 177

项目9　会议邀请函设计 …………………………………………………… 180
9.1 知识准备 …………………………………………………………………… 180
　　9.1.1 位置信息的获取和选择 ………………………………………… 180
　　9.1.2 map组件 ………………………………………………………… 187
9.2 项目实施 …………………………………………………………………… 190
　　任务1　页面结构设计 …………………………………………………… 190
　　任务2　逻辑实现 ………………………………………………………… 194
拓展训练　微信小程序外卖应用 ………………………………………………… 196
项目小结 …………………………………………………………………………… 197
同步练习 …………………………………………………………………………… 197

项目 10　设计实现模拟时钟　199

10.1　知识准备　199
10.1.1　canvas 组件　199
10.1.2　canvas 对象相关方法　201
10.2　项目实施　203
任务 1　时钟界面设计　203
任务 2　逻辑实现　205
拓展训练　随心绘图小工具　215
项目小结　216
同步练习　216

项目 11　推箱子游戏设计　219

11.1　知识准备　219
11.1.1　首页功能需求分析　220
11.1.2　游戏页面功能需求　220
11.2　项目实施　220
任务 1　页面配置　220
任务 2　视图设计　221
任务 3　逻辑实现　225
扩展训练　音乐播放器小程序　238
项目小结　239
同步练习　239

项目 12　综合项目——校园点餐小程序　240

12.1　开发准备　241
12.1.1　项目预览展示　241
12.1.2　项目分析　242
12.2　项目初始化　243
12.2.1　创建及配置项目　243
12.2.2　封装网络请求　245
12.3　项目实施　246
任务 1　首页设计实现　246
任务 2　菜单列表设计实现　249
任务 3　购物车功能实现　254
任务 4　订单确认页面设计实现　260
任务 5　订单详情页面设计实现　265
任务 6　订单列表与消费记录设计实现　268
项目小结　273

参考文献　274

本书微课视频列表

序号	二维码	微课名称	页码
1		微信小程序开发前准备工作	4
2		手动创建第一个小程序	30
3		swiper 组件应用	40
4		数据绑定应用	48
5		服务器数据交互应用	82
6		video 组件的简单应用	104
7		文件 API 的基础知识	119
8		位置 API 的简单介绍	180
9		canvas 组件介绍	199
10		校园点餐小程序分析	241

项目 1

微信小程序入门

📝 知识目标

- 了解什么是微信小程序以及其开发特点。
- 掌握微信小程序开发前准备工作。
- 掌握开发微信小程序之前帐号注册及项目管理方法。

📝 技能目标

- 了解小程序的概念及发展前景。
- 掌握开发者帐号的注册、信息的完善以及成员管理。
- 掌握小程序开发工具的使用。

📝 素质目标

- 树立科技创新的典范,推动移动互联网技术进步,增强国家竞争力。
- 秉承开放合作理念,为创新创业提供广阔舞台。
- 践行绿色发展,节约资源,助力环保。
- 致力于服务人民,提供便捷、创新的服务与产品,增强民众福祉。

1.1 知识准备

1.1.1 微信小程序概述

随着微信小程序的迅速发展以及普及,外卖、点餐、团购等小程序越来越多地被使用,它不需要像 App 一样功能复杂且强大全面,而是提供了便捷的购物服务,用户不需要下载 App 安装到手机,即可直接使用,不占用手机的存储空间。

1. 微信小程序的诞生

微信小程序(Mini Program)是一种存在于微信内部的轻量级应用程序。微信研发团队在其官方网页中有一段关于微信小程序的介绍:"小程序是一种新的开放能力,开发者可以快速地开发一个小程序。小程序可以在微信内被便捷地获取和传播,同时具有出色的使用体验"。

微信小程序于 2017 年 1 月 9 日正式发布,微信之父张小龙给小程序的定义是:小程序是一种不需要下载、安装即可使用的应用,它实现了"触手可及"的梦想,用户扫一扫或者搜一下即可打开应用,这也体现了"用完即走"的理念。用户不用关心是否安装太多应用的问题,应用无处不在,随时可用,且无须安装与卸载。

2. 什么是微信小程序

微信小程序无论从技术上还是理念上其实都不是一个新事物:从技术上讲,它借用 React Native 的一些概念,定义了一套微信自有的组件并根据不同的运行环境将组件编译/转化为对应平台的可运行组件;从理念上讲,QQ 右下角的"应用宝"以及支付宝中的各类小服务,早已是小程序的雏形。微信小程序运行于微信之上,它的交互与手机原生应用类似,但是每个应用的体积非常小(目前上限是 2 048 KB),具有无须安装、触手可及、用完即走、无须卸载的特点。

只要用户手机中安装了微信,就可以使用微信小程序。这使得微信小程序可以跨平台(支持 Android、iOS),并且和微信更紧密地结合,通过"扫一扫"或"搜一搜"即可获取小程序,实现使用微信帐号一键登录等效果。

在小程序发布之前,微信公众平台已经发布了服务号、订阅号和企业号。由于微信的产品定位不仅仅是成为一个即时通信工具,而是发展成一个服务平台,因此之前很多服务是通过服务号完成的。但是服务号功能薄弱,不能满足用户需求,由此诞生了小程序。相比较原生 App,依托于微信程序客户端的小程序用户量巨大,不但可以快速获取用户,还可以轻易被附近用户搜索到,便于推广。

3. 小程序功能

(1)小程序页

小程序不一定从首页进入,任何一个小程序中的当前页面信息都可以被用户直接分享且不需要重新启动。

(2)搜索查找

小程序可以从微信的"发现"页入口中被搜索到,用户可以通过输入小程序的关键字或名称直接搜索。

(3)公众号关联

小程序与微信公众号可以相互关联,目前每个公众号可以关联 5 个小程序。

(4)扫码

小程序允许扫码使用,既可以是普通二维码也可以是其自己特有的小程序码。

(5)小程序切换

小程序支持后台挂起切换,也就是指,用户可以先关闭小程序,在一定时间间隔内再次打开时仍然保持之前的页面数据。

(6) 消息通知

小程序允许商家向用户发送消息模板,且提供客服消息功能,商家可与客户进行线上交流。

(7) 使用历史列表

用户打开或使用过的小程序会记录在"最近使用"列表中,用户也可以手动将小程序添加到"我的小程序"中进行记录保存,以便下次使用。

4. 微信小程序的优势及发展前景

微信经过多年的发展已经成为人们必不可少的聊天工具,依托于微信之上的微信小程序的使用也越来越普遍。2018 年 7 月 29 日,广发证券发布了关于微信小程序的投资价值分析报告,估算公司估值为 6 230 亿美元,而商业服务类微信小程序获得了超过 500 亿美元的估值,作为微信内部抱以最大期望的项目,微信小程序极有可能重塑人们的线上体验。

1.1.2 开发团队管理

微信小程序在开发过程中,一个项目可以由多人共同完成。具有管理员身份的开发者登录后可以在小程序管理后台统一管理项目成员,根据成员分工不同分别设置对应的权限。具有开发者权限的成员可以使用开发者工具完成小程序开发,开发完成后使用开发者管理完成版本发布及上线管理。

1. 成员类型说明

管理员可以为小程序分配开发者、体验者以及其他权限的项目成员,不同权限说明如下:

- 开发者:使用微信开发者工具进行小程序开发,也可以预览开发版小程序手机端展示效果。
- 体验者:可以在手机端使用体验版小程序。
- 登录:无须管理员确认即可登录小程序管理后台。
- 数据分析:可使用小程序数据分析功能查看小程序数据。
- 开发管理:小程序提交审核、发布、回退控制。
- 开发设置:可设置小程序服务器域名、消息推送及扫描普通链接二维码打开小程序。
- 暂停服务设置:可暂停小程序线上服务。

2. 成员人数限制

对于个人类型的小程序允许管理员添加 15 个开发者,包括 5 个开发者和 10 个体验者。其他类型的小程序开发者数量限制如下:

- 未认证未发布组织类型:30 人。
- 已认证未发布/未认证已发布组织类型:60 人。
- 已认证已发布组织类型:90 人。

3. 成员变更

小程序的管理员与项目成员都是允许变更的。需要注意,每个微信号作为项目成员最多可以参与 50 个小程序。

1.2 项目实施

微信小程序
开发前准备工作

任务1 微信小程序开发前准备工作

微信自诞生以来,一直以开放的方式发展,所提供的微信公众平台,可以将企业、媒体、开发者加入平台中,为微信用户提供丰富的服务以及资讯。微信公众平台主要为用户提供了4种类型的帐号,分别为服务号、订阅号、小程序与企业微信(原企业号)。打开微信公众平台网址,可以查看4种帐号的说明,如图1-1所示。

图1-1 微信公众平台帐号分类

服务号:主要用于企业与用户的服务交互,例如银行、交警、114等,提供查询等服务。

订阅号:主要用于向用户推送资讯,类似报纸或杂志。

小程序:主要是指在微信公众平台中发布小程序时所使用的帐号。

企业微信:主要用于公司或企业内部通信使用,在关注或使用企业号之前需要验证身份。

在真正进行学习微信小程序开发之前,首先需要进行小程序等帐号的注册与信息完善等开发前准备工作。首先来注册开发者帐号。

微信公众号主要用来管理和区分每个开发者,并进行小程序的发布、审核以及上线管理。开发者在开发前首先需要在微信公众平台上注册程序帐号,这样才能进行后续的代码开发工作。步骤如下:

(1)访问微信公众平台官网(https://mp.weixin.qq.com),单击右上角的"立即注册"按钮进入帐号选择页面,如图1-2所示。在当前页面中选择注册类型为"小程序",即可进入小程序的正式注册页面,如图1-3所示。

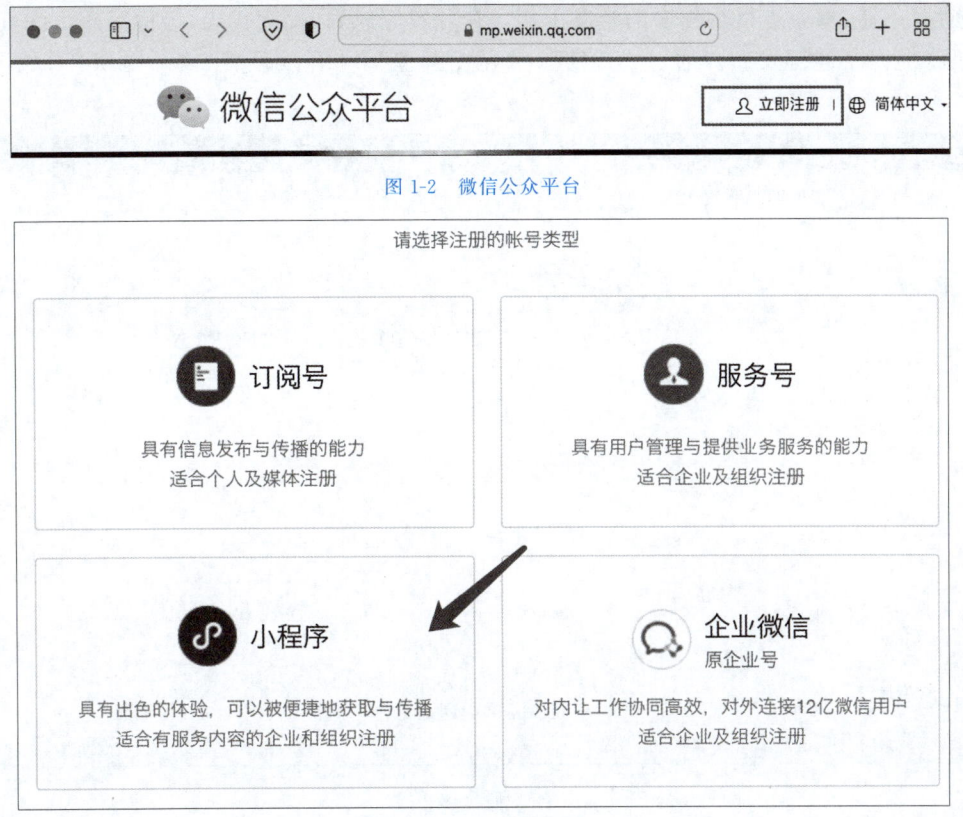

图 1-2　微信公众平台

图 1-3　小程序帐号类型选择页面

（2）小程序注册页面包括 3 个填写内容，即帐号信息、邮箱激活以及信息登记。根据信息提示完成帐号注册后即可进入如图 1-4 所示页面中。该页面为小程序管理后台，提供了针对小程序的开发、发布、管理以及统计等一系列的功能。

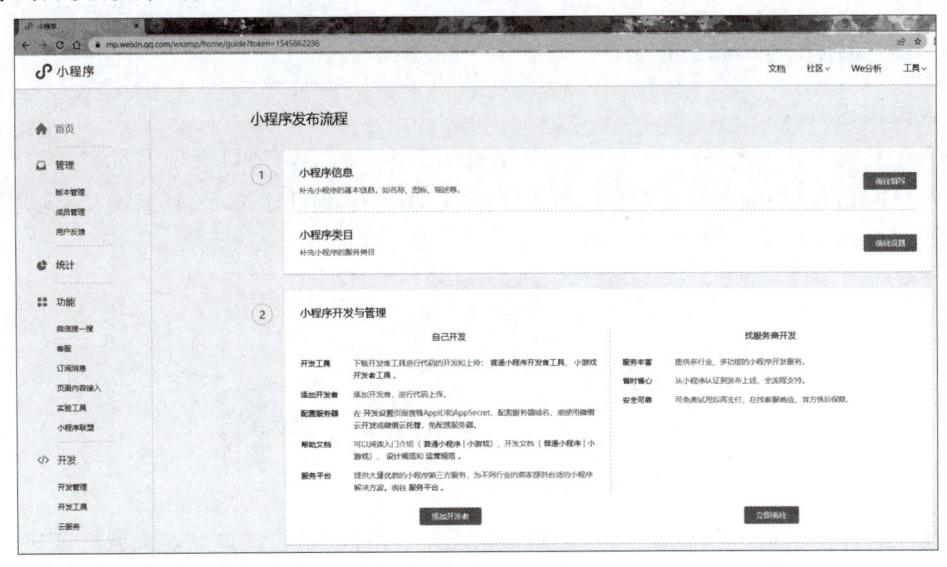

图 1-4　小程序发布流程

（3）从图 1-4 可以看出，小程序的发布流程分为两个步骤。第 1 步，需要填写小程序基本信息，包括小程序名称、简介以及小程序头像等内容；第 2 步，下载并配置开发环境、添加开发者、配置服务器,然后进行小程序的开发工作。在开发完成后,提交代码,等待审核。待审核通过即可将小程序进行发布。通过"开发"→"开发管理"→"开发设置"查看 AppID,如图 1-5 所示。

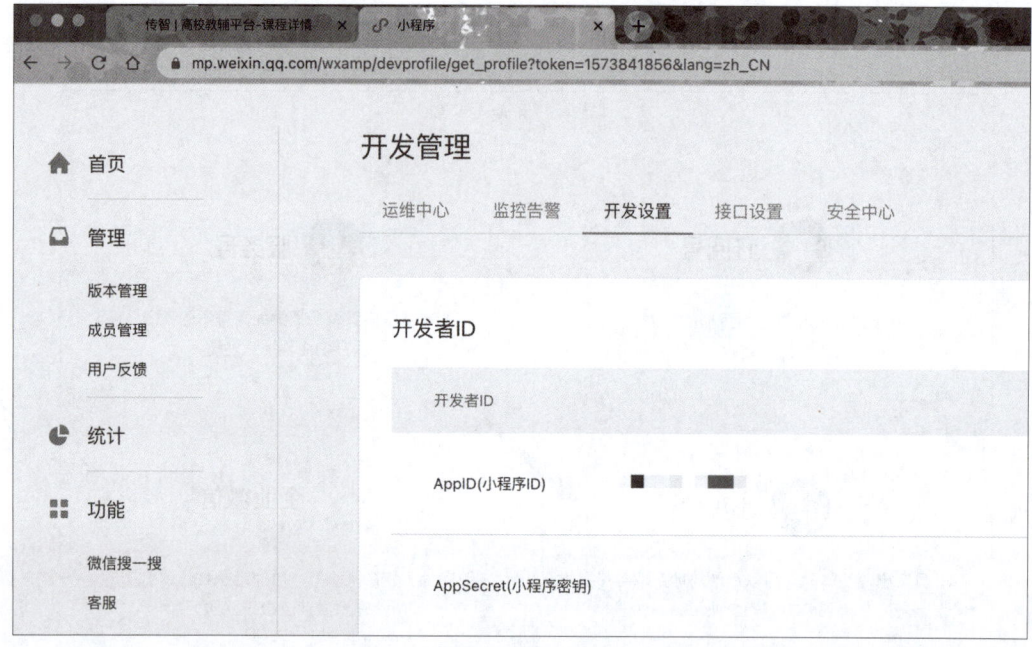

图 1-5 查看 AppID

在微信小程序中,AppID 又称为小程序 ID,作为微信小程序的唯一标识。每个小程序只有一个 AppID,因此每个帐号只能发布一个小程序。如果需要发布多个小程序,需要注册多个小程序帐号。目前腾讯规定个人用户的一个手机号可以注册一个微信号,一个微信号可以申请 5 个微信小程序进行发布,也就是说一个手机号可以管理 5 个小程序。

任务 2 人员组织结构分配

1. 人员组织结构

小程序开发团队一般由 1～20 人构成,结构如图 1-6 所示。项目管理人员统筹整个项目的进展和风险,把控小程序对外发布的节奏。同时,小程序项目通过产品组、设计组、开发组、测试组之间的相互协调完成。

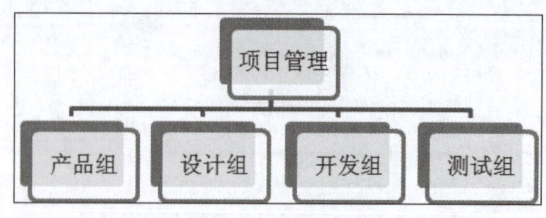

图 1-6 项目成员组织结构

开发小程序的一般工作流程中,产品组提出需求,设计人员根据产品需求做出设计方案供开发人员使用,开发组依据设计方案进行程序的编写。代码编译完成后,测试组进行测试用例编写并对小程序进行编译测试。流程图如图 1-7 所示。

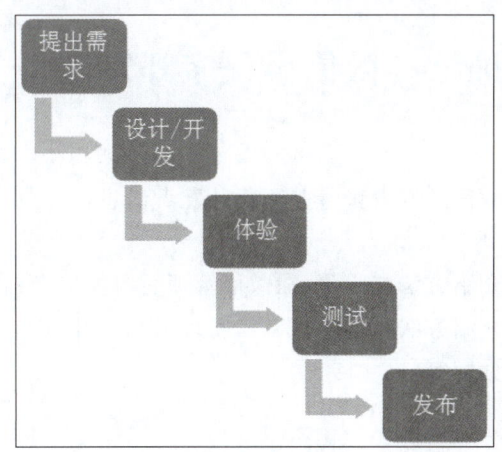

图 1-7　小程序发布流程

2. 权限管理

小程序管理后台允许不同开发团队成员登录,通过"微信公众平台"→"管理"→"成员管理"设置,管理员可以便捷地分配权限给不同的项目成员,小程序开发平台的管理比传统网页开发和 App 应用开发更加简单便捷。对于小程序的发布、回退以及下架等敏感操作在操作权限分配时需要尤其注意不要分配给不相关人员。

3. 小程序版本管理

在小程序开发流程中的测试环节,一般由开发人员编写完代码后进行 α 测试,直到程序达到稳定状态时,开发者会将体验版交给产品经理和测试人员进行 β 测试,并在修复 Bug 后进行发布。小程序管理后台根据这个流程设计了小程序的不同版本。

- 开发版本:通过使用开发者工具,将代码上传到开发版本中,开发版本中仅保留一份最新上传的版本。单击"提交审核"按钮,可将代码提交审核。开发版本可删除,不影响线上版本和审核中的版本代码。
- 审核中版本:只能有一份代码处于审核中。有审核结果后可以发布到线上,也可以重新提交审核,覆盖原来的审核版本。
- 线上版本:线上所有用户使用的代码版本。该版本在新版本代码发布后会被覆盖。

由于小程序项目是协同开发模式,因此一个小程序可能同时由多名开发者共同完成,在小程序开发者工具上编写完代码后需要到手机上进行真机体验,因此每个开发者使用自己对应的一个开发版本。

4. 提交审核并发布

为了保证小程序的质量以及符合法律法规,小程序在正式发布前需要经过审核。可以通过开发者工具上传小程序代码,并通过登录"微信公众平台",在"管理"中选择开发版本后提交上传进行审核。

审核通过后,管理员会通过微信收到小程序通过审核的通知。此时通过登录"微信公众平台"→"管理"→"版本管理",在"审核版本"中可以查看通过审核的版本并进行后续发布。

拓展训练　微信小程序开发准备工作

【训练需求】
在微信管理后台注册微信开发者帐号并完善开发者信息,针对项目进行人员分组。

【训练步骤】
1. 按照本项目任务所介绍方法与步骤,在微信管理后台注册微信小程序开发者帐号。
2. 参考本项目任务所介绍方法与步骤在微信管理者后台中完善微信开发者内容,包括微信小程序名称和人员管理分配等。

项目小结

本项目主要介绍了什么是微信小程序,微信小程序的特点以及发展前景。通过项目任务的展开掌握微信开发者工具的下载和安装,掌握工具的简单使用以及如何创建简单的微信小程序项目。同时通过项目任务掌握微信小程序的团队管理、项目管理以及审核发布流程。通过本项目的学习,读者对微信小程序开发的全貌有一个整体认知,最后通过拓展训练使读者在进行下一阶段学习前做好微信开发者的准备工作。

同步练习

一、单选题

1. 在进入微信小程序开发前,需要先注册(　　),并安装微信开发者工具。
   A. 微信公众号　　　B. 小程序帐号　　　C. 企业微信　　　D. 服务号

2. 下面对于微信小程序的描述中,错误的是(　　)。
   A. 微信小程序是一种不需要安装即可使用的应用
   B. 微信小程序运行在微信之上,类似于原生 App
   C. 微信小程序应用大小上限为 3 048 KB
   D. 微信小程序可以实现跨平台

3. 微信小程序是由(　　)提出的,并解决了 App 使用的效率问题。
   A. 张小龙　　　B. 尤雨溪　　　C. 马化腾　　　D. 李彦宏

4. 下面功能选项中,微信小程序不支持的是(　　)。
   A. 集中入口　　　B. 线下扫码　　　C. 挂起状态　　　D. 消息通知

5. 下列公众平台类型中主要用于为用户传达资讯,类似报纸、杂志的是(　　)。
   A. 企业微信　　　B. 服务号　　　C. 小程序　　　D. 订阅号

6. 下列公众平台类型中主要用于服务交互,类似银行、114,提供查询服务的是(　　)。
   A. 订阅号　　　B. 服务号　　　C. 小程序　　　D. 企业微信

7. 下列公众平台类型中主要用于公司内部通信使用,在关注企业号前需要先验证身份的是(　　)。
   A. 服务号　　　B. 企业微信　　　C. 订阅号　　　D. 小程序

8. 下面对于微信小程序发展前景的说法中,错误的是( )。
A. 微信小程序是一个生态体系,将来能够更好地借助扩展插件进行小程序的开发
B. 微信小程序不断地完善自己,开发能力越来越强,进一步完善了开发接口
C. 微信小程序只能个人申请使用
D. 微信小程序积累了大量的用户,且用户黏性高。
9. 小程序开发环境搭建,主要就是安装( )。
A. Chrome   B. 微信开发者工具   C. 编辑器   D. 微信客户端
10. 下列选项中可以通过调用微信小程序开发中( )API,实现页面与页面之间的跳转。
A. wx.navigateTo   B. wx.navigate   C. wx.navigatorTo   D. wx.navigator

二、判断题

1. 微信小程序运行环境是微信客户端,可以实现跨平台。   （   ）
2. 微信小程序能够实现复杂的应用,将来会取代 Native App。   （   ）
3. 在微信小程序开发时,同样可以使用大量的第三方库和插件。   （   ）
4. 使用微信小程序必须先安装微信。   （   ）
5. 微信小程序是一种不需要安装即可使用的应用,用户只需扫一扫或搜一下即可打开应用,无须安装或卸载。   （   ）
6. 微信公众号主要由小程序、服务号、企业微信、订阅号组成。   （   ）
7. 在微信小程序中,AppID 又称为小程序 ID,是每个小程序的唯一标识。 （   ）
8. 微信小程序云开发能力从基础库 2.2.3 开始支持。   （   ）

三、填空题

1. 在微信小程序开发过程中,目前要求应用文件的大小上限为_____。
2. 微信小程序用户量主要来自_____用户的数量。
3. 微信小程序和 Web App 在技术上的主要相同点是可以_____。
4. 微信小程序通过_____、搜索关键字、群分享、好友分享方式打开。
5. 小程序进行开发使用的开发工具是_____。
6. 微信开发者工具支持_____操作系统。
7. 微信开发者工具是由_____开发的,进行应用和服务开发的工具。
8. _____是继原生 App、Web App 之后出现的一种新的 App 形态。
9. 在微信开发者工具中,_____提供了常用功能的快捷按钮。
10. 在微信小程序中,_____用于模拟手机环境,查看不同手机型号的运行效果。
11. 在微信小程序目录结构中,project.config.json 文件是_____。
12. _____类似于 Google Chrome 浏览器中的开发者工具。
13. 在小程序团队开发中,_____控制着整个小程序的发布、回退、下架等敏感操作。
14. 在小程序团队开发中,_____拥有小程序项目的所有权限。
15. 小程序在开发过程中,主要由开发版本、审核中版本、_____组成。

四、简答题

1. 请简述什么是微信小程序。
2. 请简述微信小程序开发环境的搭建。
3. 请简述微信开发者工具中的调试器功能。

项目 2

开发环境搭建及开发工具介绍

知识目标

- 学习合理使用微信小程序官方文档。
- 掌握微信小程序开发工具的下载及安装。
- 掌握小程序开发工具的布局模块及其作用。
- 掌握使用小程序开发工具创建项目并提交审核发布的步骤。

技能目标

- 掌握小程序的开发环境的安装和搭建。
- 熟练运用开发者工具创建简单官方模板项目。
- 掌握开发者工具的相关界面、功能以及使用技巧。
- 掌握微信小程序的基本功能及目录结构。

素质目标

- 科技创新:其开发环境及工具是科技前沿的产物,助力高效便捷地研发,体验技术之新。
- 智能制造:小程序平台彰显智能制造思维,自动化与智能调试提升开发效率与跨平台适应性。
- 服务人民:小程序作为服务新途径,致力于优化用户体验,持续满足人民需求,坚守服务初心。

2.1 知识准备

准备工作完成后即可开始微信小程序的开发了,微信小程序官方网站微信公众平台提供了专属开发工具——"微信开发工具"。

2.1.1 开发环境搭建

读者登录微信小程序官方文档首页，选择菜单栏的"开发"选项，选择"工具"栏目即可切换到小程序开发工具的下载页面，也可以通过如下 URL 地址访问下载页面。

https://developers.weixin.qq.com/miniprogram/dev/devtools/download.html

在微信公众平台网站中可以找到微信开发者工具下载地址，如图 2-1 所示。

图 2-1 微信开发者工具下载

从图 2-1 可以看出，微信开发者工具支持 Windows 和 macOS 操作系统，读者可以根据自己计算机系统环境选择合适的版本进行下载。

2.1.2 创建首个微信小程序

首次打开微信开发者工具时，会出现登录页，在微信公众平台注册好帐号后，使用微信扫码登录。登录成功后会看到启动页，单击启动页的"小程序"并点击"＋"按钮，即可创建一个新的小程序项目，如图 2-2 所示。

根据页面提示，在本地创建的空目录作为项目"目录"，AppID 为微信管理平台中注册的微信小程序帐号，也可使用测试号，"项目名称"可以随意填写，如"HelloWorld"。填写完成后，选择"JavaScript-基础模板"然后单击"确定"按钮即可创建官方提供的简单小程序。

2.2 项目实施

任务 1 软件安装

1. 安装

本书以 Windows 64 版本为例，演示微信开发者工具的安装和使用，具体步骤如下。双击安装包进行开发者工具安装，安装过程如图 2-3～图 2-6 所示。

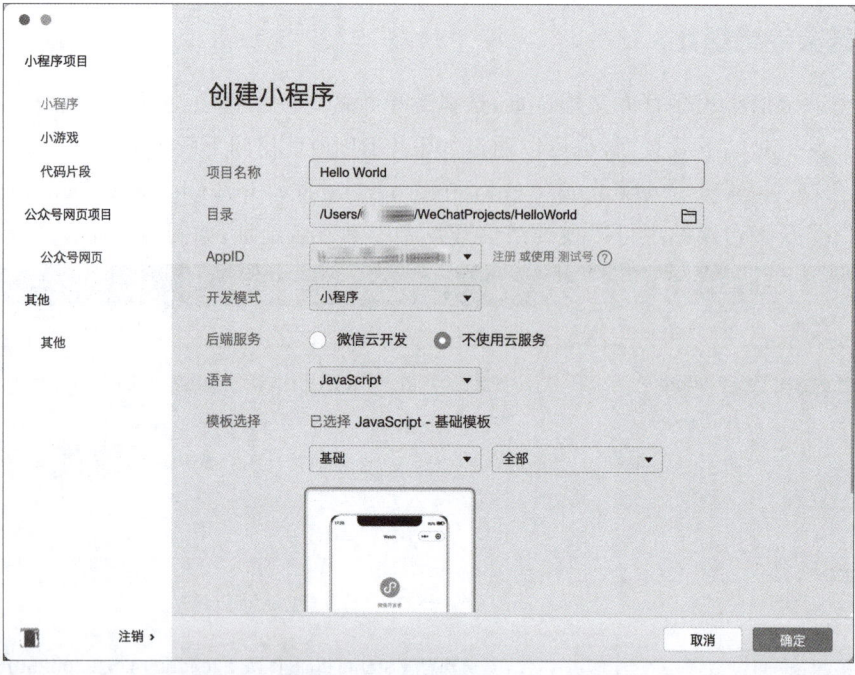

图 2-2 创建小程序项目

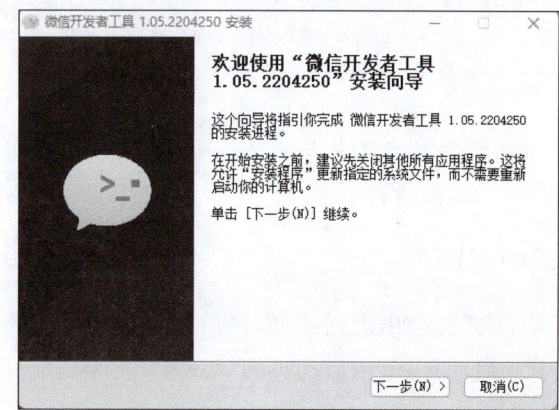

图 2-3 进入安装向导

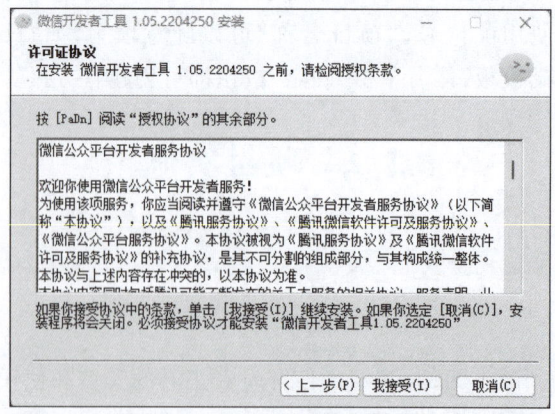

图 2-4 授权许可证协议

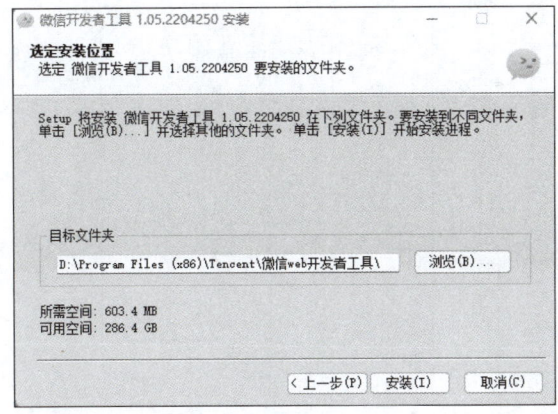

图 2-5　选择安装位置

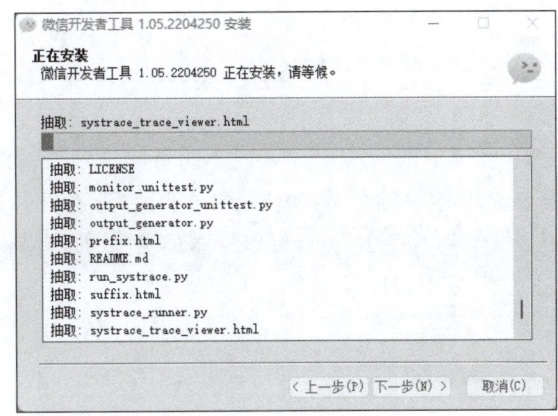

图 2-6　正在安装

安装完成后的界面如图 2-7 所示。

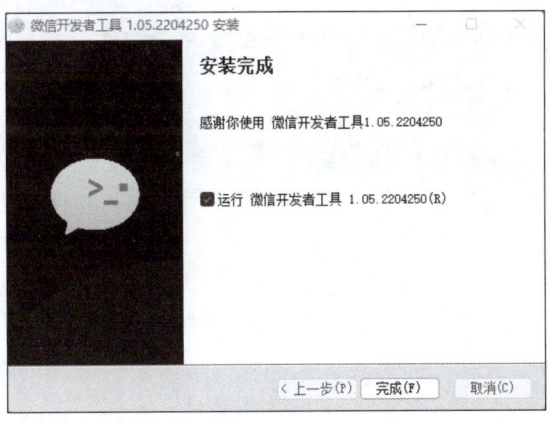

图 2-7　微信开发者工具的安装完成界面

2．开发者工具的登录

首次打开微信开发者工具时,会出现登录页的二维码扫描页面,如图 2-8 所示,需使用微信扫码登录,或使用游客模式。但是游客模式仅能进行普通开发,不能进行开发预览以及真机调试。登录成功后,会出现如图 2-9 所示的启动页,提示选择开发模式以及项目信息。

图 2-8　二维码扫描页面　　　　　　　　　　图 2-9　启动页

单击图 2-9 中"小程序项目"中的"小程序",或单击导航页面中的"＋"按钮后,根据页面提示填入项目名称、设置小程序存放的位置、填写 AppID,并选择开发模式为"小程序",在后端服务部分选择"不使用云服务",作为初学者可以选择官方提供的"JavaScript-基础模板",然后即可创建出一个新的官方模板小程序项目,如图 2-10 所示。

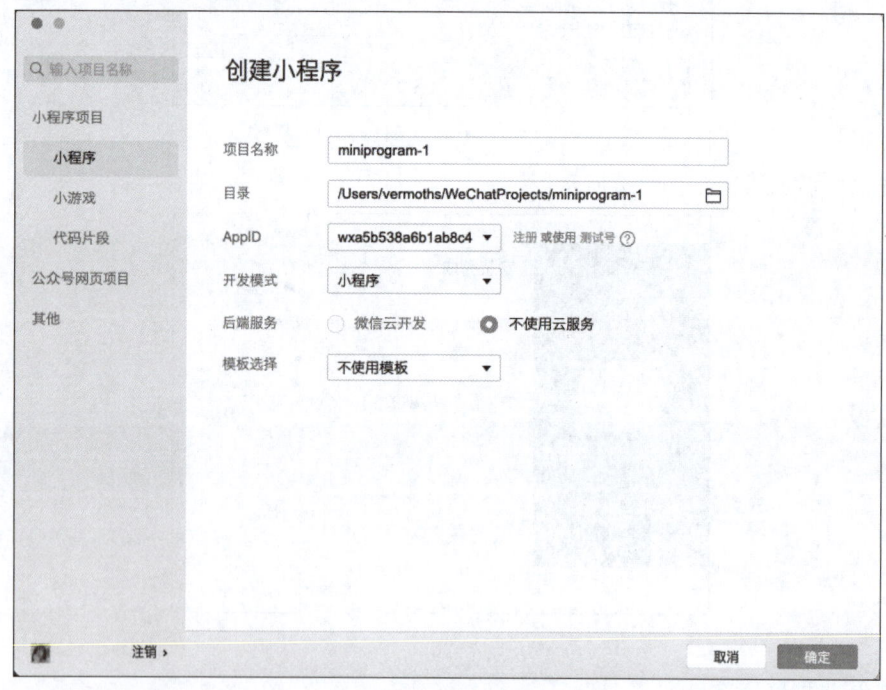

图 2-10　创建小程序项目

任务 2　微信开发者工具功能使用

1. IDE 布局模块介绍

小程序创建成功后,进入开发调试环境中,如图 2-11 所示。

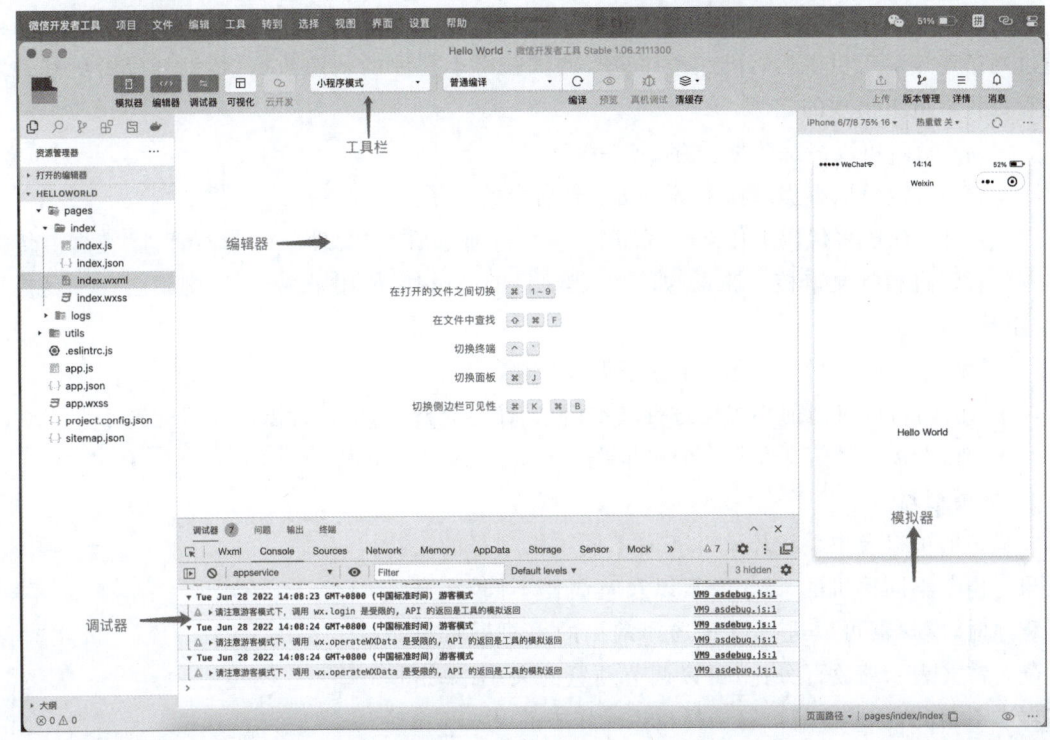

图 2-11 小程序开发调试环境

根据图 2-11 中所示可以得知，微信开发者工具主界面主要由菜单栏、工具栏、模拟器、编辑器和调试器组成。

(1) 菜单栏

菜单栏中主要包括项目、文件、编辑、工具、转到、视图、界面、设置、帮助和微信开发者工具。通过菜单可以访问微信开发者工具的大部分功能，进行项目创建管理、文件创建管理、编辑代码，以及辅助工具、界面中常用部分的显示/隐藏、外观快捷键等设置功能。

(2) 工具栏

工具栏提供了常用功能快捷按钮，具体有：

- 个人中心：工具栏最左侧第 1 个按钮，显示当前登录用户的用户名及头像信息。
- 模拟器、编译器和调试器：用于切换显示/隐藏控制工具。
- 可视化：开启后，当开发者在可视化面板进行设置和操作时，代码编辑器会打开对应代码文件，并同步生成相应的代码。
- 云开发：开发者可以使用云来开发小程序、小游戏，无须搭建服务器，即可使用云端能力。云开发能力从基础库 2.2.3 开始支持。
- 模式切换菜单：用于在小程序和插件模式之间进行切换。
- 编译下拉菜单：用于切换编译模式。默认为普通编译，也可以添加其他编译模式。
- 编译：小程序代码编写后，需要编译才能运行。通过单击"编译"执行代码进行手动编译。
- 预览：通过单击"预览"按钮可以生成一个供手机扫描的二维码，可在微信中预览小程序的实际运行效果。

- 真机调试:"预览"只能看到小程序页面效果,真机调试能够实现直接利用开发者工具,通过网络连接对手机上运行的小程序进行调试获得小程序的状态数据,帮助开发者更好地定位和查找手机上出现的问题。
- 清缓存:可以清除数据缓存、文件缓存等。
- 切后台:模拟小程序在手机中切换到后台的效果。
- 上传:用于将代码上传至小程序管理后台,通过后台"管理"→"版本管理"查看上传版本并将代码进行提交审核。注意:如果创建项目的 AppID 使用了测试号,则不会在工具栏显示"上传"按钮。
- 版本管理:使用 Git 进行小程序版本管理。
- 详情:可以对当前小程序进行基本信息、性能分析、本地设置以及项目配置。
- 消息:接收微信开发平台消息推送。

(3)模拟器

模拟器可以模拟手机环境并查看不同手机型号的运行效果。由于不同手机的 CSS 像素以及宽高比不同,在开发小程序时,模拟器可以进行设置选择常见的手机屏幕进行适配。75%表示缩放百分比,可以调节预览的大小;单击模拟器右上角的"..."按钮可以选择模拟操作中的 Wi-Fi 切换网络环境,可以根据程序需要调整为 2G、3G、4G 或 offline 离线状态,根据不同环境的网速状况测试小程序的网络加载速度;模拟器的底部状态栏用于显示当前页面路径,如图 2-12 所示。

(4)编辑器

微信开发工具的编辑器主要包含项目的目录结构区以及代码编辑区。目录结构区可以添加新文件,文件类型包括目录、Page、Component、JS、JSON、WXML、WXSS 和 WXS。代码编辑器允许同时打开多个页面进行切换查看。

图 2-12 模拟器

(5)调试器

调试器类似于 Google Chrome 中的开发者工具,用于实时查看小程序运行时的后台输出、网络状况、数据存储等内容的变化。常用面板主要包含 9 个,可使用 Tab 键进行切换,如图 2-13 所示。

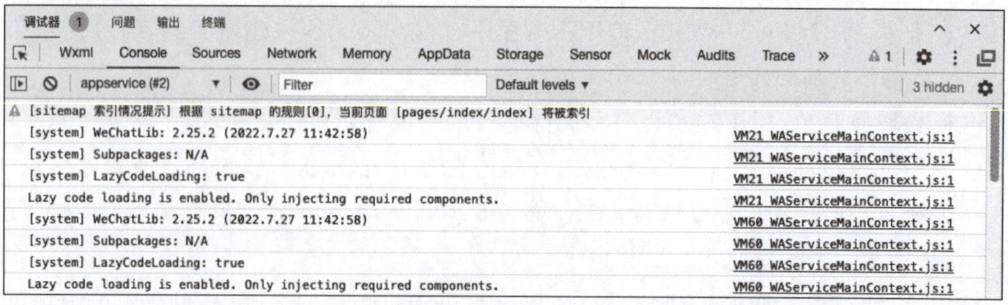

图 2-13 调试器

- Console:"控制台"面板,小程序编译或运行时输出调试信息,也可以在控制台直接编写代码执行。例如,直接在控制台输入 console.log()语句后回车可完成输出,效果如图 2-14 所示。

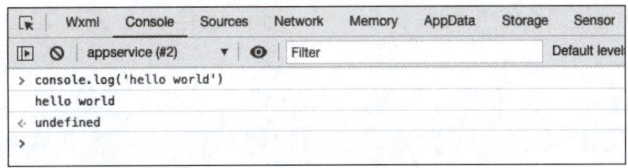

图 2-14　Console 控制台直接输入 console.log()语句

- Sources:"资源"面板,也称为"源代码"面板,可以显示本地或云端的相关资源文件,同时支持编写代码执行。小程序在代码编写完成后会被打包成完整的 JavaScript 文件运行。
- Network:"网络"面板,小程序调用网络 API 时用于记录网络请求信息,根据它进行网络性能优化。
- AppData:"App 数据"面板,可以实时查看小程序页面 JS 文件中数据的变化。
- Audits:"审计"面板,用于对小程序进行体验评分。
- Sensor:"传感器"面板,用于模拟地理位置、重力感应等。
- Storage:"存储"面板,用于查看和管理当前小程序的缓存数据。
- Trace:"跟踪"面板,用于真机调试时跟踪调试信息。
- Wxml:"Wxml 预览"面板,在运行小程序后打开该面板,可以查看当前页面的 Wxml 代码内容与对应的渲染样式。

2. 真机预览和调试

（1）真机预览

除了可以在 PC 端使用鼠标模拟手机端触屏效果之外,还可以直接在真机上进行程序预览。单击"预览"按钮即可生成预览专用二维码,如图 2-15 所示。通过手机微信扫描可以得到相同效果,二维码不是永久有效,需要注意时间间隔。

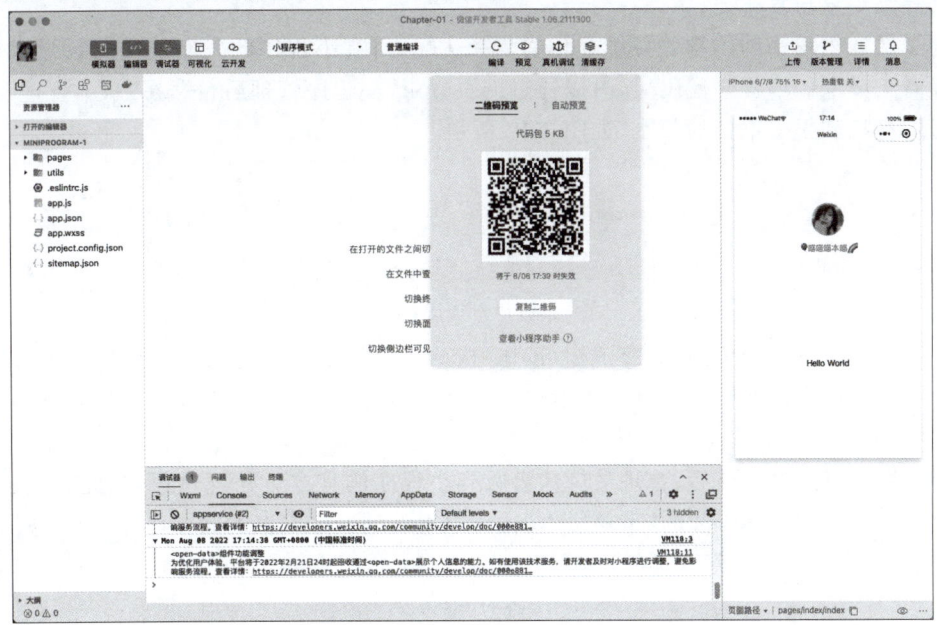

图 2-15　小程序项目生成预览二维码

（2）真机调试

通过上述真机预览只能够看到小程序的页面效果，如果在测试过程中需要获取小程序状态数据则需要选择"真机调试"按钮，通过扫描生成的调试专用二维码，即可进行真机远程调试。此时手机调试页面会比真机预览多出一个浮窗，该浮窗会显示与 PC 端的通信状态，如图 2-16 所示。

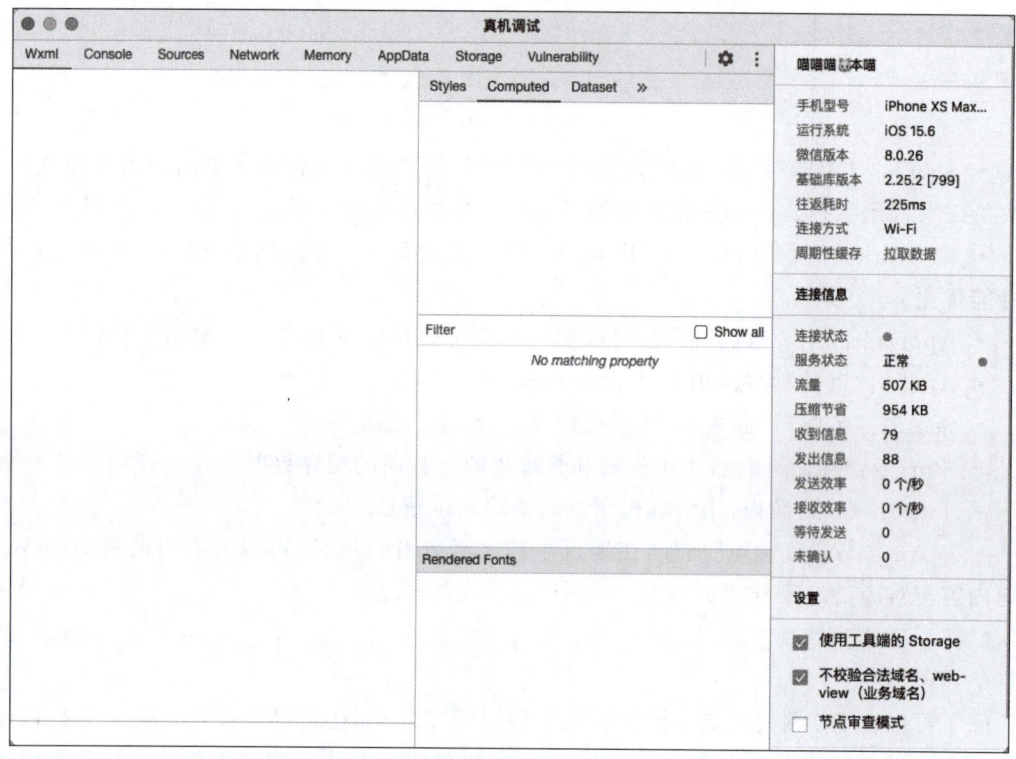

图 2-16　小程序真机调试

3. 提交审核与发布

为了保证小程序的质量并且符合相关政策法规，所有小程序的发布均需要经过审核。通过开发者工具上传小程序代码后，可以通过网页登录"小程序管理后台"，在"版本管理"选项的开发版本栏找到提交审核的版本，如图 2-17 所示。

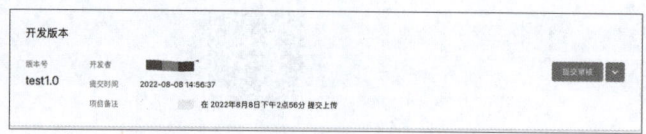

图 2-17　提交审核

单击开发版本列表中的"提交审核"按钮，按照页面提示填写相关信息后即可提交小程序进行审核。在提交之前应该对开发版本进行严格测试，多次审核不通过会影响后续项目上线时间。

小程序项目通过审核后，管理员微信会收到小程序的官方审核通过通知，此时登录"小程序管理后台"，在"版本管理"的"审核版本"栏可以查看到通过审核的版本，然后即可进行发布。

拓展训练　搭建环境创建项目

【训练需求】
使用微信开发者工具创建首个微信小程序 demo1,并通过模拟器以及真机进行试运行。
【训练步骤】
1.按照本项目任务 1 所介绍方法与步骤,搭建微信小程序开发环境。
2.参考本项目任务 2 所介绍方法与步骤,在微信开发者工具中创建首个微信小程序 demo1,使用模拟器以及真机进行调试测试,最终提交小程序项目到小程序管理后台。

项目小结

本项目主要介绍了微信开发者工具的安装以及微信小程序开发环境的搭建,通过创建官方提供的简单模板案例,学习微信开发工具的界面模块、功能以及相关的使用技巧。通过本项目的学习可以了解到,微信小程序开发几乎不需要配置开发环境,仅需要安装微信提供的微信开发者工具即可,十分便捷。

同步练习

一、单选题

1.在微信小程序的页面组件中,视图容器组件用(　　)表示。

　A.＜block＞　　　B.＜text＞　　　C.＜view＞　　　D.＜icon＞

2.在微信小程序的页面组件中,图片组件用(　　)表示。

　A.＜block＞　　　B.＜img＞　　　C.＜image＞　　　D.＜canvas＞

3.在小程序的页面组件中,(　　)是定义进度条。

　A.＜progress＞　　B.＜program＞　　C.＜slider＞　　D.＜swiper＞

4.在小程序的页面组件中,(　　)是定义单选框。

　A.＜checkbox＞　　B.input　　　C.button　　　D.＜radio＞

5.在微信小程序页面组件中,(　　)表示将其包裹的所有＜radio＞标签当作一个单选框组。

　A.＜selected-group＞　　　　B.＜radio-group＞
　C.＜checkbox-group＞　　　　D.＜option-group＞

6.在微信小程序的页面组件中,(　　)表示将其包裹的所有＜checkbox＞标签当作一个复选框组。

　A.＜radio-group＞　　　　　B.＜checkbox-group＞
　C.＜slect-group＞　　　　　D.＜option-group＞

7.在＜radio＞和＜checkbox＞标签中,(　　)表示该选项中对应的值。

　A.checked 属性　　B.value 属性　　C.name 属性　　D.type 属性

8.node.js 搭建后台服务,(　　)命令可以实时监听文件的修改且进行实时更新。

　A.node　　　　B.nodemon　　　C.watch　　　D.hot

9. 在使用 wx:for 实现页面列表渲染时,(　　)表示每一项的唯一标识。
　A. wx:key　　　　B. key　　　　C. $this　　　　D. this
10. 在使用 wx:for 实现页面列表渲染时,wx:key 的值为(　　)时表示将每一项本身作为唯一标识。
　A. *this　　　　B. value　　　　C. key　　　　D. this

二、判断题
1. 微信小程序页面开发中的<view>组件,类似于 HTML5 中的<div>标签。(　　)
2. <view>和<text>标签属于双边标签,由开始标签和结束标签两部分组成。(　　)
3. wxss 具有 CSS 大部分特性,并在此基础上做了一些扩充和修改。(　　)
4. wxss 支持使用选择器来为某个元素设置样式,其使用方法和 CSS 选择器基本相同。
(　　)
5. 在小程序正式上线后,需要在小程序管理后台配置合法的域名信息才可以进行访问。
(　　)
6. 通过表单提交事件,可以将页面中的表单数据提交到后台。(　　)
7. 微信小程序的页面结构配置中,index.json 文件高于 app.json 文件的级别。(　　)
8. 微信小程序页面样式文件中,其级别 index.wxss 文件高于 app.wxss 文件。(　　)

三、填空题
1. input 标签的_____属性表示输入的类型,如文本、数字、身份证等。
2. input 标签的输入值为_____时,表示数字输入方式为数字键盘。
3. 在 input 标签的 type 属性为_____时表示输入文本内容。
4. 在 input 标签的 type 属性为_____时表示输入身份证输入键盘。
5. 在 input 标签的 type 属性为_____时表示带小数点的键盘输入。
6. 在微信小程序开发过程中,_____标签是页面结构中的根标签。
7. 小程序正式上线后,小程序要求服务器域名必须经过_____,且只支持 HTTPS 和 WSS 协议。
8. 在搭建 node 服务器时,初始化命令是_____。
9. node.js 搭建微信小程序后台中,常用的框架是_____框架。
10. 微信小程序中,实现网络请求的接口是_____。

四、简答题
1. 请简单介绍开发常用页面组件。
2. 请简单描述页面样式的单位 rpx 与 px 关系。
3. 请简单描述搭建 node 后台服务器的过程。
4. 请简单描述微信小程序发起接口请求成功后,后台返回的数据信息主要内容。

项目 3

从"HelloWechat"开启微信小程序之旅

知识目标

- 掌握微信小程序项目结构中各个部分的功能。
- 掌握页面结构 Wxml 中常用标签组件的使用。
- 了解微信小程序中的 Flex 布局。
- 掌握使用常用标签组件创建简单的页面样式。
- 掌握微信小程序的全局样式设计及属性配置方式。

技能目标

- 掌握并认识微信小程序的基本文件结构。
- 掌握手动编写一个微信小程序页面。
- 掌握小程序页面的元素以及样式。
- 掌握小程序所支持的 WXSS 选择器。
- 掌握微信小程序页面的 Flex 布局以及自适应单位 rpx。

素质目标

- 创新引领:以其轻量、快速特性为用户带来新体验,彰显创新发展的核心思想。
- 服务人民:设计追求用户"无感知"体验,具体践行服务人民的宗旨。
- 实践真知:通过实操掌握开发技能,贯彻"知行合一"的实践精神。
- 技术与道德:在创新中注重用户隐私保护,遵守法律,为用户提供便捷、安全、高效服务。

3.1 知识准备

通过项目 2 的学习掌握了如何搭建开发环境以及微信开发者工具的基本使用。接下来我们将正式开始学习微信小程序项目的编码工作。本项目将从编写最基本最简单的"HelloWechat"开始,通过项目页面的编写过程,逐步介绍微信小程序的基本文件结构、WXSS、自适应单位 rpx 和 Flex 布局的使用,以及配置文件等必备基础知识。

3.1.1 小程序目录结构

在项目 2 中,我们使用官方模板创建了示例项目 MiniProgram-1,可以看出小程序的目录结构主要包括项目配置文件、主体文件、页面文件和其他文件。

从文件目录结构可以看出,小程序不同于其他框架,其目录结构非常简单,易于理解。

(1)项目配置文件

新建微信小程序后会自动生成一个项目配置文件 project.config.json,位于项目的根目录下,用于存放开发方面的配置信息。由于该配置主要和开发者相关而与小程序本身配置无关,因此小程序将其抽取为独立的配置信息单独存放。根目录中的 sitemap.json 文件用于配置小程序索引,通过该配置用户可以更好地检索到当前小程序,如图 3-1 所示。

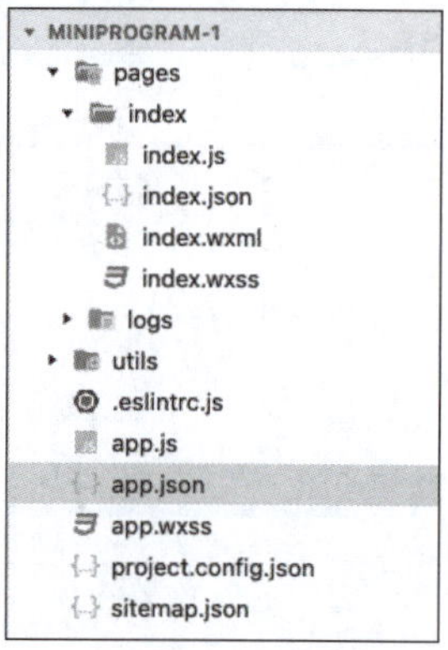

(2)项目主体文件

图 3-1 项目配置文件结构目录

微信小程序项目的主体文件同样位于项目根目录下,分别为:

- app.json:对小程序整体的运行进行配置,包含小程序页面的注册。

作为小程序的全局配置文件,其内容主要包含小程序所有页面的路径地址、导航栏样式等,代码如下:

```
{
  "pages":[
    "pages/index/index",
    "pages/logs/logs"
  ],
  "window":{
    "backgroundTextStyle":"light",
    "navigationBarBackgroundColor":"#fff",
    "navigationBarTitleText":"Weixin",
    "navigationBarTextStyle":"black"
  },
  "style":"v2",
  "sitemapLocation":"sitemap.json",
  "lazyCodeLoading":"requiredComponents"
}
```

从上文代码可以看出,小程序项目中包含 pages 和 window 两个属性。

① pages 属性

pages 属性以字符串数组形式记录小程序页面的路径地址,默认数组中的第一个字符串元素为小程序的初始页面,因此开发者可以根据需要调整数组中的元素顺序,以便快速查看不同页面在模拟器中的展示效果。

如果在项目中新建页面,app.json 的 pages 属性中会自动更新代码,新增页面会记录到数组中的最后一行,也可以通过在 pages 属性中添加页面路径数组元素完成快捷新建页面。需要注意的是,在硬盘或文件目录中删除页面文件时,pages 属性不能同步更新,需要手动删除数组项。

②window 属性

window 属性值主要为对象形式,用于设置小程序的状态栏、导航条、标题、窗口背景色等内容常见属性见表 3-1。

表 3-1　　　　　　　　　　app.json 文件中的 window 属性

属性	类型	默认值	描述
navigationBarBackgroundColor	HexColor	#000000	导航栏背景颜色,默认为黑色
navigationBarTextStyle	string	white	导航栏标题颜色,仅支持 black / white
navigationBarTitleText	string		导航栏标题文字内容
navigationStyle	string	default	导航栏样式,仅支持 default 默认样式或 custom 自定义导航栏,只保留右上角胶囊按钮
homeButton	boolean	default	在非首页、非页面栈最底层页面或非 tabbar 内页面中的导航栏展示 home 键
backgroundColor	HexColor	#ffffff	窗口的背景色
backgroundTextStyle	string	dark	下拉 loading 的样式,仅支持 dark / light
enablePullDownRefresh	boolean	false	是否开启全局的下拉刷新
onReachBottomDistance	number	50	页面上拉触底事件触发时距页面底部距离,单位为像素(px)

- app.js:用于初始化小程序,初始化的 App 实例在小程序的每个页面中都可以通过调用指定方法 getApp() 获取。

app.js 是小程序全局逻辑文件,默认生成的代码如下:

```
App({
  onLaunch() {
    //展示本地存储能力
    const logs = wx.getStorageSync('logs') || []
    logs.unshift(Date.now())
    wx.setStorageSync('logs', logs)
    //登录
    wx.login({
      success: res => {
        //发送 res.code 到后台换取 openId, sessionKey, unionId
      }
    })
  },
  globaldata: {
    userInfo: null
  }
})
```

通过上述默认代码可以了解,所有内容都在 App() 函数内部,并且使用逗号隔开,后续项目将详细讲解 App() 函数的作用,此处仅作为了解。

- app.wxss:用于放置全局样式代码,其中声明的样式对所有页面生效。

app.wxss 文件是小程序的全局样式,代码如下:

```
.container {
    height: 100%;
    display: flex;
    flex-direction: column;
    align-items: center;
    justify-content: space-between;
    padding: 200rpx 0;
    box-sizing: border-box;
}
```

(3)页面文件

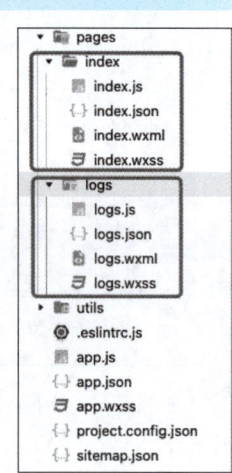

小程序根目录下的 pages 文件夹用于保存所有的页面文件,且每个页面都有自己的二级目录,如图 3-2 所示。

通过 pages 文件目录结构图可见,当前项目由 index 页面以及 logs 页面组成,每个页面由 4 种文件类型构成,即 JS、JSON、WXML 以及 WXSS。其中,WXML 和 WXSS 文件类似于网页开发中的 HTML 和 CSS 文件,但是有所区别,后续会讲到。

- JS 文件:用于设置当前页面的逻辑代码。
- JSON 文件:用于重新设置 app.json 中 window 属性中的规定内容并仅显示在当前页面中,不影响其他页面。
- WXML 文件:用于构建当前页面的页面结构,包括组件、事件等内容,即用户看到的页面效果由该文件进行构建。

图 3-2 pages 文件夹内容

- WXSS 文件:用于设置页面的样式效果,页面中设置的样式会覆盖 app.wxss 设置的全局样式,但不会影响其他页面。

(4)其他文件

除了上述文件类型外,小程序还允许用户自定义路径和文件名创建一些辅助文件。如图 3-2 中显示的 utils 文件夹就是用来存放公共 JS 文件的,这些 JavaScript 代码可以被其他页面的 JS 文件引用。此外,在项目开发中,开发者还可以根据需要自定义资源文件夹用于存放图片等内容。

3.1.2 页面元素和样式

从项目 2 的知识点 pages 页面文件可以了解到,小程序中的每个页面由 4 种文件类型组成。在上一小节的项目创建中,我们仅仅正确加载并显示了官方模板提供的空白页面,没有进行任何页面代码的编写。在本节中将通过在页面中添加标签元素学习如何构建小程序页面。

1. 页面组件

小程序中使用 WXML(Weixin Markup Language)来实现页面结构。常见的页面组件见表 3-2。

表 3-2　　　　　　　　　　　　　常见页面组件

组件	功能	组件	功能
view	视图容器	checkbox	复选框
text	文本域	radio	单选框
input	输入框	button	按钮
image	图片	icon	图标文件
form	表单	progress	进度条

微信小程序提供了丰富的页面组件,用于复杂页面的开发。为了达到更好的学习效果,本书将通过不同的案例项目来演示这些组件的具体用法。由于篇幅有限,无法对所有组件进行细致讲解,读者也可以通过查阅微信小程序官方文档达到更好的学习效果。

2. WXSS 页面样式

WXSS 文件全称为 Weixin Style Sheets(微信样式表),是一种样式语言,用于描述 WXML 中组件的样式,如尺寸、颜色、边框效果等。为了适应广大的前端开发者,WXSS 具有 CSS 大部分特性,并且为了更适应微信小程序,WXSS 在 CSS 的基础上做了扩充及修改。与 CSS 相比,WXSS 在尺寸单位及样式导入方面进行了独有的修改。

(1)选择器

WXSS 支持使用选择器来为某个元素设置样式,使用方式和 CSS 选择器基本相似,常用选择器见表 3-3。

表 3-3　　　　　　　　　　　　　WXSS 选择器

选择器	示例	说明
.class	.container	选择所有 class="container"的组件
#id	#id	选择 id="#id"的组件
element	view	选择所有 view 组件
element,element	view,input	选择所有 view 组件和所有 input 组件
::after	view::after	在 view 组件内的后面插入内容
::before	view::before	在 view 组件内的前面插入内容

下面以 element、.class、::after 选择器为例,简单介绍使用方法。其他选择器使用方法与其类似。

①element 选择器

在 pages/index/index.wxss 文件中设置 view 组件样式,示例代码如下:

```
view {
    margin: 20px;
}
```

通过代码设置,view 组件中的内容上、下、左、右外边距为 20 px。当然除了通过 WXSS 文件设置样式以外,也可以通过在 WXML 中直接为 view 组件设置 style 属性样式达到同样效果,示例如下:

```
<view style="margin:20px;">
</view>
```

②.class 选择器

在使用.class 选择器之前需要为 WXML 页面文件中的组件加上 class 属性,示例代码如下:

```
<view class="container">
</view>
```

在 pages/index/index.wxss 文件中添加样式,示例代码如下:

```
<view class="container">
</view>
```

③::after 选择器

在 pages/index/index.wxss 文件中添加样式,示例代码如下:

```
view::after{
    content:"选择器测试";
}
```

通过编译运行后可以从模拟器中观察到,所有 view 组件的内容后面会插入"选择器测试"文本。

3.1.3　Flex 布局

为页面设置样式时经常会为 WXSS 文件中的.container 选择器使用 display:flex 的样式。Flex 布局是 W3C 组织在 2009 年提出的一个新的布局方案,目的是使页面样式更加简单,更好地支持响应式布局,本身是 CSS 语法的一部分。小程序能够很好地支持 Flex 布局,且作为官方推荐的布局方式,Flex 布局可以提高页面布局效率,是一种灵活的布局模型。

1. 容器和项目

Flex 也称为"弹性布局",主要作用在容器上。例如,上一小节示例代码中的 view 组件,就是容器,将页面中所有元素都包裹起来。当在 WXSS 文件中为组件设置样式时,我们使用 display:flex 将 view 组件变成弹性盒子。设置 display:flex 是应用一切弹性布局属性的前提,如果不设置 display:flex,那么后续的弹性布局属性将无效。

接着我们使用 flex-direction 属性来指定 view 组件中元素的排列方向。常见的属性值有 4 个:

- row
- column
- row-reverse
- column-reverse

了解这 4 个属性之前,我们先来学习重要的概念:坐标轴。

2. 坐标轴

Flex 布局坐标以容器左上角的点为原点,自原点向右、向下延伸两条坐标轴。在一个平面直角坐标系里,根据轴的方向,分为水平方向和垂直方向。一个弹性盒子,需要确定一个主轴,而主轴的方向是水平还是垂直则由 flex-direction 属性的值来确定。如果 flex-direction 的为 row 或 row-reverse,那么主轴为水平方向;反之,如果值为 column 或 column-reverse,主轴为垂直方向。此时另外一个方向的轴被称为交叉轴。为了便于理解请参考如图 3-3~图 3-6 所示内容。

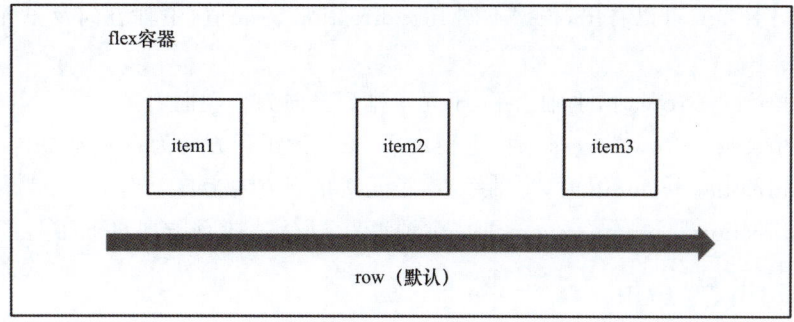

图 3-3 flex-direction：row 时主轴方向

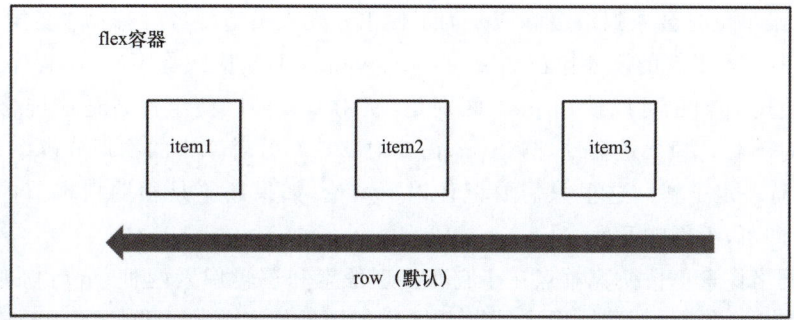

图 3-4 flex-direction：row-reverse 时主轴与子元素排列

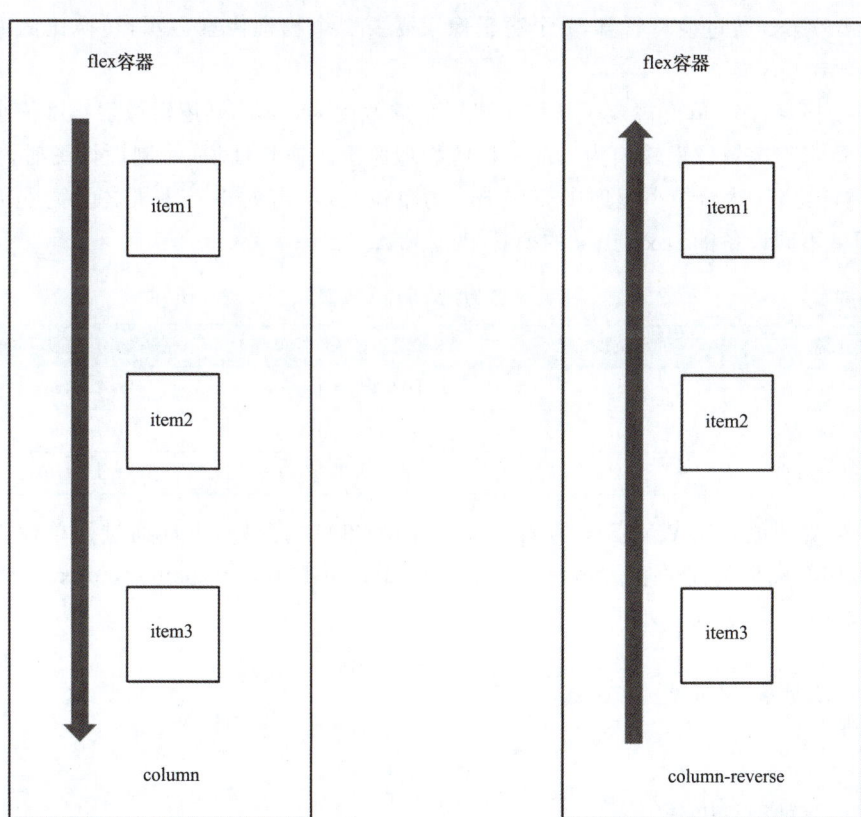

图 3-5 flex-direction：column 时主轴方向与子元素排列　　图 3-6 flex-direction：column-reverse 时主轴方向与子元素排列

由图 3-3～图 3-6 可以看出,根据不同 flex-direction 的取值,主轴方向及子元素排列方向都不相同。

- flex-dirction：row 时,主轴水平,子元素排列方向为自左向右。
- flex-direction：row-reverse 时,主轴水平,子元素排列方向为自右向左。
- flex-direction：column 时,主轴垂直,子元素排列方向为自上而下。
- felx-direction：column-reverse 时,主轴垂直,子元素排列方向自下而上。

3.1.4 自适应尺寸单位

我们在使用 CSS 进行移动端网页开发时,由于不同移动设备的屏幕有不同的宽度和像素比,在换算像素单位时会遇到很多麻烦。为了便于开发人员适配各种移动设备屏幕,微信小程序在 WXSS 中加入了新的尺寸单位 rpx(responsive pixel,响应式像素)。小程序开发中,长度单位既可以使用 rpx,也可以使用 px。区别是,使用 rpx 可以使组件自适应屏幕的高度和宽度,使用 px 时不会。想要透彻地理解 rpx,需要对移动端分辨率中的物理分辨率 px、逻辑分辨率 pt 等概念有一定了解。这里只需要记住以下结论,如果还不是很明白本节内容也没有关系,记住结论即可,不影响开发。

移动端网络像素单位换算难点在于它有物理像素和逻辑像素两种单位:物理像素是指屏幕上实际有多少个像素;而逻辑像素是指 CSS 中使用的像素单位。我们以 iPhone 6 手机宽度 750 个物理像素为标准举例说明。iPhone 6 手机物理分辨率为 750 px×1 334 px,逻辑分辨率为 375 px×667 px,通过换算得知,1 个逻辑像素需要 2 个物理像素显示,转换比例为 1 物理像素＝1rpx＝0.5px。

为了便于换算,rpx 单位规定了任何手机屏幕的宽度为 750rpx(逻辑像素),微信小程序内部处理流程负责将逻辑像素转换为当前手机的物理像素。换句话说,绘制设计图时,按照 750 px 的宽度进行绘制,然后在小程序中使用 rpx 为单位,就不需要担心手机之间宽度不同的问题。下面列举不同设备的 rpx 与 px 的换算,见表 3-4。

表 3-4　　　　　　　　不同设备的 rpx 和 px 换算

设备	屏幕宽度(px)	rpx 换算 px(宽度 750)	px 换算 rpx(宽度 750)
iPhone 5	320	1rpx≈0.42px	1px≈2.34rpx
iPhone 6	375	1rpx＝0.5px	1px＝2rpx
iPhone 6 Plus	414	1rpx≈0.552px	1px≈1.81rpx

为了更加直观地对比 WXSS 中的 rpx 与 px 两种单位的区别,下面通过简单代码举例演示。在使用官方模板创建的官方示例项目 MiniProgram-1 中打开 pages/index/index.wxml 页面,删除原有代码,输入下列代码:

```
<view>
  <text>尺寸单位演示案例</text>
</view>
<input type="text"/>
<button>按钮</button>
```

接着打开 pages/index/index.wxss 页面,删除原有代码并输入下列代码:

```
view {
```

```
    margin: 50rpx;
}
input {
    width: 300px;
    margin-top: 20rpx;
    border-bottom: 2rpx solid #000;
}
button {
    margin: 50rpx;
}
```

保存编译之后,在模拟器中切换手机类型 iPhone 5 和 iPhone 7 plus,对比可以看出显示效果非常相似,如图 3-7 所示。

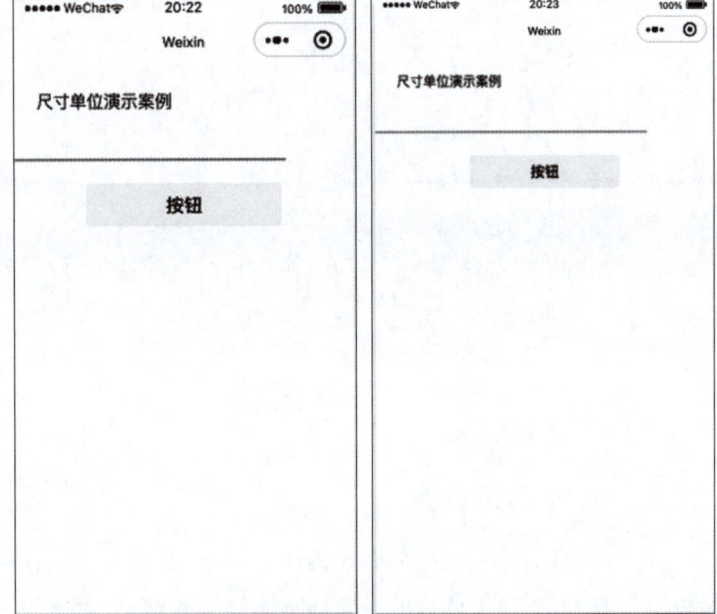

图 3-7　rpx 单位显示效果

接下来在 WXSS 样式代码中修改 input 组件的宽度单位,由原来的 rpx 改为 px,并将原来的 600 rpx 改为 300 px。编译保存,观察不同模拟器上的运行效果。代码如下:

```
input {
    width: 300px;
    margin-top: 20rpx;
    border-bottom: 2rpx solid #000;
}
```

再次对比 iPhone 5 和 iPhone 7 Plus 中运行效果,可以看出在 iPhone 7 Plus 中运行效果与 600rpx 时一致,但是在 iPhone 5 中运行时 input 下边框线已经延伸到最右边,如图 3-8 所示。

注意,我们在运行时一般选择模拟器机型为 iPhone 6 的尺寸,原因是只有在 iPhone 6 的尺寸下,设计图中的 1 像素才满足下列转换关系:

$$1 物理像素 = 1rpx = 0.5px$$

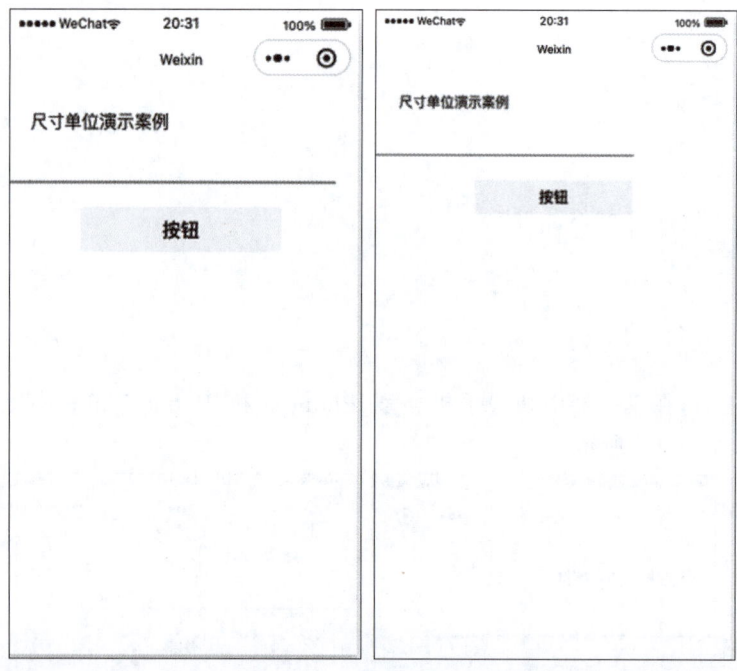

图 3-8　px 单位显示效果

当然使用其他尺寸机型也可以,但是 rpx 和 px 换算时不是整数倍,计算较为麻烦,因此推荐机型为 iPhone 6。

3.2　项目实施

手动创建第一个小程序

任务 1　手动编写第一个小程序页面

首先参考项目 2 任务 2 中创建小程序的方式创建小程序,命名为 HelloWechat,在创建过程中需要注意,作为初学者,本项目主要目的为掌握页面代码的编写,因此,在创建小程序时选择"不使用模板"进行创建,如图 3-9 所示。

单击"确定"按钮后打开所创建的 pages/index/index.wxml 页面文件,在文件中输入下列代码:

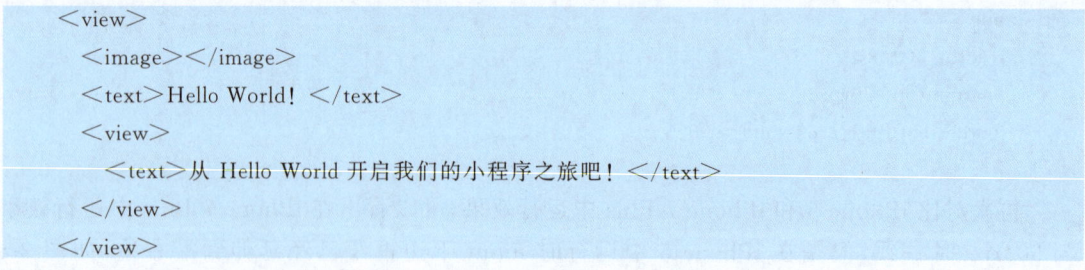

```
<view>
    <image></image>
    <text>Hello World! </text>
    <view>
        <text>从 Hello World 开启我们的小程序之旅吧! </text>
    </view>
</view>
```

在这段代码中,我们主要使用了 view、text 和 image 这 3 个基础的微信小程序组件。其中,view 组件类似于 HTML 中的 div 标签,通常作为容器组件使用;text 组件类似于 HTML 中的 span 标签用来显示一段文本;而 image 组件与 HTML 中的 image 标签相似,都是用来显示一张图片。

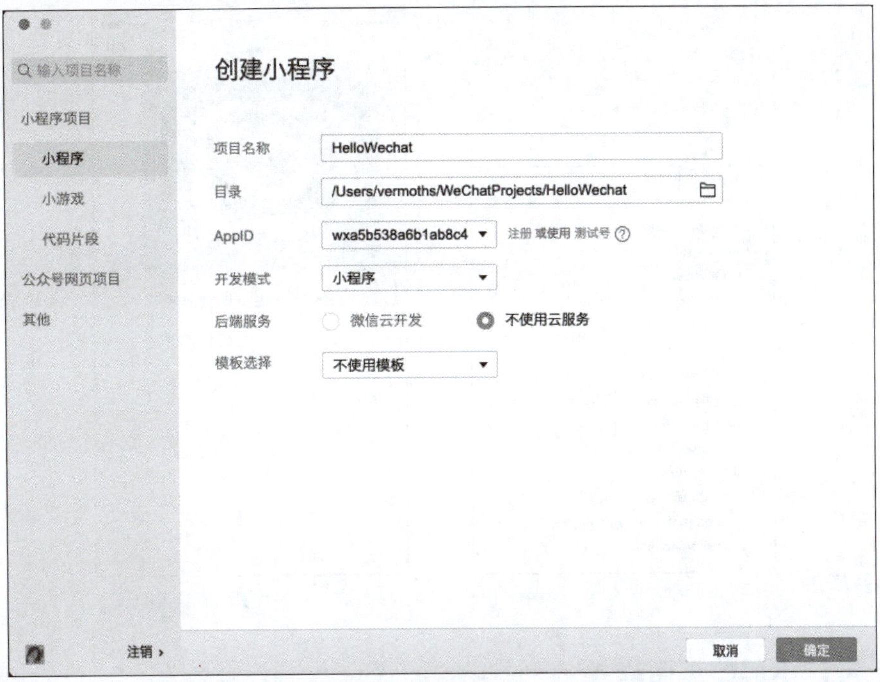

图 3-9 创建小程序

大家应该注意到,在上述元素的描述中用词的区别。在微信小程序中,WXML 元素使用"组件",而 HTML 元素使用"标签"。原因是 HTML 是标记语言,标签的属性有限,比较少。而 WXML 中组件不同,组件除了标记作用以外,其属性非常丰富。

在上述代码中使用了 image 组件用来显示图片,此时需要为 image 组件添加 src 属性,用于指向一张图片路径从而用来显示图片。我们可以在项目根目录下创建 images 文件夹,然后将一些尺寸合适的图片拷贝到该文件夹中,小程序会自动刷新目录,并在开发工具中显示图片。如图 3-10 所示,将图片 pic_1 存放在根目录下的 images 文件夹中。以下代码为 image 组件添加 src 属性:

```
<image src="/images/pic_1.png"></image>
```

为页面文件添加上述图片属性代码后,模拟器会立刻出现图片,且图片显示大小为微信小程序根据 MINA 框架设置好的默认宽高,因此在不显式指定图片宽高的情况下,所有图片保持该默认值。

在设置图片的 src 属性时小程序同样有相对路径和绝对路径的区别。上述代码在设置 src 属性时使用了绝对路径,以"/"开头,代表根目录。当然我们也可以使用相对路径进行设置,此时可以将上述代码改写成:

```
<image src="../../images/pic_1.png"></image>
```

此时,路径中的".."表示向上一级。为了使代码更加简洁,我们使用绝对路径进行图片途径设置。注意在真实项目中,图片资源尽量不要存储在小程序目录中,因为小程序的大小不能超过 2 MB,否则无法真机运行和发布项目,应该将图片存放在服务器上,让小程序通过网络来加载图片资源。

在页面代码中,同时还使用了两个 view 组件包裹 text 组件用于显示文本。因为没有为这些组件编写样式,整个页面展示如图 3-11 所示。

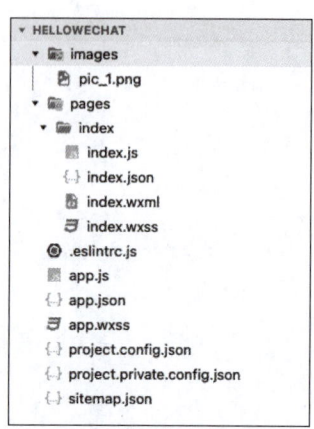

图 3-10　加入图片后的文件结构

图 3-11　未添加样式的页面布局

任务 2　设计小程序页面样式

微信小程序使用 WXSS 样式语言对 WXML 页面中的组件进行样式设计，接下来为 index.wxml 页面中的组件设置样式。在添加样式之前，首先为 WXML 页面中的组件加入样式名称 class，打开 pages/index/index.wxml 输入下列代码：

```
<view class="container">
    <image class="pic" src="../../images/pic_1.png"></image>
    <text class="txt">Hello World!</text>
    <view class="journey-container">
        <text class="journey">从 Hello World 开启我们的小程序之旅吧！</text>
    </view>
</view>
```

上述代码编写方式类似于 HTML 中编写 CSS 名称一样。接着打开 pages/index/index.wxss 文件编写样式，代码如下：

```
.container {
    display: flex;
    flex-direction: column;
    align-items: center;
}
.pic {
    width: 200rpx;
    height: 200rpx;
    margin-top: 150rpx;
}
.txt {
    margin-top: 100rpx;
```

```
        font-size: 30rpx;
        font-weight: bold;
        color: red;
}
.journey-container {
        margin-top: 200rpx;
        border: 1px solid red;
        width: 300rpx;
        height: 100rpx;
        border-radius: 6px;
        text-align: center;
}
.journey {
        font-size: 20rpx;
        font-weight: bold;
        line-height: 50rpx;
        color: brown;
}
```

编译后,选择模拟器机型为 iPhone 6,运行效果如图 3-12 所示。

简单介绍一下 WXSS 中代码的作用:

• .container 是所有组件的容器样式。这里使用 Flex 布局方式来控制子元素排列规则。使用 flex-direction:column 属性设置子元素按照垂直轴,自上而下进行排列。

• .pic 用来设置头像图片大小和位置。

• .txt 用来设置"Hello World!"文本的样式。

• .journey-container 用来设置"从 Hello World 开启我们的小程序之旅吧!"文本的外边框,使用 border-radius 属性设置外边框为圆角矩形。

• .journey 用来设置圆角矩形内部的文本样式。

任务 3　全局样式设计及项目配置

到目前为止,HelloWechat 项目的欢迎页面已经基本设计完毕,接下来我们对项目中的一些细节进行设计。

图 3-12　添加样式后的页面布局

1. 全局样式中修改页面 text 组件字体

想要使项目中所有默认字体样式为指定字体,最简单的修改字体的方法为在页面 index.wxss 中进行设置。打开 pages/index/index.wxss 文件,加入下列代码:

```
text {
    font-family: MicrosoftYaHei;
}
```

保存后，代码会将 index 页面中所有 text 组件的字体更改为微软雅黑。此时，考虑一个问题，如果有 100 个页面都需要将 text 组件中的文本设置成微软雅黑字体，那么在每一个对应页面的 WXSS 文件中添加上述代码显然会增加代码的复杂度，重复率过高，如果字体还要变化，则不利于修改。

所以，我们需要一个全局样式表，可以为所有页面设置"默认"样式。小程序为我们提供了这样的样式文件，即前面学习的 app.wxss 文件。

我们只需要删除 app.wxss 中默认生成的代码并将上述代码添加到项目的 app.wxss 中即可，也可以通过这种方法设置字体大小 font-size 以及字体颜色 color 等内容。

这种方法可以用来设置所有页面的"默认"样式。如果某个页面不需要使用默认样式，那么只需要在该页面的 WXSS 文件中重新定义该样式即可，微信小程序会优先选择页面的 WXSS 文件，而不是项目的 app.wxss 文件。

2. 页面根元素 page

通过上面几个步骤的修改，index 页面已经初具雏形。接下来修改一下页面的背景色。要修改页面的背景色，需要找到包裹所有页面元素的容器，并设置这个容器的背景色。

首先，我们尝试在当前页面的最外层 view 中添加一个背景色，打开 pages/index/index.wxss 文件，找到该文件中的 .container 样式，在这个样式中新增属性"background-color：#eeeeee；"。

```
/**index.wxss**/
.container {
    display: flex;
    flex-direction: column;
    align-items: center;
    background-color: #eeeeee;
}
```

运行后可以看到效果如图 3-13 所示。

从运行效果可以看出并不是整个页面都呈现背景色，只有包含元素的地方才有背景色。因为页面最外层的 view 没有固定高度，其高度由内部子元素决定，所以背景色的下边缘正好和圆角矩形边框重合。想要解决这个问题，必须为页面最外层的 view 固定高度。但是在不同的机型上，屏幕尺寸不同，固定的高度不能适配不同的机型，因此这个方案并不是最优选项。如果使用前面学习的 rpx 单位设置尺寸，实现不同机型的自适应调整，虽然可行，但是由于高度具体设置多少还需要查阅屏幕分辨率，使这个方案也变得不可取。到底该如何解决这个问题？

我们打开开发者工具中调试器中的 Wxml 面板观察 index 页面的页面结构。可以看出，在最外层 view 容器外边，还有一个默认的容器元素 page，如图 3-14 所示。

可以看到在 class="container" 的外层还有一个容器元素 page，这是 MINA 框架为小程序默认添加的，每个小程序页面的最外层都有这个代表着页面整体的 page 元素，因此只需要为 page 设置背景色即可实现整个

图 3-13 设置容器 view 后页面效果

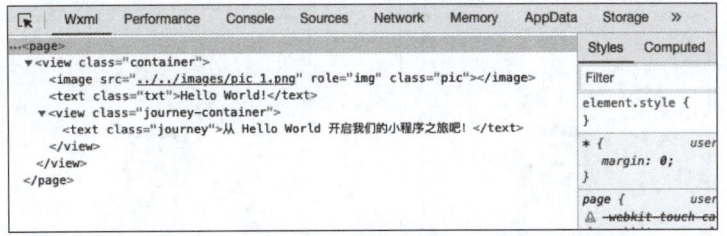

图 3-14　在面板中查看 index 页面 WXML 结构

页面背景色的效果。打开 pages/index/index.wxss 文件，并在其尾部追加以下样式代码：

```
page {
    background-color: #eeeeee;
}
```

保存后编译小程序，页面效果如图 3-15 所示。page 代表整个页面的容器，设计小程序页面时如果想要对当前页面整体进行样式或属性设置，可以考虑 page 这个页面根元素。

3. app.json 中 window 配置项

通过前面几个任务的实施，我们的小程序页面已经基本设计完成，但是通过图 3-15 可以看到，index 页面的顶部还有一块白色长条作为小程序默认的导航栏，且这个导航栏不可以隐藏或者取消，这是小程序的"强制性约束"。因此小程序无论从开发还是设计之所以简单是因为不给开发者很大的自由度，自然简单。这也是因为微信小程序的设计初衷就是用来快速开发轻量级应用的。

既然如此，我们应该如何设置导航栏使其和页面背景颜色一致呢？回顾之前学习的小程序目录结构中 app.json 文件的作用，此处可以通过 window 配置项进行小程序状态栏、导航栏、标题和窗口的背景色设置。

window 配置项中，通过设置属性 navigationBarBackgroundColor 可以更改导航栏颜色。打开项目的 app.json 文件，找到 window 配置项，更改如下代码：

```
{
    "pages": [
        "pages/index/index"
    ],
    "window": {
        "backgroundTextStyle": "light",
        "navigationBarBackgroundColor": "#eeeeee",
        "navigationBarTextStyle": "black"
    },
    "style": "v2",
    "sitemapLocation": "sitemap.json"
}
```

保存后编译，可以看到 index 页面样式如图 3-16 所示，导航栏被"隐藏"起来。当然导航栏依然存在于小程序中，只不过我们通过 window 配置项中的属性设置模拟了这种效果而已。

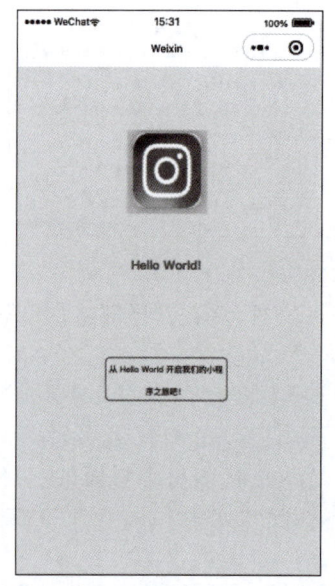 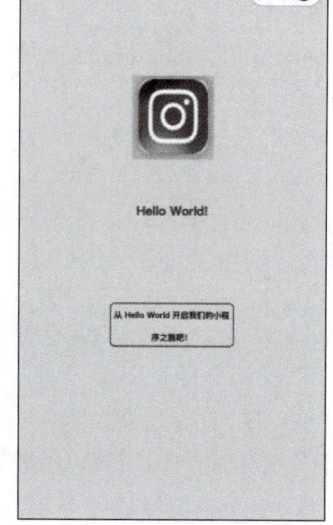

图 3-15　为 page 设置背景色后页面效果　　图 3-16　index 页面优化后样式

当然，window 配置项中的属性除了 navigationBarBackgroundColor 之外，还具有以下这些属性：

- navigationBarTextStyle 用于配置导航栏文字颜色，且只支持 black/white。
- navigationBarTitleText 用于配置导航栏文字内容，或导航栏标题。
- backgroundColor 用于配置窗口颜色。
- backgroundTextStyle 用于配置下拉背景字体，仅支持 dark/light。
- enablePullDownRefresh 用于配置是否开启下拉刷新。

window 配置项中还包括很多其他属性，但在这个案例中建议具体问题具体对待，不需要现在全部都掌握，把这些属性值放在实际的工作项目中学习能够更快且印象深刻地理解。对于 window 配置项中的其他属性，读者只需要将其他几个属性加入 window 中，更改几个可能的属性值即可在模拟器中预览出属性值效果，如果属性值的效果不符合预期，也可以去分析为什么会这样，进而对整个 API 越来越熟悉。

本书主要的关注点为尽可能多地将知识点融合在项目中，通过项目实施演示讲解这些组件、属性的具体应用，而不是将官方文档中的内容在此处一一列举。每个知识点中都有很多属性，读者可以通过本书项目讲解结合官方文档自行了解。

拓展训练　首个微信小程序的 Hello World

【训练需求】

使用微信开发者工具创建首个微信小程序 Hello World，并通过模拟器以及真机进行试运行。

【训练步骤】

1. 按照本项目所介绍方法与步骤，搭建微信小程序开发环境。
2. 参考本项目任务 1～3 所介绍方法与步骤在微信开发者工具中创建首个微信小程序

Hello World,将导航栏标题改为"Hello World"并用白色显示,设置背景色为灰色,字体样式为黑体。

3. 添加图片作为头像,设置图片大小为 200rpx×200rpx。

4. 最后使用模拟器以及真机进行调试测试,最终提交小程序项目到小程序管理后台。

项目小结

本项目从编写一个简单的 HelloWechat 的索引界面开始,逐步介绍了微信小程序的基本文件目录结构、WXML 页面文件设计、WXSS 页面样式使用及限制、自适应单位 rpx、全局样式、全局配置、Flex 布局等小程序开发必备知识。通过本项目的学习,读者对微信小程序开发的全貌有一个整体认知,最后通过拓展训练使读者独立完成小程序的开发环境搭建以及首个小程序的创建。

同步练习

一、单选题

1. 微信小程序项目的快速开发工具是( )。
   A. 微信开发者工具   B. Chrome   C. Hbuilder   D. Vscode
2. 进行微信小程序项目开发时,通过( )布局实现页面的复杂结构。
   A. flex   B. float   C. position   D. layout
3. 微信小程序创建空白项目后,通过新建( )入口文件来运行小程序页面结构。
   A. app.js   B. app.json   C. app.wxss   D. app.wxml
4. 微信小程序提供了( )组件,将文件引入小程序中。
   A. <music>   B. <image>   C. <vedio>   D. <audio>
5. 在微信小程序中,( )组件不仅能够实现轮播效果,还可以实现标签页切换效果。
   A. <view>   B. <block>   C. <scroll-view>   D. <swiper>
6. 在<swiper>组件中,通过( )显示面板指示点。
   A. current-item-id
   B. indicator-active-color
   C. indicator-color
   D. indicator-dots
7. 在代码"<view bindtap="changeItem" data-item="0">获取 item 值</view>"中,通过( )可以获取到 item。
   A. changeItem:funcdion(e){console.log(e.detail.datatset.item)}
   B. changeItem:funcdion(e){console.log(e.target.dataset.item)}
   C. changeItem:funcdion(e){console.log(e.currentTargetl.dataset.item)}
   D. changeItem:funcdion(e){console.log(e.detail.item)}
8. include 组件,可以通过( )属性引入外部页面结构代码。
   A. href   B. url   C. src   D. fome
9. 在微信小程序页面结构中,( )组件可以用来引入页面中的公共结构。
   A. <view>   B. <include>   C. <import>   D. <content>

10. 在＜scroll-view＞组件中,用（　　）属性设置竖向滚动条的位置。
A. scroll-bottom　　B. scroll-y　　C. scroll-left　　D. scroll-top

二、判断题

1. 开发微信小程序前,主要分析页面的结构和逻辑功能实现。（　　）
2. 微信小程序项目初始化,是指通过微信开发者工具创建空白项目。（　　）
3. ＜swiper＞组件中通过改变 current 的值,可以切换当前显示哪一项＜swiper-item＞。
（　　）
4. 在＜swiper＞组件中绑定 bindchange 事件,当 current 改变时会触发 change 事件。
（　　）
5. 在微信小程序中进行页面结构布局时,Flex 布局是最常用的一种方式。（　　）
6. ＜swiper＞组件可以实现页面的轮播效果,同时在内部嵌入合适组件时也能实现页面的无缝切换效果。（　　）
7. ＜image＞组件中的二维码图片不支持长按识别,如果需要可以通过调用 wx.previewImage()来实现。（　　）
8. 在微信小程序中,播放器的主要功能就是实现对歌曲的控制和音乐信息展示。（　　）

三、填空题

1. 在微信小程序目录结构中,_____文件可以用来分析页面基本逻辑功能。
2. 在微信小程序开发过程中,_____文件定义页面样式。
3. 微信小程序项目页面复杂结构,可以通过多个_____文件多级嵌套来实现。
4. 在＜swiper＞组件中,用_____设置轮播图自动切换。
5. 在＜swiper＞组件中,通过_____设置轮播的衔接滑动。
6. 在＜swiper＞组件中,通过_____设置滑动动画的时长（单位 ms）,默认是 500。
7. 在＜scroll-view＞组件属性中,用_____来设置滚动条的横向滚动特性。
8. 在＜scroll-view＞组件属性中,用_____来设置滚动条的纵向滚动特性。
9. 在滚动条滚动时,通过_____实现滚动条滚动时触发事件。
10. 在微信小程序媒体组件中,通过_____来创建一个 InnerAudioContext 实例。

四、简答题

1. 请简单列举＜swiper＞组件的常用属性。
2. 请简单创建一个页面结构,要求页面结构根据不同屏幕手机大小进行自适应。
3. 请简单列举音频接口 API 创建的 InnerAudioContext 实例属性和方法。
4. 请简单实现一个列表渲染。

项目 4

新闻列表页面设计

知识目标

- 掌握 swiper 组件的基本属性及使用方法。
- 掌握并熟练使用 image 组件的属性及使用方法。
- 掌握页面结构中数据绑定及列表渲染的使用方法。
- 掌握组件中事件绑定的应用。
- 掌握模块化的使用。

技能目标

- 综合运用基础容器组件＜view＞。
- 掌握 swiper 组件构建 banner 轮播图的方式。
- 掌握 swiper 组件属性。
- 掌握 image 组件的缩放模式及裁剪模式。
- 掌握小程序中的事件。

素质目标

- 技术创新支撑国家发展,推动社会进步。微信小程序带来便利与优化,促进社会发展。
- 服务人民是科技初心,微信小程序以用户需求为导向,提供智能化、个性化服务,实现优质体验。
- 科技创新与文化创新相辅相成,微信小程序新闻页面注重文化内涵,提供丰富阅读体验,激发文化自信。
- 良好信用与道德是科技保障,微信小程序新闻页面设计需保护用户隐私,遵守法律,培养网络公民意识。

4.1 知识准备

本项目主要讲解微信小程序中基础容器组件＜view＞与列表展示相关组件的运用。通过新闻列表部分展示一个 banner 轮播图以及一组文章列表。在这部分的知识准备中我们先了解 swiper 组件的丰富属性及相关用法，接着详细介绍 image 组件的 4 种缩放以及 9 种裁剪模式，梳理官方文档中没有详细说明的知识点。此外，通过项目任务介绍了小程序中数据绑定的概念及事件。本节我们创建测试项目 Test4 进行演示，下面示例的页面都是基于 Test4 项目创建新的 page。

4.1.1 swiper 组件

1. swiper 组件的基本属性

swiper 组件是滑块视图容器，经常用于实现轮播图。下面通过代码演示 swiper 组件的使用，在 Test4/pages/test1/test1.wxml 中编写代码如下：

```
<swiper>
    <swiper-item style="background：#ccc;">0</swiper-item>
    <swiper-item style="background：#dd0;">1</swiper-item>
    <swiper-item style="background：#eee;">2</swiper-item>
</swiper>
```

在上述代码中，<swiper>标签是外层容器，内部包含 3 个<swiper-item>标签，表示当前一共有 3 项，初始状态下只显示第 1 项，向左滑动显示第 2 项，向右滑动返回第 1 项。

swiper 组件主要由多个 swiper-item 组成，可以定义多个 swiper-item。同时需要注意，swiper 组件的直接子元素只可以是 swiper-item，如果放置其他组件，则会被自动删除。但 swiper-item 下可以放置其他组件或元素。swiper-item 元素仅仅是一个容器，因此需要在 swiper-item 容器下添加元素。微信小程序没有严格规定 swiper-item 中可以嵌套哪些组件，如果放入 image 组件，则实现轮播图效果；如果放入一块页面内容，则实现标签页切换。例如，代码中的背景色及显示的文本内容。

详细的 swiper 组件的使用说明可以通过查阅微信小程序官方开发文档获取，下面列举一些 swiper 组件常用的属性，见表 4-1。

表 4-1   swiper 组件常用属性

属性	类型	说明
indicator-dots	Boolean	是否显示面板指示点，默认值为 false
indicator-color	Color	指示点颜色，默认值为 rgba(0,0,0,.3)
indicator-active-color	Color	当前选中的指示点颜色，默认值为 #000000
autoplay	Boolean	是否自动切换，默认值为 false
current	Number	当前所在滑块的索引，默认值为 0
interval	Number	自动切换时间间隔(ms)，默认值为 5 000
duration	Number	滑动动画时常(ms)，默认值为 500
circular	Boolean	是否采用衔接滑动，默认值为 false
vertical	Boolean	滑动方向是否为纵向，默认值为 false
bindchange	EventHandle	current 改变时会触发 change 事件，event.detail={current, source}

查阅 swiper 组件常用属性表列举内容，通过改变 current 属性的值，可以切换当前显示哪一项<swiper-item>。从 0 开始的索引对应<swiper-item>的顺序，例如，第一个<swiper-item>索引值为 0，依次增加。示例代码如下：

```
<swiper current="1">
    <swiper-item style="background：#ccc;">0</swiper-item>
    <swiper-item style="background：#dd0;">1</swiper-item>
    <swiper-item style="background：#eee;">2</swiper-item>
</swiper>
```

编译执行后,页面显示结果为"1",表示第 2 个＜swiper-item＞的内容。

2. Boolean 值陷阱

表 4-1 中的属性 vertical 主要用来指明 swiper 组件中 swiper-item 排布方向是水平还是垂直,将 vertical="ture"加入 swiper 的属性,保存编译后可以发现 swiper 组件中的 swiper-item 项由水平排布更改为垂直排布。

如果将 vertical 属性值改为 false 呢？通过更改 vertical="false"保存编译后可以发现,swiper-item 项目排布方向并没有更改,与 vertical="ture"时一致,呈垂直排布。甚至将属性值改为 vertical="abc"或者 vertical="def",得到的结果同样为垂直排布。而 vertical=""时呈水平排布。

原因是,即使将 vertical 属性值设置为 false,但当前的 false 并不是 Boolean 类型值,而是一个字符串,只要不是空字符串,在 JavaScript 中都会认为这是 true 值。如果需要使 swiper-item 项目排布方向变为水平,设置方式如下：

- vertical =""
- vertical ="{{false}}"
- 不添加 vertical 属性,取默认值 false

以上几种设置方式,微信小程序都会将 vertical 的值认定为 false。其中,第二种写法属于数据绑定。此时{{false}}里的 false 会被认为是 Boolean 类型变量而不是字符串,在后续内容中将详细讲解。所有 Boolean 类型属性都存在这样的 Boolean 陷阱,例如表 4-1 中的 indicator-dot、autoplay 等,编写时需格外注意。

4.1.2 image 组件的缩放模式及裁剪模式

微信小程序中提供了 image 组件来定义图片,类似于 HTML 中的＜img＞标签。image 组件除了用来显示图片,还支持对图片进行裁剪或缩放,提供了 4 种缩放模式和 9 种裁剪模式。下面将列举 image 组件的常用属性,并详细讲解常见缩放模式及裁剪模式,见表 4-2。

表 4-2　　　　　　　　　　image 组件的常用属性

属性	类型	说明
src	String	图片资源地址
mode	String	图片裁剪、缩放模式,默认值为 scaleToFill
lazy-load	Boolean	图片是否懒加载,默认值为 false,仅对 page 或 scroll-view 下 image 有效
binderror	HandleEvent	图片发生错误时的事件
bindload	HandleEvent	图片载入完成时的事件

表 4-2 中,图片资源地址 src 可以是本地路径或 url 地址。如果使用本地路径需要在项目目录中创建 images 目录并导入测试图片 test.jpg,最后通过"images/test.jpg"路径即可引用。

根据 MINA 框架，image 组件默认框高为 300 px×225 px。想要更改图片的默认尺寸需要使用 image 组件提供的 mode 属性进行图片缩放设置或进行裁剪处理，image 组件支持的 4 种缩放模式见表 4-3。

表 4-3　　　　　　　　　　　　image 组件的 4 种缩放模式

缩放模式	说明
scaleToFill	不保持纵横比缩放图片，使图片的宽高完全拉伸至填满 image 元素。适用于容器与图片宽高比相同的情况，如果不同，图片会变形
aspectFit	保持纵横比缩放图片，使图片的长边能完全显示出来。可以将图片完整显示出来
aspectFill	保持纵横比缩放图片，只保证图片的短边能完全显示出来，长边发生截取。适用于容器固定，图片自动缩放的情况，例如缩略图
widthFix	宽度不变，高度自动变化，保持原图宽高比不变

接下来学习常见缩放模式及裁剪模式。

1. scaleToFill

在 pages/example/test1.wxml 文件中添加 image 组件，并为其添加一个 mode 属性值。接着在 images 文件夹中导入图片 pic_2.jpg，代码如下：

```
<image style="width: 400px;height: 400px;background-color: #eee;" src="/images/pic_2.jpg" mode="scaleToFill"></image>
```

为了便于讲解，我们将图片的样式以 style 属性模式进行设置，设置图片尺寸为 200 px×200 px，且背景色为♯eee。保存后预览可以看出，添加 mode 属性前后，页面中的图片并没有发生任何变化。这是因为 scaleToFill 模式是默认缩放模式，即使缺省了 mode 属性，小程序也会以 scaleToFill 模式缩放图片。scaleToFill 模式会改变图片的宽高比，也就是让图片更改为小程序制定的尺寸，使图片变形。当然如果原始图片本身宽高比和目标宽高比相同，则不会变形，只会整体放大或缩小。编译后效果如图 4-1 所示。

2. aspectFit

修改上述代码中的 mode="aspectFit"属性，运行后观察效果，如图 4-2 所示。编译后同样不是我们期望的效果。使用 aspectFit 模式实现了保持纵横比的缩放图片，图片的长边完整显示出来。因此 aspectFit 模式的特点是保持图片不变形，且容器需要"刚好"将图片装进去。如果原始图片比容器大，就要被等比例缩小；如果原始图片比容器小，则要被等比例放大。一直放大或缩小到图片的某一条边刚好和容器的一条边重合且另一条边不能超出容器为止。案例中的图片大于容器，因此图片被缩小。读者也可以尝试使用一张小于容器的图片测试 aspectFit 效果。

3. aspectFill

继续修改上述代码中的 mode 属性，改为 mode="aspectFill"，编译后运行效果如图 4-3 所示。通过运行效果可以看出，aspectFill 模式同样可以保持图片的宽高比不变形，但是它的特点是会让整个图片填满整个容器，类似于 scaleToFill 模式，但是区别是 scaleToFill 会改变图片宽高比，而 aspectFill 不会。

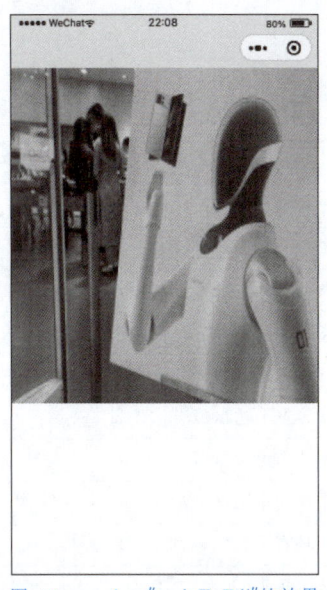
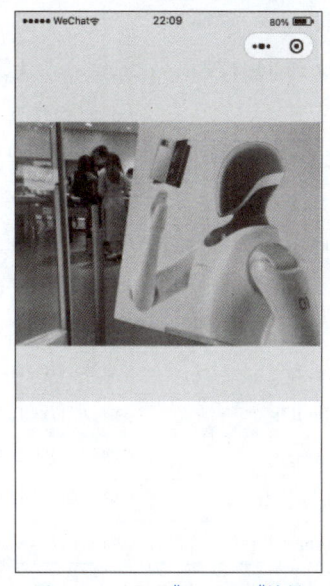

图 4-1　mode="scaleToFill"的效果　　图 4-2　mode="aspectFit"效果

从"容器"观点进行理解,既然 aspectFill 模式一定要图片填满整个容器,那么如果图片的原始尺寸小于容器,则需要等比例放大,使图片的某一边刚好接触容器的一边,另一边又不会小于容器,超出的部分需要被截去;如果图片的原始尺寸大于容器,则需要等比例缩小,缩小的要求同样是一边刚好接触容器,另一边要等于或超出容器,为了保证图片完整填充,超出的一边也需要被截去。如何截取?通过观察图片可知是中部截取。读者也可以多换几张素材图片看一下截取效果。

4. widthFix

widthFix 属性最大的特点是,图片不会按照设定的尺寸呈现。例如,上面代码中设置 image 的宽度为 400 px,高度为 400 px,如果设置 mode="widthFix",则图片不会按照指定尺寸呈现,除非图片尺寸和设定尺寸正好相等。这个属性让宽缩放至指定尺寸,然后动态计算高度,如图 4-4 所示。

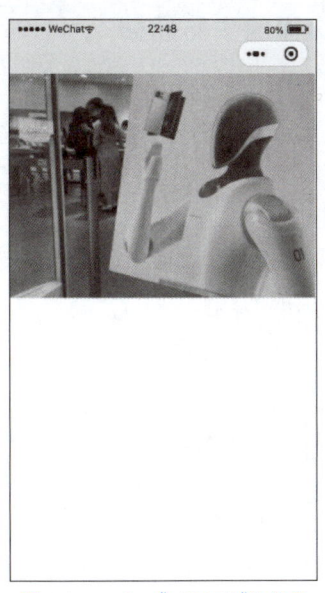

图 4-3　mode="aspectFill"的效果　　图 4-4　mode="widthFit"的效果

5.9 种裁剪模式

image 组件支持的 9 种裁剪模式见表 4-4。

表 4-4　　　　　　　　　image 组件支持的 9 种裁剪模式

裁剪模式	说明
top	不缩放图片，只显示图片顶部区域
bottom	不缩放图片，只显示图片底部区域
center	不缩放图片，只显示图片中间区域
left	不缩放图片，只显示图片左边区域
right	不缩放图片，只显示图片右边区域
top left	不缩放图片，只显示图片左上边区域
top right	不缩放图片，只显示图片右上边区域
bottom left	不缩放图片，只显示图片左下边区域
bottom right	不缩放图片，只显示图片右下边区域

9 种裁剪模式非常容易理解，通过列举其中几种模式进行学习，同样参考上一小节中关于容器的概念来裁剪图片的不同部位。

将本节中代码的 mode 属性设置为 top，此时效果如图 4-5 所示。可以看到 top 模式只保留了图片的上部而裁剪掉了剩余部分，且这种模式不会缩放图片。通过观察图片可以看出，这种模式不但裁剪掉了图片下面部分，上面部分水平方向也发生了裁剪。因为裁剪模式不会对图片进行缩放，因此使用裁剪模式当原始图片大于容器设置尺寸时，水平方向装不下图片也会发生裁剪。其他几种裁剪模式从字面非常好理解，此处不一一举例，读者可以自行替换 mode 属性值进行试验。

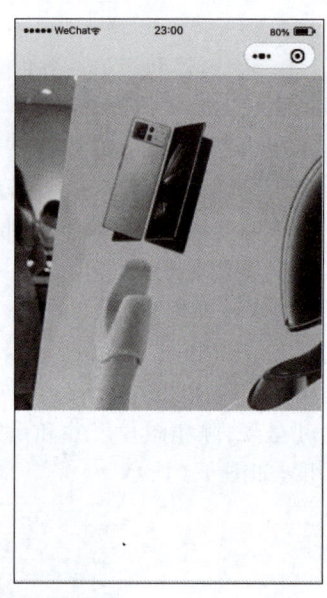

图 4-5　mode="top"

4.1.3　Page 页面的生命周期

通过前面小程序项目结构的学习，我们了解到项目的 app.js 文件用来初始化小程序及对小程序的整体进行配置，在页面的 js 文件中用来编写页面逻辑。但是到目前为止，我们还没有在项目或页面的 js 文件中编写过代码。

打开项目 3，使用快速新建页面文件的方法创建 pages/test2/test2 页面，可以在 test2.js 文件内看到默认生成的代码如下：

```
Page({
  /**
   * 页面的初始数据
   */
  data: {
  },
  /**
   * 生命周期函数，监听页面加载
```

```
    */
    onLoad(options) {
    },
    /**
    * 生命周期函数,监听页面初次渲染完成
    */
    onReady() {
    },
    /**
    * 生命周期函数,监听页面显示
    */
    onShow() {
    },
    /**
    * 生命周期函数,监听页面隐藏
    */
    onHide() {
    },
    /**
    * 生命周期函数,监听页面卸载
    */
    onUnload() {
    },
    /**
    * 页面相关事件处理函数,监听用户下拉动作
    */
    onPullDownRefresh() {
    },
    /**
    * 页面上拉触底事件的处理函数
    */
    onReachBottom() {
    },
    /**
    * 用户点击右上角分享
    */
    onShareAppMessage() {
    }
})
```

　　页面js文件中默认包含了可能使用到的代码结构,整个页面执行Page({ })方法,参数为Object对象,其中包含了指定页面初始数据的data、事件处理函数以及MINA框架提供的5个生命周期函数。

什么是页面的生命周期呢？如同人的成长需要经历出生到老年一样，微信小程序页面从创建到卸载同样需要经历生命周期的不同状态。为此，MINA 框架分别提供了 5 个生命周期函数用来监听小程序页面 5 个特定的生命周期，以便开发者在特定时刻执行自己的代码逻辑。通过代码可以了解到这 5 个生命周期函数分别为：

- onLoad 监听页面加载，一个页面仅调用一次。
- onShow 监听页面显示，每次页面被打开时都会被调用。
- onReady 监听页面初次渲染完成，一个页面只会调用一次，表示该页面准备完毕渲染完成，可以进行与视图层的交互工作。
- onHide 监听页面隐藏。
- onUnload 监听页面卸载。

接下来修改 test2.js 页面逻辑中的生命周期函数，添加简单的日志打印语句，了解生命周期函数的触发时机，代码如下：

```
Page({
  data: {
  },
  onLoad(options) {
    console.log("onLoad:页面被加载")
  },
  onReady() {
    console.log("onReady:页面被加载")
  },
  onShow() {
    console.log("onShow:页面被加载")
  },
  onHide() {
    console.log("onHide:页面被加载")
  },
  onUnload() {
    console.log("onUnload:页面被加载")
  },
  ...
})
```

调试后通过 Console 面板可以观察到运行结果，如图 4-6 所示。

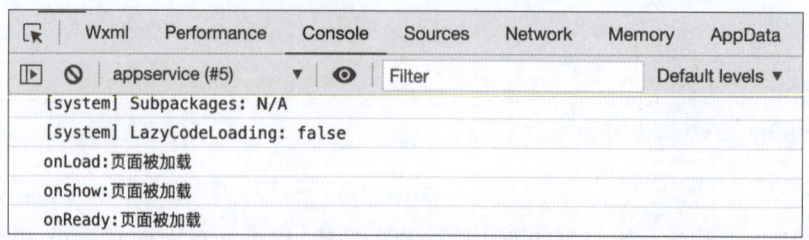

图 4-6　生命周期函数执行顺序

通过控制台运行结果可以看出，页面的正常显示需要按照顺序执行 onLoad、onShow 和 onReady 这 3 个回调函数；之后当页面执行一些 API 操作，如页面中的导航操作或使用 tab 进行页面切换时则会执行 onHide 函数;当页面执行返回或重新定向操作时则会执行 onUnload 函数。

除了以上 5 个生命周期函数外,快速创建的页面逻辑中还包含了 3 个小程序特定事件的处理函数:

- onPullDownRefresh 监听用户下拉动作的事件处理函数。
- onReachBottom 监听页面上拉触底事件的处理函数。
- onShareAppMessage 用户点击右上角分享按钮的事件处理函数。

此外,开发人员还可以在 Page 方法的 Object 参数中,添加自定义的函数或数据,在页面的函数中使用 this 关键字即可进行调用和访问。

接下来通过官方文档提供的 Page 实例生命周期图解(图 4-7),整体了解一下视图层及服务逻辑层之间事件与通知的交互过程。通过图示可以看出,之前讲解的生命周期函数在左侧视图层多次出现,且与右侧服务逻辑层之间进行多次交互,可见生命周期函数不能孤立运行。

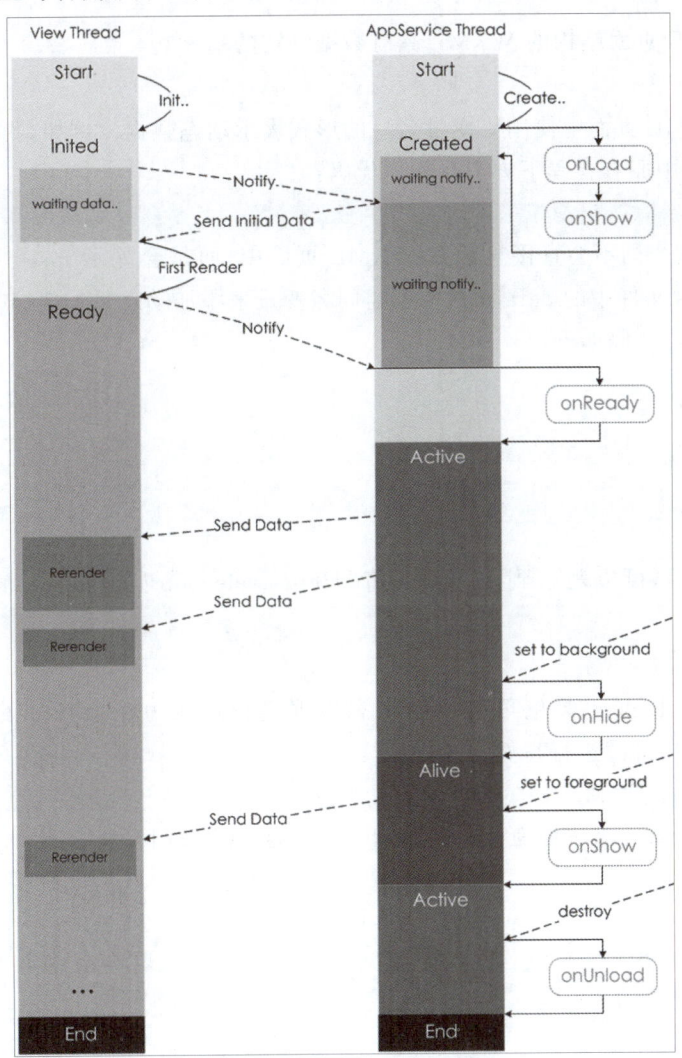

图 4-7　页面生命周期图解

接下来简单分析一下生命周期函数在页面运行时的特点:

- onLoad、onShow 和 onReady 确实按照前面讲的执行顺序运行。
- onLoad 和 onReady 在页面运行生命周期中仅执行一次，除非页面运行的 onUnload 进行了卸载。
- onHide 与 OnShow 在页面生命周期内可以多次执行。
- 除了 First Render（首次渲染）完毕调用 onReady 函数监听外，后续页面多次执行 Rerender（再次渲染），此时并没有提供相应监听函数。因此，在页面生命周期函数中 onReady 只进行"第一次渲染"完成的监听工作。

根据当前所学习的内容，想要在此刻完全看明白官方提供的生命周期图解不太可行，正如官方文档所提到的："此图你不需要立马完全弄明白，不过以后它会有帮助"。可以在未来的学习中回过头来，再来研究完整的生命周期图，会有不同的含义。

4.1.4 数据绑定

数据绑定应用

小程序中实现页面结构的 WXML 具有数据绑定的功能。

1. 简单绑定

可以在 WXML 页面中使用{{变量名}}的形式表示动态数据。例如，我们在 pages/test2/test2.wxml 页面中原有代码下方编写如下代码：

```
<view>{{msg}}</view>
```

此时，msg 这个词不会直接显示在 WXML 页面中，而是会显示 msg 这个变量所对应的值，通过在页面 js 文件中的 data 属性中创建同名变量来添加动态数据值。打开该项目对应的 test2.js 文件，编写代码如下：

```
Page({
  data: {
    msg: 'Hello welecome!'
  }
})
```

保存编译以后，可以观察到上述代码将"Hello welecome!"渲染到 index.wxml 页面中{{msg}}的位置。

2. 组件属性绑定

组件中诸如 id、class 等也可以使用动态数据进行展示。在项目 3 的 pages/chapter4/test4.wxml 页面中继续进行举例，代码如下：

```
<view id="{{id}}">测试 1</view>
```

在对应的 test2.js 文件原有代码中添加一行内容，代码如下：

```
Page({
  data: {
    msg: 'Hello welecome!',
    id: 'myView'
  }
})
```

3. 控件属性绑定

控件属性也可以在引号内使用动态数据，test2.wxml 中使用方法如下：

```
<view wx:if="{{condition}}">测试2</view>
```
test2.js 文件中相关代码如下：
```
Page({
  data:{
    condition:false
  }
})
```
上述代码中，变量值 condition 取值为 false 时，测试组件不被显示。

4. 关键字绑定
也可以直接在 test2.wxml 页面文件的组件中直接在引号内写布尔值。布尔值必须使用双大括号括起来，例如：
```
<view wx:if="{{false}}">测试3</view>
<view wx:if="{{true}}">测试4</view>
```
编译后可以看到测试 4 组件可以展示在页面上。需要注意的是，控件属性不可以去掉双大括号直接写成 wx:if="false"，否则 false 会被认为是字符串从而使得该等式值为 true。

5. 运算绑定
双大括号中还可以进行简单的运算，包括算术运算、逻辑判断运算、字符串运算、三元运算及数据路径运算。

（1）算术运算示例代码
```
<!--WXML 页面-->
<view>{{a+b}}+{{c+d}}+ test</view>
//js 页面代码
Page({
  data:{
    a:1,b:2,c:3,d:4
  }
})
```
保存编译后可以看到显示结果为：3+7+test。也就是说，双大括号中会进行算术运算，括号外的符号及字符会直接显示在页面中。

（2）逻辑判断运算示例代码
```
<!--WXML 页面-->
<view wx:if="{{x<9}}">测试组件显示</view>
//js 页面代码
Page({
  data:{
    x:3
  }
})
```
此时，判断 x<9 时返回 true 值，组件中属性部分表达式条件成立，保存编译后可以看到组件中的文本显示在页面中。

（3）字符串运算示例代码

```
<!--WXML 页面-->
<view>{{'Welcome '+name}}</view>
//js 页面代码
Page({
  data: {
    name: '测试模块'
  }
})
```

保存编译后可以在页面中看到"Welcome 测试模块"，双大括号中的"+"为连接前后字符串功能。

（4）三元运算示例代码

```
<!--WXML 页面-->
<view hidden="{{result? true: false}}">测试组件将被隐藏</view>
//js 页面代码
Page({
  data: {
    result: true
  }
})
```

保存编译后，组件被隐藏。注意，当设置为 hidden 时组件显示。

（5）数据路径运算示例代码

```
<!--WXML 页面-->
<view>{{object.key0}}{{array[2]}}</view>
//js 页面代码
Page({
  data: {
    object: {
      key0: 'Welcome',
      key1: 'Goodbye'
    },
    array: ['2021', '2022', '2023']
  }
})
```

保存编译后，页面显示内容为"Welcome 2023"。

6. 组合绑定

除了上述数据绑定方式之外，双大括号中还可以进行复杂数据的绑定。在双大括号内直接进行变量和值的组合，构成新的对象或数组的形式进行绑定。

数组组合的示例代码如下：

```
<!--WXML 页面-->
<view wx:for="{{[x,1,2,3]}}">{{item}}</view>
//js 页面代码
Page({
```

```
    data: {
        x: 0
    }
})
```

保存编译后，test2.wxml 页面中 view 组件中的 x 会被替换成数字 0，从而形成新的数组并通过 for 循环将数组中的数字展示在页面中。

对象组合的示例代码如下：

<template>标签被用来定义模板，因此首先在 Test4/pages/test4 目录下新建模板文件 tml.wxml，然后编辑模板文件中的内容如下：

```
<!--tml.wxml 页面-->
<template name="test">
<text>{{username}}</text>
<text>{{pswd}}</text>
</template>
<!--test2.wxml 页面-->
<import src="../test2/tml.wxml"/>
<template is="test" data="{{username:value1,pswd:value2}}"/>
//test2.js 页面代码
Page({
    data: {
        value1:'admin',
        value2:'admin123'
    }
})
```

在 test2.wxml 页面的<template>模板标签中用来定义模板中的数据时使用双大括号将绑定组合对象，最终组合出数据{username:'admin',pswd:'admin123'}。当然在模板标签进行对象组合绑定数据中也可以在双大括号中使用"..."符号将对象内容展开显示，示例代码如下：

```
<!--tml.wxml 页面-->
<template name="test">
<text>{{userName}}</text>
<text>{{userNum}}</text>
<text>{{score}}</text>
</template>
<!--test2.wxml 页面-->
<import src="../test2/tml.wxml"/>
<template is="test" data="{{...user,score:20}}"/>
//js 页面代码
Page({
    data: {
        user: {
            userName:'Lucy',
```

```
      userNum:'010203'
    }
  }
})
```

上述代码中,"...user"中的对象在 test2.js 中进行指定,最终组合出数据对象为:{userName:'Lucy',userNum:'010203',score:20}。当然,如果在组合过程中元素的 key 和 value 名称相同,可以省略表达。如果在组合中存在相同的 key 名称,则后者会覆盖前者内容。示例代码如下:

```
<!--WXML 页面-->
<template is="test" data="{{...user, score:20}}"/>
//js 页面代码
Page({
  data:{
    user:{
      userName:'Lucy',
      userNum:'010203',
      id:'22122'
    },
    userNum:'030405'    //与 user 对象中的 userNum 存在相同 key 名,则覆盖前者值
  }
})
```

上述代码中,test2.js 代码中 user 对象中的 userNum 与 data 对象外的对象存在同名 key,因此后者覆盖前者的值,最终组合出的对象为{userName:'Lucy',userNum:'030405',id:'22122',score:20}。

4.1.5 列表渲染

小程序组件中可以通过使用 wx:for 属性实现列表渲染,也就是同一个组件批量出现多次而展示内容不同。使用 wx:for 绑定一个数组,使其自动使用数组中的每一个元素依次渲染该组件,形成批量展示的效果。上一个知识点的组合绑定中也简单运用了列表渲染。下面具体学习一下这部分知识内容。

例如:

```
<!--WXML 页面-->
<view wx:for="{{fruit}}">价格{{index}}:{{item}}</view>
//js 页面代码
Page({
  data:{
    fruit:['苹果','香蕉','橘子','菠萝']
  }
})
```

上述代码中,双大括号中的 index 及 item 都是数组当前项下标及元素默认的变量名,运行后展示的结果等同于下列代码运行后在页面上展示的效果。

```
<view>价格 0：苹果</view>
<view>价格 1：香蕉</view>
<view>价格 2：橘子</view>
<view>价格 3：菠萝</view>
```

除了使用默认的元素及下标的变量名，用户也可以使用 wx：for-item 及 wx：for-index 进行自定义变量名称。例如，修改上述示例代码中的 test2.wxml 部分后：

```
<!--WXML 页面-->
<view wx：for="{{fruit}}" wx：for-index="pid" wx：for-item="fName">价格{{pid}}：{{fName}}
</view>
```

保存编译后能得到相同的结果。需要注意的是 wx：for 引号中数组名外面的双大括号根据数据绑定的使用原理不能去掉。

除了单独绑定数组进行列表渲染外，wx：for 还可以嵌套出现进行渲染。例如，乘法表代码如下：

```
<!--WXML 页面-->
<view wx：for="{{numbers}}" wx：for-item="i">
<view wx：for="{{numbers}}" wx：for-item="j">
  <view wx：if="{{i*j}}">
    {{i}} * {{j}}={{i * j}}
  </view>
</view>
</view>
//js 页面代码
Page({
  data：{
    numbers：[1,2,3,4,5,6,7,8,9]
  }
})
```

前面讲解 wx：for 案例时可以发现，所有的案例在 Console 控制台都会进行 Warning 提示，如图 4-8 所示。

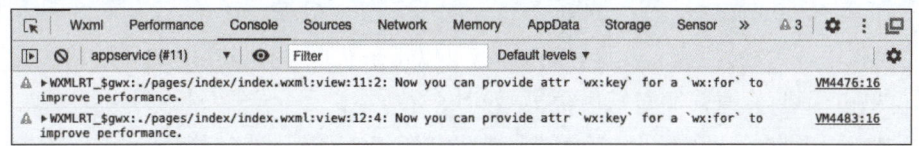

图 4-8　Console 控制台提示信息

警告内容为建议用户使用 wx：key 属性以提高 wx：for 性能。因为列表中的项目位置如果发生改变，或添加新的项目到列表中，会导致列表乱序。因此，如果用户创建静态列表或列表顺序不重要的情况下可以忽略提示。

如果想要避免列表乱序或减少提示信息，可以使用 wx：key 属性来指定列表中项目的唯一标识符。提供形式有以下两种：

• 字符串：表示 wx：for 循环数组中的一个项目属性，该属性值为列表中唯一的字符串或数字，且不能动态改变。

• 保留关键字 this：表示 wx：for 循环本身，需要项目本身是唯一字符串或数字。

下面以 wx：key 属性为自定义字符串举例,代码如下：

```
<!--WXML 页面-->
<view wx：for="{{['苹果','香蕉','荔枝','橙子']}}" wx：key="index">
  <view>水果{{index}}：{{item}}</view>
</view>
```

以上代码在数据改变导致页面重新渲染时会自动校正带有 key 的组件,以确保项目正确排列并提高渲染性能和效率。注意,小程序更新语法后,在使用 wx：key 指定项目唯一标识符时,双引号中已经不需要使用双大括号了。

4.1.6 事件

组件等事件处理函数用于为组件绑定事件,是视图层与逻辑层的通信方式,具有以下几个特点：

- 反馈用户行为,并在逻辑层进行处理。
- 绑定组件,在触发组件事件时执行对应逻辑层中的事件处理函数。
- 为对象携带额外信息,如 id、dataset 等。

1. 使用方式

首先在视图层的 pages/test3/test3.wxml 页面为指定组件绑定一个事件处理函数,示例代码如下：

```
<!--WXML 页面-->
<button id="btn1" bindtap="tap1">按钮组件 1</button>
```

上述代码中,bindtap 表示绑定 tap 事件。触屏手机中,tap 事件在用户手指触摸组件时触发,在微信开发者工具的模拟器中,tap 事件在鼠标单击时触发。为了在事件执行时而不是在触发时报错,需要在逻辑层即 test3.js 文件中添加同名函数,示例代码如下：

```
//js 页面代码
Page({
  tap1: function(e) {
    console.log(e)
  }
})
```

上述代码中,函数的参数 e 表示时间对象,可以用来获取事件发生时的一些相关信息。保存编译后,单击按钮,查看控制台输出结果,如图 4-9 所示。

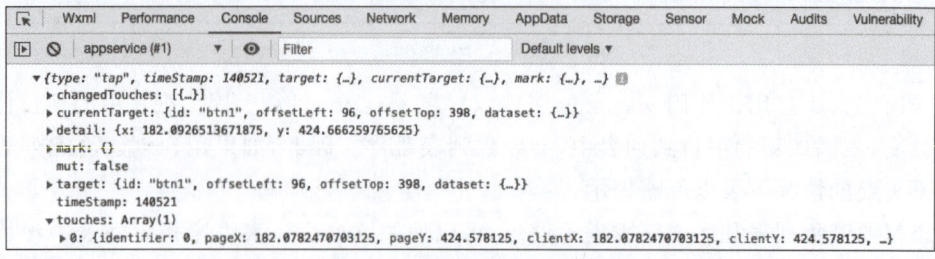

图 4-9 触发事件时控制台展示结果

从图 4-9 中可以看出,通过函数事件对象 e,可以获取 type(事件类型)、timestamp(事件生成时的时间戳)、target(触发事件的组件的一些属性值集合)、currentTarget(当前组件部分属性值集合)、detail(额外信息)等信息。

了解事件的基本使用后,作为初学者可能无法理解事件对象中 e.target 和 e.currentTarget 的区别,下面通过代码进一步演示讲解。修改上述 WXML 中的代码,添加下列内容:

```
<view bindtap="viewtap" id="outer">
  outer
  <view id="inner">inner</view>
</view>
```

编译后页面出现 outer 和 inner,可以看出外层父元素 outer 绑定事件 viewtap,内层子元素没有绑定事件,由于子元素属于父元素一部分,单击子元素同样会触发 viewtap 事件函数。在对应的 js 文件中添加 viewtap 函数,代码如下:

```
Page({
  viewtap: function(e) {
    console.log(e.target.id+'-'+e.currentTarget.id)
  }
})
```

上述代码通过 e.target.id 和 e.currentTarget.id 获取发生事件的组件 id。编译运行后可以观察到,单击 outer 组件,控制台输出 outer-outer;单击 inner 组件,控制台输出 inner-outer。可见 e.target.id 获得子元素属性值集合,而 e.currentTarget.id 获得父元素属性值集合。

2. 常用事件

通过前面的学习我们知道,小程序的项目划分成明确的视图层及逻辑层,视图层通过 WXML 及 WXSS 进行编写,并使用组件进行展示;逻辑层使用 JavaScript 进行编写,但是由于小程序不是运行在浏览器中的程序,不能使用 DOM 和 BOM。因此在微信小程序中一般通过类似前面使用的视图层的事件实现视图层到逻辑层的通信。

微信小程序的官方文档中提供了视图层中组件可以绑定的多种事件,常用冒泡事件见表 4-5。

表 4-5　　　　　　　　　　　　　常用冒泡事件

事件类型	触发条件
touchstart	手指触摸动作开始
touchmove	手指触摸后移动
touchcancel	手指触摸动作被打断,如来电提醒、弹窗
touchend	手指触摸动作结束
tap	手指触摸后马上离开
longpress	手指触摸后,超过 350 ms 再离开,如果指定了事件回调函数并触发了该事件,tap 事件将不被触发

事件一般分为冒泡事件和非冒泡事件,而上述表中列举的均为冒泡事件。冒泡事件是指当一个组件上的事件被触发后,事件会向父节点传递,而非冒泡事件不会向父节点传递。除了上述表中列举的事件外,一些组件还拥有专门事件,例如,form 组件的 submit 事件、input 组件的 input 事件等,后续案例讲解中会陆续进行学习。

3. 事件绑定和冒泡

小程序中为组件绑定事件时,常用的两种方式分别为"bind 事件类型"和"catch 事件类型"。前面案例中的 bindtap 就是 bind 方式,它的特点是不会阻止冒泡事件向上冒泡,也就是由子元素向父元素节点传递,而 catch 事件类型则可以阻止冒泡事件向上冒泡。下面通过案例进行对比。

继续在 pages/test3/test3.wxml 页面中添加如下代码,比对两种事件类型的区别:

```
<!--catch 类型事件绑定-->
<view bindtap="outerTap">
  outer
  <view catchtap="middleTap">
    middle
    <view bindtap="innerTap">inner</view>
  </view>
</view>
```

参考上一案例编写 pages/chapter4/test4.js 中的事件函数,代码如下:

```
//pages/test3/test3.js
Page({
  ...
  outerTap: function(e) {
    console.log("outer 被触发")
  },
  middleTap: function(e) {
    console.log("middle 被触发")
  },
  innerTap: function(e) {
    console.log("inner 被触发")
  }
})
```

编译运行后,单击 inner 组件,控制台先后显示"inner 被触发""middle 被触发",由于 middle 组件使用了 catch 事件类型绑定组件,因此不会再向上传递,即不会执行"outer 被触发"。同理,如果单击 middle 组件,则控制台只会显示"middle 被触发";单击 outer 组件,控制台会显示"outer 被触发",读者可以自行试验。

4.1.7 模块化

代码管理在早期是通过文件拆分进行的,但是这种物理上的拆分没有真正实现作用域的隔离,由于不知道其他文件内已存在的变量名而容易造成全局冲突问题,这时我们需要一种新的组织方式,于是诞生了模块化:

- 模块化其实是一段 JavaScript 代码,具有统一的基本书写格式。
- 模块之间通过基本交互规则,能彼此引用,协同工作。

目前模块化规范不统一,大致分为 CommonJS 和 ES6 两种类型,而小程序模块化机制比较接近 CommonJS。

1. 文件的作用域

在小程序中的任意 js 文件中声明的变量和函数都只在该文件作用域中有效,因此不同的 js 文件中可以声明相同名字的变量和函数,相互之间不会影响。

如果项目中需要进行跨页面数据共享,可以在 app.js 中定义全局变量,之后在其他页面通过调用 getApp()方法获取和更新数据。例如,在 app.js 中设置全局变量 globle_msg,代码如下:

```
//app.js
App({
  globledata: {
    globle_msg: 'Happy New Year 2023'  //全局变量
  }
})
```

接着,假设在某页面 js 文件中想要修改刚才设置的全局变量 globle_msg 的值时,代码如下:

```
var app=getApp()
app.globleData.globle_msg='Googbye 2022!'
```

2. 模块的使用

小程序支持将一些公共 JavaScript 代码放在单独 js 文件中作为公共模块,可以被其他 js 文件调用,可以说小程序中一个 JavaScript 文件就是一个模块。模块接口的暴露和引用十分简单:

第一步:通过 exports 暴露接口。

第二步:通过 require(path)引入依赖,参数 path 是需要引入的模块文件的相对路径。

例如,在项目 Test4/pages/test3 目录下新建模块文件 module.js,在该文件中添加如下代码:

```
function run() {
    console.log('Hello and happy new year! 2023!')
}
module.exports.run=run;
```

上述代码中定义了函数 fun,并且使用 exports 进行暴露接口。接下来打开 pages/test3/test3.js 文件进行模块引用,代码如下:

```
//pages/test3/test3.js
var otherjs=require('../test3/modle')  //目前不支持绝对路径地址
Page({
  onShow: function() {
      otherjs.run();
  }
})
```

在当前 js 页面文件中首先使用 require(path)进行模块引用,然后在 page2 页面函数 page 中使用页面周期函数 onShow 调用模块中的函数,编译运行后,控制台结果如图 4-10 所示。

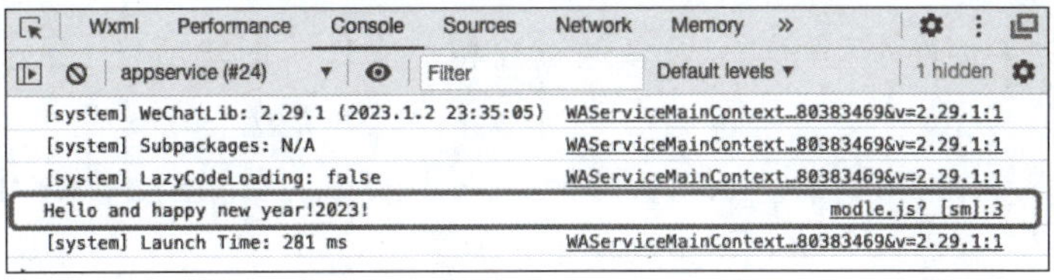

图 4-10 模块调用结果

4.1.8 模板化应用

借助 Method 的思想,我们在编码过程中会将公共的、常用的业务逻辑进行提取并封装成公共方法以便随时调用。编程过程中的绝大多数问题可以通过封装的思想来解决,基本上能看到的代码,就是封装过的代码。

小程序中也提供了类似封装的技术,即模板技术,用来支持 WXML 组件的封装,但是这种封装仅仅只是 WXML 的代码片段而已,无法将业务逻辑也封装起来,因此作用有限。小程序也提供了两种引入模板的方法:import 和 include,使用上的区别如下:

- import 需要先引入模板,然后再使用;但是 include 不需要预先引入,直接在需要的地方引入模板即可。
- include 模式非常简单,就是简单的代码替换,不存在作用域,也不能像 import 一样使用 data 传递数据。

当然,除了可以将 WXML 代码做成模板,与之对应的 WXSS 样式文件也可以制作成模板形式进行引用以保证类似的页面结构的样式一致。引用的语法是 @import "src"。例如,我们如果要引用上面案例中 pages/index/index.wxss 中的样式到其他的页面,可以在需要使用模板样式的地方添加如下代码:

@import "/pages/index/index.wxss"

在引入样式文件时,一般使用相对路径,保存后,模板样式即可在引用页面生效。

4.2 项目实施

任务 1 新闻列表页面元素分析及准备工作

上一个项目中,我们完成了第一个微信小程序"HelloWechat"的欢迎页面。通过这个简单的任务我们掌握了小程序的开发模式,了解了微信小程序中的基本页面元素和样式设计。在本项目中,综合知识准备中的内容,一起构建一个用于展示新闻列表的页面。

参考手机应用商店中各类新闻应用界面的风格,本项目新闻页面主体部分由两部分组成,上半部分为广告轮播图,下半部分为新闻列表。

轮播图目前已成为各类 App 的首页标配元素,如京东、淘宝、支付宝及一些网银 App 等。轮播图每隔几秒就会自动更换图片。微信小程序中开发者不需要自己编写代码实现轮播图效果,可以直接使用小程序中提供的组件——swiper 来实现。

新闻页面的下半部分为新闻列表展示,一篇新闻一般包括标题、新闻配图、新闻概要、评论、点赞以及阅读数。在微信小程序中可以使用准备知识中介绍的组件 view、image 和 text 实现。

接下来我们先来创建小程序项目及新闻页面相关文件。创建项目 NewsDemo,创建好后展开项目,可以在 pages 目录下看到名为 index 的目录,展开 index 目录可以看到对应的 index.wxml、index.wxss、index.json 和 index.js 四个文件。在当前小程序中创建 images 目录并在内部创建子目录 news,将新闻页面中的图片素材拷贝到该子目录中。读者可以自行选择自己喜欢的图片素材,或者访问本书中提供的项目资源文件中的素材资料。图片的像素要大于或等于750(w)×600(h),如果图片过小不能完整填充组件,出现"留白"。本项目创建好后的目录结构如图4-11所示。

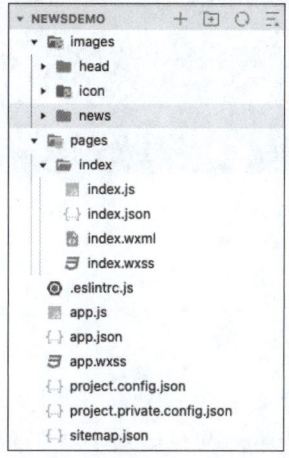

图4-11 新闻项目目录结构

完成上述准备工作后,就可以进行下一项任务,实现新闻轮播图展示了。

任务2 实现新闻轮播展示效果

在本任务中,通过使用前面学习的微信小程序提供的滑动视图容器swiper组件来实现新闻页面上半部分的轮播图展示效果。在项目的pages/index/index.wxml文件中添加以下代码:

```
<!--index.wxml-->
<view>
  <!--轮播图-->
  <swiper>
    <swiper-item>
      <image src="/images/news/news1.png"/>
    </swiper-item>
    <swiper-item>
      <image src="/images/news/news2.png"/>
    </swiper-item>
    <swiper-item>
      <image src="/images/news/news3.png"/>
    </swiper-item>
  </swiper>
</view>
```

上述代码中,通过使用view组件作为整个页面的容器,内部添加swiper组件用来实现滑动模块的最外层容器,在swiper中添加子元素swiper-item。由于swiper组件中只能添加子元素swiper-item,因此需要展示的图片添加在swiper-item组件中,如上述代码中的image组件。运行后可以看到效果如图4-12所示。

可以看出swiper组件中第一个swiper-item中第一个图片元素已经展示出来。打开index.wxss文件进行swiper组件宽高样式设计,代码如下:

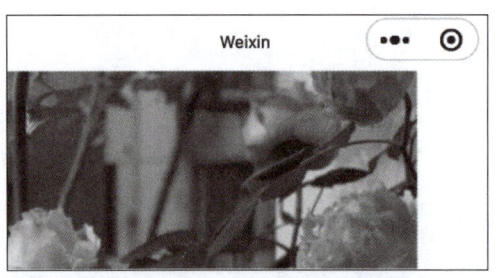

图 4-12　添加 swiper 组件后的页面效果

```
/*轮播图样式*/
swiper{
  width:100%;
  height:600rpx;
}
```

保存预览后会发现图片的宽度还是没有达到100%,高度也有差距。这是因为还需要为 swiper-item 中嵌入的 image 组件设置样式,继续在上述代码下方添加图片样式,代码如下:

```
swiperimage{
  width:100%;
  height:600rpx;
}
```

想要 image 中的图片按照样式中的尺寸展示,需要同时设置 swiper 组件及 image 组件的宽高,才可以达到效果。再次保存并预览后,可以看到模拟器展示效果如图 4-13 所示。

图 4-13　设置 swiper 及 image 样式后效果

接着,为了实现轮播效果,还要为 swiper 组件添加对应属性,分别为:indicator-dots、autoplay、interval,代码如下:

```
<!--index.wxml-->
<view>
  <!--轮播图-->
  <swiper indicator-dots="true" indicator-color="white" indicator-active-color="orange" autoplay="true" interval="5000">
    ...
```

```
    ...
    </swiper>
</view>
```

保存后预览效果,可以看出图片开始轮播且每隔 5 秒钟自动更换下一张。同时 swiper 组件下方出现 3 个小圆点用来指示当前图片。效果如图 4-14 所示。

图 4-14　swiper 添加属性后展示效果

任务 3　新闻列表骨架及样式构建

通过任务 2,完成了新闻页面中的轮播图,接下来将完成新闻页面下半部分——新闻列表。构建新闻列表需要的组件有:view、text 以及 image。接下来继续在 pages/index/index.wxml 页面中 swiper 组件下面添加下列代码:

```
  ...
  <!--新闻列表-->
  <view class="news-container">
    <!--作者日期-->
    <view class="nues-author-date">
      <image src="/images/head/head-1.png"/>
      <text>Jan 6 2023</text>
    </view>
    <!--内容-->
    <text class="news-title">天使的一滴泪</text>
    <image class="news-imge" src="/images/news/news6.png" mode="aspectFill"/>
    <text class="news-content">天池之水自北侧的天文峰和龙门峰中间的缺口流出,形成一条短短的通天河。通天河流了1250米后就从高岩上跌落形成瀑布。瀑布口有块称为"牛郎渡"的巨石,……
    </text>
    <!--评论收藏阅读-->
    <view class="news-like">
      <image src="/images/icon/xihuan.png"/>
      <text>200</text>
      <image src="/images/icon/guankan.png"/>
```

```
            <text>2103</text>
            <image src="/images/icon/shequpinglun.png"/>
            <text>100</text>
        </view>
    </view>
```

保存后预览可以在微信小程序模拟器中看到，由于没有添加 WXSS 样式，整个页面布局排列凌乱，但是上述代码中添加的组件元素已经出现在页面中了，如图 4-15 所示。接着打开本页面文件对应的 pages/index/index.wxss 文件，在原有基础上继续添加样式代码如下：

```
/* 文章列表样式 */
.news-container {
    flex-direction: column;
    display: flex;
    margin: 20rpx 0 40rpx;
    background-color: #fffeed;
    border-bottom: 1px solid #ededed;
    border-top: 1px solid #ededed;
    padding-bottom: 7px;
}
.news-author-date {
    flex-direction: row;
    display: flex;
    margin: 10px 0 22px 10px;
    align-items: center;
}
.news-author-date image {
    width: 70rpx;
    height: 70rpx;
}
.news-author-date text {
    margin-left: 18px;
}
.news-title {
    font-size: 20px;
    font-weight: 800;
    color: gray;
    margin-bottom: 12px;
    margin-left: 12px;
}
.news-image {
    width: 100%;
    height: 350rpx;
    margin-bottom: 12px;
}
.news-content {
```

```
  color：#666；
  font-size：28rpx；
  margin-bottom：23rpx；
  margin-left：12px；
  letter-spacing：2rpx；
  line-height：38rpx；
}
.news-like {
  display：flex；
  flex-direction：row；
  font-size：12px；
  line-height：16px；
  margin-left：12px；
  align-items：center；
}
.news-like image {
  width：16px；
  height：16px；
  margin-right：10px；
}
.news-like text {
  margin-right：20px；
}
```

保存预览后,展示效果图如 4-16 所示。

图 4-15 未添加样式时页面效果

图 4-16 添加样式后的新闻列表页面

项目编译预览时会发现,除了专门设置的新闻标题和新闻内容的字体样式以外,日期及点赞评论等展示的数字大小不统一,因此需要在样式文件中为这类文本设置统一样式。由于整个项目中有很多类似文本需要进行格式统一,因此需要在整个项目的 app.wxss 全局样式文件中进行默认字体样式设置,代码如下：

```
...
text {
  font-size:28rpx;
  font-family:Microsoft YaHei;
  color:#666666;
}
```

保存预览后,日期及点赞评论的数量文本按照样式规定统一的大小及规格展示。

任务 4　静态展示新闻列表

通过任务 3,我们初步实现了新闻页面的展示,但是目前文章列表中仅仅展示了一篇新闻,还不能被称为列表。为了多展示一些新闻内容,我们将 pages/index/index.wxml 文件中注释为"新闻列表"部分的代码复制多份,依次加入当前结构界面中形成新闻列表形式。

在编写 index.wxss 文件时,充分考虑了代码的健壮性,因此复制添加进去的新闻列表结构样式不会改变,仅需要更换图片及文本数据即可。修改后,完整的新闻列表静态展示页面代码如下:

```
<view>
  <!--轮播图-->
  <swiper indicator-dots="true" indicator-color="white" indicator-active-color="orange" autoplay="true" interval="5000">
    <swiper-item>
      <image src="/images/news/news1.png"/>
    </swiper-item>
    <swiper-item>
      <image src="/images/news/news2.png"/>
    </swiper-item>
    <swiper-item>
      <image src="/images/news/news3.png"/>
    </swiper-item>
  </swiper>
  <!--新闻列表-->
  <view class="news-container">
    <!--作者日期-->
    <view class="news-author-date">
      <image src="/images/head/head-1.png"/>
      <text>Jan 6 2023</text>
    </view>
    <!--内容-->
    <text class="news-title">天使的一滴泪</text>
    <image class="news-image" src="/images/news/news6.png" mode="aspectFill"/>
    <text class="news-content">天池之水自北侧的天文峰和龙门峰中间的缺口流出,形成一条短短的通天河。通天河流了1250米后就从高岩上跌落形成瀑布。瀑布口有块称为"牛郎渡"的巨石,……</text>
    <!--评论收藏阅读-->
```

```
        <view class="news-like">
            <image src="/images/icon/xihuan.png"/>
            <text>200</text>
            <image src="/images/icon/guankan.png"/>
            <text>2103</text>
            <image src="/images/icon/shequpinglun.png"/>
            <text>100</text>
        </view>
</view>
<!--新闻2-->
<view class="news-container">
    <!--作者日期-->
    <view class="news-author-date">
        <image src="/images/head/head-2.png"/>
        <text>Dec 10 2022</text>
    </view>
    <!--内容-->
    <text class="news-title">落日熔金醉晚霞 | 最美咸阳</text>
    <image class="news-image" src="/images/news/news5.png" mode="aspectFill"/>
    <text class="news-content">红霞散天外,掩映夕阳时。落日弥漫的橘红和晚霞温柔的缤纷相映成趣,飘逸朦胧,令人沉醉。在余晖的映衬下,晚霞以它温暖的臂膀,拥抱着港城。云朵如梦如幻……
    </text>
    <!--评论收藏阅读-->
    <view class="news-like">
        <image src="/images/icon/xihuan.png"/>
        <text>1002</text>
        <image src="/images/icon/guankan.png"/>
        <text>10302</text>
        <image src="/images/icon/shequpinglun.png"/>
        <text>3209</text>
    </view>
</view>
<!--新闻3-->
<view class="news-container">
    <!--作者日期-->
    <view class="news-author-date">
        <image src="/images/head/head-3.png"/>
        <text>Dec 22 2022</text>
    </view>
    <!--内容-->
    <text class="news-title">大美"乾坤湾"</text>
    <image class="news-image" src="/images/news/news4.png" mode="aspectFill"/>
    <text class="news-content">蓝天白云下的永和县黄河"乾坤湾"蔚为壮观。近年来,永和县加大投入建设黄河一号旅游公路、"0km"标志文化驿站,打造黄河蛇曲国家地质公园,初步形成了黄河风情、绿色生态为主的旅游格局。2021年,永和乾坤湾成功创建国家4A级旅游景区。……</text>
```

```
        <!--评论收藏阅读-->
        <view class="news-like">
            <image src="/images/icon/xihuan.png"/>
            <text>107</text>
            <image src="/images/icon/guankan.png"/>
            <text>2037</text>
            <image src="/images/icon/shequpinglun.png"/>
            <text>58</text>
        </view>
    </view>
</view>
```

保存后可以看到不同的文章内容已经出现在新闻页面轮播图下面,如图4-17所示。读者也可以根据自己的喜好调整代码中的文字、图片以及显示风格。

图4-17 新闻列表静态展示

任务5 新闻数据绑定

在实际项目中,业务数据一般存放在自己的数据服务器中,项目通过HTTP请求来访问服务器提供的RESTFUL API接口获取数据。在上一个任务中展现的新闻列表数据全部是直接编码在index.wxml中的数据,属于"硬编码",数据不能随时更新,属于静态数据展示。

1.简单数据绑定

在本任务中,我们将尝试使用数据绑定的方式,将WXML中的静态数据移植到index.js中,首先在pages/index/index.js页面中添加临时变量newsData用来模拟新闻数据,代码如下:

```
Page({
    data:{
        date:"Jan 6 2023",
        title:"天使的一滴泪",
```

```
      newsImg:"/images/news/news6.png",
      head:"/images/head/head-1.png",
      content:"天池之水自北侧的天文峰和龙门峰中间的缺口流出,形成一条短短的通天河。通天河流
了1250米后就从高岩上跌落形成瀑布。瀑布口有块称为"牛郎渡"的巨石,……",
      viewNumber:200,
      saveNumber:2103,
      commentnumber:100
  }
})
```

现在我们已经为 Page 方法中的 data 对象填充了部分属性数据,接下来需要修改 index.wxml 文件,使其绑定上述初始化数据。需要注意的是,在 index.wxml 中展示了 3 篇新闻,我们在此先修改第一篇新闻内容使其实现数据绑定,代码如下:

```
...
<!--新闻1-->
    <view class="news-container">
        <!--作者日期-->
        <view class="news-author-date">
            <image src="{{head}}"/>
            <text>{{date}}</text>
        </view>
        <!--内容-->
        <text class="news-title">{{title}}</text>
        <image class="news-image" src="{{newsImg}}" mode="aspectFill"/>
        <text class="news-content">{{content}}</text>
        <!--评论收藏阅读-->
        <view class="news-like">
            <image src="/images/icon/xihuan.png"/>
            <text>{{likeNumber}}</text>
            <image src="/images/icon/guankan.png"/>
            <text>{{viewNumber}}</text>
            <image src="/images/icon/shequpinglun.png"/>
            <text>{{commentNumber}}</text>
        </view>
    </view>
...
```

编译运行后可以看到新闻 1 的内容能够正常显示,和之前没有区别。此外,还可以通过控制台的 AppData 面板查看绑定数据状况,如图 4-18 所示。

AppData 面板主要用于项目调试及查阅数据绑定,建议开发者在遇到数据绑定问题时在该面板中进行绑定数据检查。一般情况下,当前面板默认展示单位为页面,数据形式为 code 形式,我们可以将其修改为 tree 模式以 JSON 格式展示数据,如图 4-18 所示。

此时 Page 方法中的 data 对象中只包含了简单的 js 对象,属性值皆为简单的文本和数字,在实际项目中,也会出现复杂的对象,因此,继续修改 index.js 中的 data 对象,代码如下:

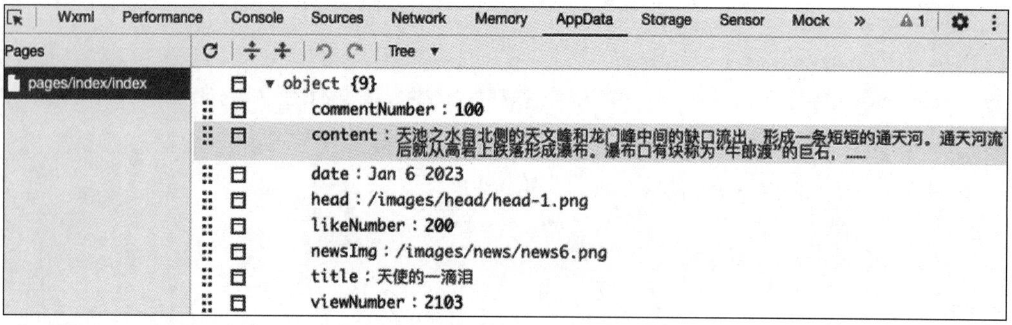

图 4-18　AppData 面板中的数据绑定情况

```
Page({
  data: {
    object: {
      date:"Jan 6 2023"
    }
    title:"天使的一滴泪",
    newsImg:"/images/news/news6.png",
    head:"/images/head/head-1.png",
    content:"天池之水自北侧的天文峰和龙门峰中间的缺口流出,形成一条短短的通天河。通天河流
了1250米后就从高岩上跌落形成瀑布。瀑布口有块称为"牛郎渡"的巨石,……",
    likeNumber:{
      array:[210]
    },
    viewNumber:2203,
    commentNumber:100
  }
})
```

此时 data 对象的属性中除了简单的文本和数字以外,还包含了对象和数组。运行代码后可以看到控制台不会报错,但是页面中对应的数据不能正确显示。因为 index.wxml 页面文件中绑定的 data 数据发生了变更,所以为了能够正确显示数据,对应的页面绑定数据部分也需要进行修改,代码如下：

```
...
<!--新闻1-->
<view class="news-container">
  <!--作者日期-->
  <view class="news-author-date">
    <image src="{{head}}"/>
    <text>{{object.date}}</text>
  </view>
  <!--内容-->
  <text class="news-title">{{title}}</text>
  <image class="news-image" src="{{newsImg}}" mode="aspectFill"/>
  <text class="news-content">{{content}}</text>
  <!--评论收藏阅读-->
```

```
    <view class="news-like">
      <image src="/images/icon/xihuan.png"/>
      <text>{{likeNumber.array[0]}}</text>
      <image src="/images/icon/guankan.png"/>
      <text>{{viewNumber}}</text>
      <image src="/images/icon/shequpinglun.png"/>
      <text>{{commentNumber}}</text>
    </view>
  </view>
...
```

从上述代码中可以看出，作者日期部分的 date 数据的绑定语句由{{date}}变成了{{objec.bate}}，评论收藏阅读部分的 likeNumber 数据绑定由{{likeNumber}}变成了{{likeNumber.array[0]}}，此时保存编译后，模拟器中页面的第一条新闻可以正常显示。

2. 绑定数据更改

在 index.js 文件中除了上面讲的通过为 data 对象定义属性的形式以外，还可以通过 setData 函数进行数据绑定，可以理解为"设置数据"或"更改数据"。setData 是微信小程序提供的一个内置接口，可用于改变逻辑层中 data 下的数据。视图层 view 中的数据绑定在逻辑层 data 下，因此发送到视图层中的数据为异步操作；而如果在逻辑层中直接使用 this.data 则为同步，换句话说，如果直接修改 this.data，而不是调用 this.setData 则无法改变页面中绑定的数据，会造成数据不一致的错误。

根据官方文档提供的 Page.prototype.setData(Object data, Function callback)方法表述可以看出，setData 方法是当前页面实例 Page 原型下的一个公用实例方法，也就是说 Page 函数下任何一个函数内，都可以使用 setData 方法。

setData 方法中第一个参数 data 是必传的，数据类型是 Object 对象，所代表的含义是这次要改变的数据；而第二个参数 callback 回调函数是非必填的，它所代表的含义是 setData 引起的界面更新渲染完毕后的回调函数。

可以看出 setData 的参数必须接收一个对象，且可以以键值对的形式将 this.data 中的 key 对应的值设置成 value。也就是说：①setData 会改变 this.data 中变量相同 key 的值；②setData 执行后会立刻重新渲染视图。

根据上述规则描述，去掉 this.data 中的初始数据，直接使用 this.setData 进行数据更改，从而实现数据绑定，代码如下：

```
//index.js
Page({
  data: {
  },
  onLoad: function()
  {
    var tianchiData={
      object: {
        date:"Jan 6 2023"
      },
      title:"天使的一滴泪",
```

```
    newsImg:"/images/news/news6.png",
    head:"/images/head/head-1.png",
    content:"天池之水自北侧的天文峰和龙门峰中间的缺口流出,形成一条短短的通天河。通天河
流了1250米后就从高岩上跌落形成瀑布。瀑布口有块称为"牛郎渡"的巨石,……",
    likeNumber:{
      array:[210]
    },
    viewNumber:2203,
    commentNumber:100
  }
  //添加更新数据方法
  this.setData({
    newsdata:tianchiData
  })
}
})
```

保存编译后,小程序开发工具没有任何错误提示,但是之前新闻1绑定数据的部分全部变成了空白,通过查看控制台的 AppData 面板可以看出所有属性值被 newsData 对象包裹起来,如图4-19 所示。

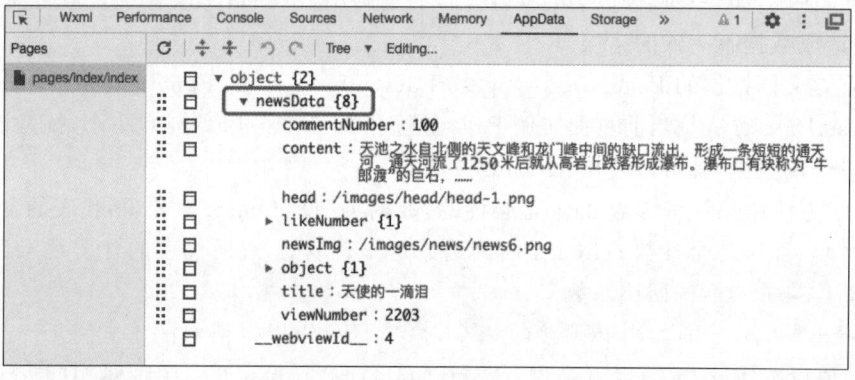

图 4-19 控制台 AppData 面板展示绑定数据

也就是说数据绑定的结构发生了变更,因此我们打开之前的 index.wxml 页面重新进行数据的绑定。代码如下:

```
...
<!--新闻1-->
  <view class="news-container">
    <!--作者日期-->
    <view class="news-author-date">
      <image src="{{newsData.head}}"/>
      <text>{{newsData.object.date}}</text>
    </view>
    <!--内容-->
    <text class="news-title">{{newsData.title}}</text>
    <image class="news-image" src="{{newsData.newsImg}}" mode="aspectFill"/>
```

```
        <text class="news-content">{{newsData.content}}</text>
        <!--评论收藏阅读-->
        <view class="news-like">
          <image src="/images/icon/xihuan.png"/>
          <text>{{newsData.likeNumber.array[0]}}</text>
          <image src="/images/icon/guankan.png"/>
          <text>{{newsData.viewNumber}}</text>
          <image src="/images/icon/shequpinglun.png"/>
          <text>{{newsData.commentNumber}}</text>
        </view>
      </view>
...
```

保存编译后可以观察到，模拟器中第一条新闻的数据又全部展示出来。

3. 列表渲染

到目前为止，在 index.js 中仅仅对第 1 条新闻修改了数据绑定形式。我们目前准备了 3 条新闻，当然可以参考上文内容进行数据绑定，但是如果数据量较大时？条条数据都在 WXML 文件的 {{}} 双大括号中进行修改较为不便。因此，接下来我们使用微信小程序提供的 WXML 组件的 wx:for 循环来实现列表渲染，简化代码逻辑复用。

首先，将 index.wxml 中另外两条"硬编码"的静态新闻数据提取到 index.js 文件中，并与第 1 条新闻数据组成数组。此时，之前 this.setData 中的 key 需要更改名字为 newsList，使其更容易让人理解，对应的 value 由之前的对象更改为包含 3 个对象元素的数组，每个元素就是一组新闻数据。代码如下：

```
//index.js
Page({
  data: {
  },
  onLoad: function() {
    var newsList =[{
      //元素1：新闻1
      object:{
        date:"Jan 6 2023"
      },
      title:"天使的一滴泪",
      newsImg:"/images/news/news6.png",
      head:"/images/head/head-1.png",
      content:"天池之水自北侧的天文峰和龙门峰中间的缺口流出，形成一条短短的通天河。通天河流了1250米后就从高岩上跌落形成瀑布。瀑布口有块称为"牛郎渡"的巨石，……",
      likeNumber:{
        array:[210]
      },
      viewNumber:2203,
      commentNumber:100
    },
```

```
      //元素2：新闻2
      {
        object：{
          date："Dec 10 2022"
        },
        title："落日熔金醉晚霞丨最美咸阳",
        newsImg："/images/news/news5.png",
        head："/images/head/head-2.png",
        content："红霞散天外,掩映夕阳时。落日弥漫的橘红和晚霞温柔的缤纷相映成趣,飘逸朦胧,令人沉醉。在余晖的映衬下,晚霞以它温暖的臂膀,拥抱着港城。云朵如梦如幻……",
        likeNumber：{
          array：[1002]
        },
        viewNumber：10302,
        commentNumber：3209
      },
      //元素3：新闻3
      {
        object：{
          date："Dec 22 2022"
        },
        title："大美"乾坤湾"",
        newsImg："/images/news/news4.png",
        head："/images/head/head-3.png",
        content："蓝天白云下的永和县黄河"乾坤湾"蔚为壮观。近年来,永和县加大投入建设黄河一号旅游公路、"0km"标志文化驿站,打造黄河蛇曲国家地质公园,初步形成了黄河风情、绿色生态为主的旅游格局。2021年,永和乾坤湾成功创建国家4A级旅游景区。……",
        likeNumber：{
          array：[107]
        },
        viewNumber：2037,
        commentNumber：58
      }
    ]
    //添加更新数据方法
    this.setData({
      newsList：newsList
    })
  }
})
```

接着通过使用微信小程序提供的wx：for循环实现同一个组件上重复渲染数据,也就是列表渲染操作。修改index.wxml中的代码,去掉重复的"硬编码"部分,使用wx：for实现数据绑定和组件复用。index.wxml完整代码如下：

```
<!--index.wxml-->
<view>
  <!--轮播图-->
  <swiper indicator-dots="true" indicator-color="white" indicator-active-color="orange" autoplay="true" interval="5000">
    <swiper-item>
      <image src="/images/news/news1.png"/>
    </swiper-item>
    <swiper-item>
      <image src="/images/news/news2.png"/>
    </swiper-item>
    <swiper-item>
      <image src="/images/news/news3.png"/>
    </swiper-item>
  </swiper>
  <!--列表渲染实现数据填充-->
  <block wx:for="{{newsList}}" wx:for-item="item" wx:key="index">
    <view class="news-container">
      <!--作者日期-->
      <view class="news-author-date">
        <image src="{{item.head}}"/>
        <text>{{item.object.date}}</text>
      </view>
      <!--内容-->
      <text class="news-title">{{item.title}}</text>
      <image class="news-image" src="{{item.newsImg}}" mode="aspectFill"/>
      <text class="news-content">{{item.content}}</text>
      <!--评论收藏阅读-->
      <view class="news-like">
        <image src="/images/icon/xihuan.png"/>
        <text>{{item.likeNumber.array[0]}}</text>
        <image src="/images/icon/guankan.png"/>
        <text>{{item.viewNumber}}</text>
        <image src="/images/icon/shequpinglun.png"/>
        <text>{{item.commentNumber}}</text>
      </view>
    </view>
  </block>
</view>
```

上述 WXML 页面文件中使用<block></block>这对标签将内部包裹的元素进行重复渲染，在微信小程序中<block>标签没有实质意义，也并不能被称为组件，只能被称为标签，在这个标签中使用 wx:for 属性。保存编译后，我们可以从模拟器中看到新闻列表和之前一样正确展示出来。

任务6　导航栏设置及页面跳转设置

1. 导航栏设置

现在新闻页面中轮播图及新闻列表已经正常显示了,接下来可以根据自己的喜好对项目进行导航栏配色设置,而不是使用默认的系统色。

打开本项目的 app.json 文件进行全局导航栏颜色设置,打开文件后修改下列项目代码:

```
"window": {
  "navigationBarBackgroundColor": "#fffeed"
}
```

更改颜色值后可以看到导航栏颜色和背景色相同。

2. 引导页自动跳转到新闻页面

现在我们已经完成最主要的新闻列表展示界面,但是真实项目中一般会有一个引导界面自动跳转到新闻页面。接下来我们首先在小程序中创建一个引导页面,打开项目的 app.json 文件,使用快捷方式添加引导页,代码如下:

```
{
  "pages": [
    "pages/splash/top",
    "pages/index/index"
  ],
  ...
}
```

添加 splash 页面,并将其调整为默认启动页面。在这个项目中当前启动页面将要添加一张图片作为引导页面,因此需要将 splash 页面中的顶部导航栏设置为透明,且不影响新闻页面的顶部导航栏。打开 pages/splash/top.json 文件,并且添加参数"navigationStyle":"custom"进行页面配置设置,代码如下:

```
{
  "navigationStyle": "custom",
  "usingComponents": {}
}
```

保存编译后能够看到模拟器中 splash 页面的顶部导航栏不可见了。接着在当前页面嵌入一张图片作为引导页,打开 pages/splash/top.wxml 文件,添加如下代码:

```
<image class="top_img" src="/images/splash.png"></image>
```

读者可以根据自己的需求设置图片的缩放模式,接着在 pages/splash/top.wxss 中添加图片样式使其能够全屏显示,代码如下:

```
.top_img {
    width: 100%;
    height: 100%;
    position: absolute;
    top: 0;
    bottom: 0;
    left: 0;
    right: 0;
}
```

最后，为了实现引导页 3 秒自动跳转到新闻页面需要在 pages/splash/top.js 页面中添加跳转逻辑，代码如下：

```
//pages/splash/top.js
Page({
  //引导页自动跳转
  onShow: function() {
    setTimeout(function() {
      wx.reLaunch({
        url: '../index/index',
      })
    },3000)
  }
})
```

保存编译后，启动程序倒数 3 秒即可自动跳转到新闻列表展示页面。当然，除了自动跳转以外，我们也可以通过点击引导页直接进入页面，同时添加这两个功能会导致点击跳转后，自动跳转仍会执行，即会发生两次跳转。这种情况则需要"上锁"，即如果点击跳转则不需要进行自动跳转。解决办法：设置变量 isRedict：true，点击事件使其值为 false，在自动跳转的定时器中，使用判断语句，若 isRedict 为 true，则进行自动跳转。完整代码如下：

```
Page({
  isRedict: true,
  //引导页自动跳转
  onShow: function() {
    setTimeout(() => {
      if(this.isRedict) {
        wx.reLaunch({
          url: '../index/index',
        })
      }
    }, 3000);
  },
  //点击引导页直接跳转
  toIndext: function() {
    this.isRedict=false;
    wx.navigateTo({ //根据需要也可使用 redirectTo 进行跳转
      url: '../index/index',
    })
  }
})
```

上述代码跳转中，自动跳转使用了 wx.reLaunch，手动点击跳转使用了 wx.redirectTo 或 wx.navigateTo。它们之间的区别是：

① wx.navigateTo({ })：用于保留当前页面、跳转到应用内的某个页面，使用 wx.navigateBack 可以返回到原页面。对于页面不是特别多的小程序，通常推荐使用 wx.navigateTo 进行跳转，以便返回原页面，提高加载速度。当页面特别多时，则不推荐使用。

②wx.redirectTo({}):当页面过多时,被保留页面会挤占微信分配给小程序的内存,或是达到微信所限制的 5 层页面栈。wx.redirectTo()用于关闭当前页面,跳转到应用内的某个页面。

③wx.reLaunch({}):与 wx.redirectTo()的用途基本相同,只是 wx.reLaunch()先关闭了内存中所有保留的页面,再跳转到目标页面。

保存编译后,在没有点击的情况下,页面将从启动的引导页等待 3 秒后跳转到 index 新闻列表页面。大家可以注意到,自动跳转和点击跳转时新闻页面左上角按钮会有区别,navigateTo 时为返回按钮,而 reLaunch 时为回到主页按钮,如图 4-20 和图 4-21 所示。

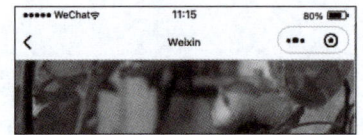   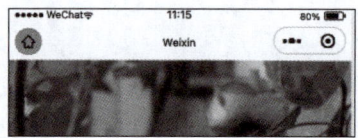

图 4-20　navigateTo 跳转时左上角返回按钮　　　图 4-21　reLaunch 跳转时左上角主页按钮

任务 7　数据与业务分离并引用模块

1. 分离数据

现在,所有的新闻数据都写在 index.js 中,没有与业务逻辑分开,我们尝试将数据分割封装到单独的 js 文件中。

在 NewsDemo 项目的根目录中创建新文件夹并命名为 data,在 data 目录下新建文件 data.js。然后将 index.js 中的数组数据 newsList 剪切到 data.js 中,并将原先数组中的 date、viewNumber 以及 commentNumber 数据项改为最简单的字符串。修改过的代码如下:

```
var newsList =[{
    //元素 1:新闻 1
    date:"Jan 6 2023",
    title:"天使的一滴泪",
    newsImg:"/images/news/news6.png",
    head:"/images/head/head-1.png",
    content:"天池之水自北侧的天文峰和龙门峰中间的缺口流出,形成一条短短的通天河。通天河流了 1250 米后就从高岩上跌落形成瀑布。瀑布口有块称为"牛郎渡"的巨石,……",
    likeNumber:0,
    viewNumber:0,
    commentNumber:0
},
//元素 2:新闻 2
{
    date:"Dec 10 2022",
    title:"落日熔金醉晚霞 | 最美咸阳",
    newsImg:"/images/news/news5.png",
    head:"/images/head/head-2.png",
    content:"红霞散天外,掩映夕阳时。落日弥漫的橘红和晚霞温柔的缤纷相映成趣,飘逸朦胧,令人沉醉。在余晖的映衬下,晚霞以它温暖的臂膀,拥抱着港城。云朵如梦如幻……",
```

```
        likeNumber:0,
        viewNumber:0,
        commentNumber:0
    },
    //元素3：新闻3
    {
        date:"Dec 22 2022",
        title:"大美"乾坤湾"",
        newsImg:"/images/news/news4.png",
        head:"/images/head/head-3.png",
        content:"蓝天白云下的永和县黄河"乾坤湾"蔚为壮观。近年来,永和县加大投入建设黄河一号旅游公路、"0km"标志文化驿站,打造黄河蛇曲国家地质公园,初步形成了黄河风情、绿色生态为主的旅游格局。2021年,永和乾坤湾成功创建国家4A级旅游景区。……",
        likeNumber:0,
        viewNumber:0,
        commentNumber:0
    }
]
```

2. 模块运用

当前提取出来的新闻数据列表 newsList 可以被看成小程序的独立模块,但是现在我们还不能访问。因此,需要使用 module.exports 向外暴露一个接口。修改上述 data.js 文件中的代码,在代码最后部分添加下列代码：

```
...
module.exports={
    newsList:newsList
}
```

此时定义好暴露的模块接口,接下来就可以在其他 js 文件中引用本模块。首先在之前剪切掉原始新闻数据的 news.js 中进行模块引用,引用方式如下：

```
//index.js
var dataObj=require("../../data/data.js") //引用的文件务必带js后缀,且不可使用绝对路径
Page({
    data:{
    },
    onLoad:function()
    {
        //添加更新数据方法
        this.setData({
            newsList:dataObj.newsList
        })
    }
})
```

代码第一行使用 require(path) 将数据模块引入 index.js 文件中,并将模块对象赋值给 dataObj,随后在 onLoad 函数中取出 newsList 数据进行数据绑定。

由于上一个小节学习数据绑定时修改了 newsList 的数据结构,因此引入 data.js 后仍然不能正常显示数据,需要修改 index.wxml 中的语法,具体代码如下:

```
<!--列表渲染实现数据填充-->
<block wx:for="{{newsList}}" wx:for-item="item" wx:key="index">
  <view class="news-container">
    <!--作者日期-->
    <view class="news-author-date">
      <image src="{{item.head}}"/>
      <text>{{item.date}}</text>
    </view>
    <!--内容-->
    <text class="news-title">{{item.title}}</text>
    <image class="news-image" src="{{item.newsImg}}" mode="aspectFill"/>
    <text class="news-content">{{item.content}}</text>
    <!--评论收藏阅读-->
    <view class="news-like">
      <image src="/images/icon/xihuan.png"/>
      <text>{{item.likeNumber}}</text>
      <image src="/images/icon/guankan.png"/>
      <text>{{item.viewNumber}}</text>
      <image src="/images/icon/shequpinglun.png"/>
      <text>{{item.commentNumber}}</text>
    </view>
  </view>
</block>
```

保存后编译运行,可以看到和之前相同的结果展示。

任务 8　业务逻辑模块化并引入样式模块

在上一个任务中,NewsDemo 使用列表渲染的形式展现重复格式的新闻列表,但是如果其他页面同样需要使用列表样式展示文章列表该怎么办呢? 列表渲染方式是最优选择吗? 显然,将 index.wxml 中绑定数据展示新闻列表的代码到处拷贝是最差的选择。

准备知识中,提到微信小程序提供了模板技术来支持对 WXML 组件的封装,接下来我们将新闻列表样式封装成模板。首先在项目的 pages/index 目录下新建目录 news-item 作为模板文件目录,接着在该目录下新建 2 个文件 news-item-tpl.wxml 以及 news-item-tpl.wxss 用来封装 WXML 片段和公共样式。

需要注意,使用模板只是简化了 WXML 中代码,并不是成为单独的"组件",仅能够在多处便捷使用。现在,将之前 WXML 文件中 <block> 标签中的代码移到 news-item-tpl.wxml 中,代码如下:

```
<!--index.wxml-->
<import src="news-item/news-item-tpl"/>
<view>
  <!--轮播图-->
  ...
  <!--列表渲染实现数据填充-->
  <block wx:for="{{newsList}}" wx:for-item="item" wx:key="index">
    <template is="newsitemTpl" data="{{item}}"/>
  </block>
</view>
```

上述代码中，<template>模板相关内容必须在<template></template>标签内，并使用 name 属性指定之前定义的模板名，可以根据模板的 data 属性向 template 传递数据。编译运行后，可以看到和之前效果一致。

现在我们已经成功地将 WXML 代码做成了模板，为了运用模板时样式不发生改变，模板中 WXML 代码对应的样式也应该"打包"。可以将 index.wxss 中新闻条目相关样式全部提取到 news-item-tpl.wxss 文件中，原有样式中只保留轮播图样式即可。提取出来的代码部分保存在 news-item-tpl.wxss 文件中，此时保存编译运行可以看到新闻列表页面没有样式。需要在 index.wxss 中应用模板样式，在 index.wxss 开头或结尾部分添加如下代码：

```
@import "news-item/news-item-tpl.wxss"
```

引入 WXSS 样式模板后保存编译，可以看到新闻列表页面正常显示。

拓展训练　仿微信"发现"页小程序设计

【训练需求】

综合运用所学习的组件、事件等知识内容，仿照微信"发现"页面创建列表布局小程序，熟练运用数据绑定、列表渲染以及数据模块化的知识进行小程序项目的优化。

【训练步骤】

1. 创建项目，完成项目文件配置，包括创建素材文件夹、全局样式设置等操作。
2. 导入素材文件，进行导航栏、页面布局及样式设计。
3. 逻辑设计并使用动态数据展示列表。

项目小结

本项目中通过新闻列表展示了 banner 轮播图与一组新闻数据。本项目任务实施之前学习了 swiper 组件构建 banner 轮播图及 swiper 组件的其他属性，详细介绍了 image 组件的 4 种缩放模式和 9 种剪裁模式，了解了小程序 Page 页面的生命周期。除此之外，还介绍了小程序中数据绑定的基本概念，也是区别于传统 Web 网页编程的最大不同。最后讲解并使用小程序中的事件，并通过任务实施学会解决开发过程中的常见问题。

同步练习

一、单选题

1. 小程序目录结构中,(　　)文件是应用配置文件。
   A. app.js　　　　B. app.json　　　　C. project.config.js　　D. index.json

2. 下面对小程序项目设置项的说法中,错误的是(　　)。
   A. ES6 转 ES5 就是将 JavaScript 代码的 ES6 语法转换为 ES5 语法
   B. 使用 npm 模块就是在小程序使用 npm 安装的第三方依赖包
   C. 校验合法域名就是在真实环境中对信息进行检验
   D. 调试基础库可以选择任意版本的微信客户端上运行

3. 小程序目录结构中,样式文件是(　　)。
   A. js　　　　　　B. json　　　　　　C. wxss　　　　　　D. wxml

4. 微信开发者工具中,调试器中的(　　)可以查看网络请求信息。
   A. Console 面板　　B. Network 面板　　C. AppData 面板　　D. Source 面板

5. 微信小程序开发组件中,通过(　　)来绑定事件处理函数。
   A. bindTouch　　　B. bindTap　　　　C. tap　　　　　　D. bindMove

6. 在小程序权限管理中,(　　)权限可以实现小程序提交审核、发布、回退。
   A. 开发管理　　　　B. 开发设置　　　　C. 数据分析　　　　D. 开发者权限

7. 在小程序权限管理中,(　　)可以使用开发者工具及开发版小程序进行开发。
   A. 开发管理　　　　B. 开发者权限　　　C. 暂停服务设置　　D. 登录

8. 微信小程序开发调试中,(　　)可以实现在手机上体验对应的开发版本。
   A. 微信调试　　　　B. 真机调试　　　　C. Chrome 调试　　　D. 远程调试

9. 在小程序的 index.json 文件中,(　　)属性用来设置导航栏标题。
   A. navigationBarTitleText　　　　　　B. navigationTitle
   C. navigatorBarTitleText　　　　　　 D. navigationText

10. 微信小程序中的 Flex 布局,通过(　　)属性控制排列方向。
    A. flex　　　　　B. flex-direction　　C. align-item　　　D. justify-content

二、判断题

1. 在微信小程序中,每个页面由 WXML、WXSS、JS 和 JSON 文件组成,其中 WXML 和 JS 文件必须存在,WXSS 和 JSON 文件可以省略。(　　)

2. WXML 和 WXSS 文件类似于网页开发中的 HTML 和 CSS 文件。(　　)

3. 微信小程序不支持 ES6 语法,但支持 CSS 动画。(　　)

4. 微信小程序开发模式类似于 VUE,同时支持组件化开发。(　　)

5. 微信开发者工具中的 Console 面板用于输出调试信息。(　　)

6. 小程序团队开发过程中,设计人员根据产品需求做出设计方案供开发人员使用,设计主要包括流程和图形。(　　)

7. 为了保证小程序的质量,以及符合相关规定,小程序的发布需要经过审核。(　　)

8. 所有组件和属性都使用小写。(　　)

三、填空题

1. 定义字符串 var str ="chuanzhiboke"，那么 str.substr(0,str.length-1)的返回值是_____。
2. 通过设置 box-sizing 的值为_____使边框作为宽高的一部分。
3. 微信小程序 Flex 布局中，_____用来设置在横向坐标轴上的对齐方式。
4. 小程序中进行页面渲染的方式主要包括_____。
5. 小程序列表中，列表数组数据通过_____方法来添加信息。
6. 列表中，通过_____可以获取到当前列表的索引值。
7. 在当前页面隐藏导航条加载动画使用的 API 是_____。
8. 在当前页面显示导航条加载动画使用的 API 是_____。
9. 判断小程序的 API、回调、参数组件等是否在当前版本可使用的 API 是_____。
10. _____是视图层的基本组成单元。

四、简答题

1. 请简单介绍微信小程序 Flex 布局的使用。
2. 通过代码获取计算器功能按钮的值。
3. 简述如何动态设置窗口的背景色。
4. 简述如何动态设置下拉背景字体、loading 图的样式。

项目 5

天气预报查询实现

知识目标

- 了解使用 Node.js 搭建本地服务器的方法。
- 简单了解使用 js 访问 Node.js 服务器并实现数据交互的方式。
- 掌握微信小程序提供的网络访问 API 的调用方法。
- 掌握使用网络服务 API 访问第三方提供的服务器接口获取数据的方法。
- 了解在微信公众平台的小程序开发管理中配置第三方服务器域名的方式。

技能目标

- 掌握服务器域名配置及本地服务器搭建。
- 掌握小程序网络 API 提供的 wx.request 接口用法。

素质目标

- 紧扣网络时代的发展需求,建设网络强国。课程培养学生具备网络时代所需能力,并应用于实践。
- 学生通过学习微信小程序开发,掌握使用网络技术提高工作效率的方法。
- 学生学习微信小程序开发,培养使用网络技术提升创新能力,创新个人应用。

5.1 知识准备

5.1.1 服务器数据交互

服务器数据交互应用

由于微信小程序项目体积大小限制的因素,项目中的图片、图标、背景音乐等素材不可能全部打包在项目中,因此可以将体积较大的素材放在服务器上,通过使用微信小程序中的网络 API wx.request() 来实现与服务器数据交互。正式上线的项目,小程序要求服务器域名必须在小程序管理后台中添加,域名需要通过 ICP 备案,且只支持 HTTP 和 WSS 协议。

为了方便初学者学习,可以在微信开发者工具中关闭校验和验证域名功能,从而使用本地搭建的服务器测试网络功能。单击微信开发者工具中的"详情"按钮选择"本地设置",并选中如图 5-1 中所示的选项即可。

图 5-1 关闭校验

1. 搭建本地服务器

本教材中本地 HTTP 服务器选用 Node.js 进行搭建。Node.js 是一个开源和跨平台的 JavaScript 运行时环境,简单地说,Node.js 就是运行在服务端的 JavaScript。Node 的常用命令 npm 以其简单的结构帮助 Node.js 生态系统蓬勃发展。现在 npm 仓库托管超过 1 000 000 个开源包,可供开发者使用。(开源包仓库 https://www.npmjs.com/)

读者可以通过 Node 官网下载 LTS 版本进行默认安装。安装成功后,创建一个空目录作为项目目录,命名为 data_server,然后打开命令提示符切换到该目录,执行如下命令。

(1) 初始化项目,自动创建 package.json。

```
npm init -y
```

运行结束后可以在 data_server 目录看到自动生成了 package.json 文件。

(2) 安装 express 框架用于快速搭建 HTTP 服务器。

```
npm install express - save
```

(3) 安装 nodemon 用于监控文件代码修改状况。

```
npm install nodemon -g
```

安装过程中的一些参数区别如下:

--save:记录生产环境所需模块(默认)。

--save-dev:记录开发环境所需模块。

-g:全局安装,可在命令行运行;如果不添加本参数表示安装在当前目录,添加参数表示安装在 global 目录。

上述命令执行结束后,在 data_server 目录下创建 index.js 文件,编写代码如下:

```
//加载 express 模块
const express=require('express')
//加载 body 解析模块,客户端发来的实体内容
const bodyParser=require('body-parser')
//创建 express 实例
const app=express()
//将 body 解析模块加载给小程序,小程序提交给服务器的信息是 JSON 模式,因此加载 JSON 解析格式
app.use(bodyParser.json())
//接收 post 请求
app.post('/',(req,res) => {
    console.log(req.body)
    res.json(req.body)//接收的内容响应回浏览器
})
//监听 3000 端口
app.listen(3000,() => {
    console.log('server running at http://127.0.0.1:3000');
})
```

上述代码用于搭建一个监听 3000 端口的 HTTP 服务器,支持 POST 请求。接下来在命令提示符中继续执行下列指令,启动服务器。

```
nodemon index.js
```

此时可以从服务器上观察到如图 5-2 所示内容,表示启动成功。

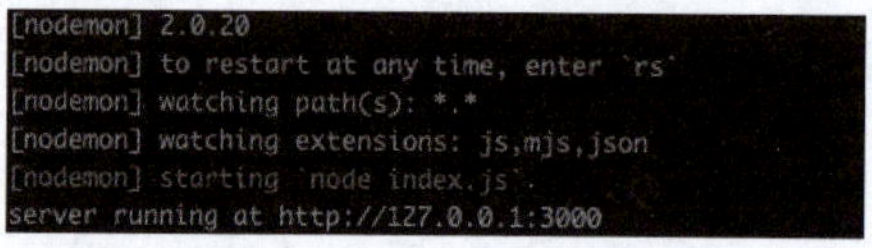

图 5-2 node 服务器启动成功

启动成功后在浏览器中输入 http://127.0.0.1:3000 进行访问即可。

2. 访问服务器上的数据

通过项目 4 的学习可以知道,页面结构 WXML 文件中可以使用 wx:for 进行列表渲染,即根据给定的数据重复渲染组件而不需要在组件中进行"硬编码",从而减少代码重复,提高代码健壮性。这样也从一定程度上降低了代码的耦合度,实现了数据和业务的初步分离。

现在搭建了本地服务器,那么就可以通过在服务器端项目 index.js 文件的 app.listen() 前面增加代码,将从小程序项目页面 js 中初步分离出来放在 data 中的数据放入服务器端,通过使用 wx.request 请求将 data 中的数据返回给小程序。打开之前编辑的服务器端文件 /data_server/index.js,在指定位置模拟一部分 data 中的数据,代码如下:

```
...
//将 data 中的数据放入服务端,再由服务端返回小程序
var data={
  name:'张三',
  gender:[
    {name:'男',value:'0',checked:true},
    {name:'女',value:'1',checked:false}
  ],
  skills:[
    {name:'HTML5',value:'html',checked:true},
    {name:'Java 程序设计',value:'java',checked:true},
    {name:'Java Script',value:'js',checked:false},
    {name:'C++程序设计',value:'c++',checked:false}
  ],
  opinion:'TEST'
}
//实现 get 请求,data 数据以 JSON 格式返回
app.get('/',(req,res) => {
  res.json(data)
})
...
```

上述代码用于实现 GET 请求方式,并且数据以 JSON 格式返回。

完成服务器端代码后,创建微信小程序 Test5,打开 Test5 的 pages/index/index.wxml 文件,添加页面展示代码如下:

```
<view class="container">
  <form bindsubmit="submit">
    <view>
      <text>姓名:</text>
      <input name="name" value="{{name}}"/>
    </view>
    <view>
      <text>性别:</text>
      <radio-group name="gender">
      <!--wx:for列表渲染,根据给定的数组重复渲染该组件;wx:key表示每一项的唯一标识,可以在数据改变后在页面中重新渲染时,使原有组件保持自身状态,不需要重新创建,提高渲染效率(所谓渲染就是show展示出来的过程)-->
        <label wx:for="{{gender}}" wx:key="value">
        <!--item表示数组的当前项-->
          <radio value="{{item.value}}" checked="{{item.checked}}"/>{{item.name}}</label>
      </radio-group>
    </view>
    <view>
      <text>专业技能:</text>
      <checkbox-group name="skills">
        <label wx:for="{{skills}}" wx:key="value">
          <checkbox value="{{item.value}}" checked="{{item.checked}}"/>{{item.name}}</label>
      </checkbox-group>
    </view>
    <view>
      <text>您的意见:</text>
      <textarea name="opinion" value="{{opinion}}"/>
    </view>
    <button form-type="submit">提交</button>
  </form>
</view>
```

接下来为页面文件设计样式,代码如下:

```
/**index.wxss**/
.container {
  margin: 50rpx;
}
view {
  margin-bottom: 30rpx;
}
input {
  width: 600rpx;
  margin-top: 10rpx;
  border-bottom: 2rpx solid #cccccc;
}
```

```css
/*将 label 标签设置为块元素,使单选框和复选框的每一项都占一行*/
label {
  display: block;
  margin: 8rpx;
}
textarea {
  width: 600rpx;
  height: 100rpx;
  margin-top: 10rpx;
  border: 2rpx solid #eeeeee;
}
```

完成上述代码后,在 Test5 项目 pages/index/index.js 文件的 onLoad 事件函数中实现页面启动后向服务器发送请求,获取表单中初始数据的操作,代码如下:

```javascript
//index.js
Page({
  //页面生命周期的 onLoad 函数用于页面启动后自动向服务器发送请求,获取表单数据
  onLoad: function(options) {
    var that = this
    wx.request({
      url: 'http://127.0.0.1:3000',
      success: function(res) {
        that.setData(res.data)
      }
    })
  }
})
```

此时,页面打开时自动向服务器发送请求获取数据并填充到页面绑定数据部分,运行结果如图 5-3 所示。

除此之外,也可以在 pages/index/index.js 中进行数据初始化,并且将页面中填写的数据通过点击按钮发送给服务器端。发送数据代码如下:

```javascript
Page({
  //data 数据中保存表单默认数据
  data: {
    name: 'name',
    gender: [
      {name: '男', value: '0', checked: false},
      {name: '女', value: '1', checked: false}
    ],
    skills: [
      {name: 'HTML5', value: 'html', checked: false},
      {name: 'Java 程序设计', value: 'java', checked: false},
      {name: 'Java Script', value: 'js', checked: false},
      {name: 'C++程序设计', value: 'c++', checked: false},
```

```
    ],
    opinion:'请输入意见,100 字'
  },
  //点击按钮提交数据给本地服务器并在日志中显示提交内容
  submit: function(e) {
    wx.request({
      method:'POST',
      url:'http://127.0.0.1:3000',
      data: e.detail.value,
      success: function(res) {
        console.log(res);
      }
    })
  }
})
```

编译运行后可以看到页面初始状态如图 5-4 所示,输入数据并点击"提交"按钮后,页面显示效果如图 5-5 所示,服务器实时状态如图 5-6 所示。

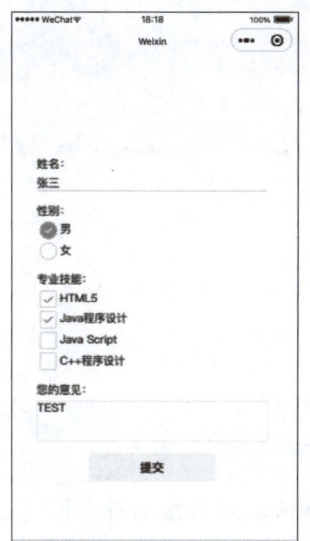
图 5-3 获取服务器数据并显示

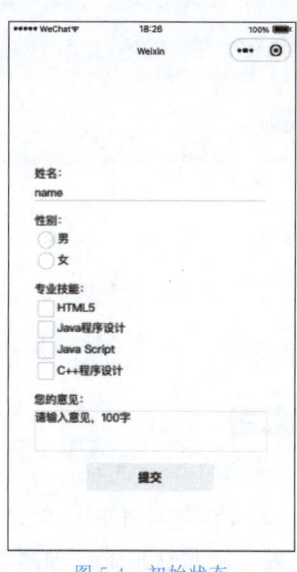
图 5-4 初始状态

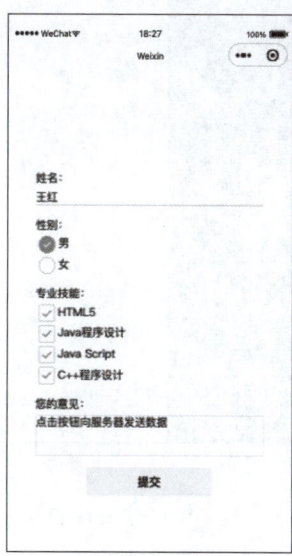
图 5-5 填写数据

图 5-6 服务器实时数据

在实际开发中,很多用户数据是保存在服务器端的,因此读者可以根据上述知识点自行进行练习。

5.1.2 API 密钥申请

天气预报小程序主要可以查询当地的今日天气状况和实时温度等。本项目主要选择了可以提供全球气象数据服务接口的和风天气 API,官方网址为:https://dev.qweather.com。

用户使用邮箱进行注册并激活后可以获取三天内全球各地区的实时天气,所支持的免费接口调用流量基本上可以满足本次学习开发的需求。

官网注册完毕后,通过访问 https://console.qweather.com/#/console 来查看帐号信息,开发者登录到控制台后,在左侧导航中,选择"项目管理"并选择"创建项目"。创建项目时,需要同时选择订阅模式,如免费订阅、标准订阅或高级订阅。如图 5-7 所示。

图 5-7　创建项目

此时可以获取本项目的认证 key,该信息在小程序发出网络请求时会作为身份识别的唯一标识发送给和风天气第三方服务器。项目认证 key 如图 5-8 所示。

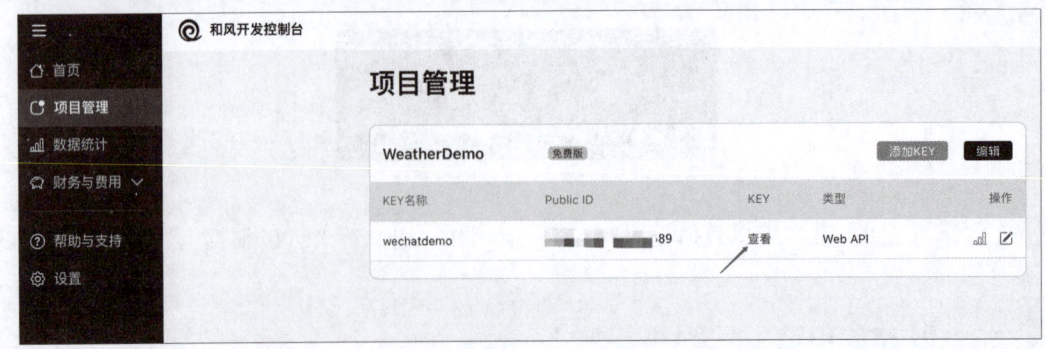

图 5-8　项目认证 key 查询页面

5.1.3 API 调用方法

和风天气提供许多服务接口，本项目当前创建项目为免费订阅的用户，可以通过调用开发版 API 接口 https://devapi.qweather.com/v7 进行数据请求。通常来讲，一个完整的 API 请求 URL 由 scheme、host、port、path 和 query parameters 组成，如图 5-9 所示。

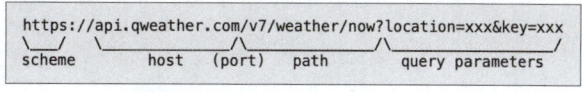

图 5-9　API 组成

- scheme：https
- host：api.qweather.com（付费订阅）/ devapi.qweather.com
- port：443（在和风天气开发服务中，所有端口均为 443）
- path：/v7/weather/now?
- query parameters：location=xxx&key=xxx（在和风天气开发服务中，多个参数使用 & 分隔）

本项目将选用城市天气中的实时天气数据 API 来获取实时天气状况。获取实时天气的请求属于 GET 请求，其 URL 为：https://devapi.qweather.com/v7/weather/now?［请求参数］。

请求参数包括了必选和可选参数，内容见表 5-1。

表 5-1　请求 API 的参数

参数名称	参数类型	说明
key	必选	需要填入项目的认证 key 字符串。接口通过本数据判断是否为授权用户或是否为付费用户。例如：key=123456789ABC
location	必选	需要查询地区的 LocationID 或以英文逗号分隔的经度，纬度坐标（十进制，最多支持小数点后 2 位），LocationID 可通过城市搜索服务获取。例如：location=101010100 或 location=116.41,39.92
lang	可选	指定数据的语言版本，不添加本参数默认为中文
unit	可选	单位，默认为公制单位

实时天气可以获取当前时间指定地点的详细天气状况，包括温度、湿度、风向、风力、风速等信息。根据上述内容，添加对应参数后，获取西安市新城区的实时天气状况的请求 URL 为：https://devapi.qweather.com/v7/weather/now?location=101110108&key=123456789aassdff。

注意，在实际开发中，地址中的 key 值需要替换成用户个人项目认证 key，否则无法获取数据。

在地址栏中输入上述地址后可以得到下列返回结果：

```
{
  "code":"200",
  "updateTime":"2023-01-13T14:32+08:00",
  "fxLink":"http://hfx.link/1tpq1",
  "now":{
    "obsTime":"2023-01-13T14:24+08:00",
    "temp":"4",
```

```
        "feelsLike":"-3",
        "icon":"503",
        "text":"扬沙",
        "wind360":"170",
        "windDir":"南风",
        "windScale":"1",
        "windSpeed":"3",
        "humidity":"42",
        "precip":"0.0",
        "pressure":"974",
        "vis":"5",
        "cloud":"100",
        "dew":"-9"
    },
    "refer":{
        "sources":[
            "QWeather",
            "NMC",
            "ECMWF"
        ],
        "license":[
            "CC BY-SA 4.0"
        ]
    }
}
```

- code API:状态码,具体含义请参考状态码。
- updateTime:当前 API 的最近更新时间。
- fxLink:当前数据的响应式页面,便于嵌入网站或应用。
- now.obsTime:数据观测时间。
- now.temp:温度,默认单位:摄氏度。
- now.feelsLike:体感温度,默认单位:摄氏度。
- now.icon:天气状况和图标的代码,图标可通过天气状况和图标下载。
- now.text:天气状况的文字描述,包括阴、晴、雨、雪等天气状态的描述。
- now.wind360:风向 360 角度。
- now.windDir:风向。
- now.windScale:风力等级。
- now.windSpeed:风速,单位:公里/小时。
- now.humidity:相对湿度,百分比数值。
- now.precip:当前小时累计降水量,默认单位:毫米。
- now.pressure:大气压强,默认单位:百帕。
- now.vis:能见度,默认单位:公里。
- now.cloud:云量,百分比数值,可能为空。

- now.dew:露点温度,可能为空。
- refer.sources:原始数据来源,或数据源说明,可能为空。
- refer.license:数据许可或版权声明,可能为空。

如果用户使用的接口不能获取数据,也可以根据返回的状态码对比查询原因。接着可以根据指定的名称找到对应的数据值。例如,上述数据中的""cloud":"100""就表示当前云量为100%。

5.1.4 服务器域名配置

我们使用微信小程序读取指定城市的实时天气状态信息时,需要访问"和风天气"服务器,因此需要在小程序的管理员后台进行服务器域名配置。

登录微信公众平台后进入小程序开发管理,选择左侧"开发"→"开发管理"→"开发设置",在"服务器域名"中添加或修改需要使用的网络通信服务器域名地址即可。本案例选用"request 合法域名",如图 5-10 所示。

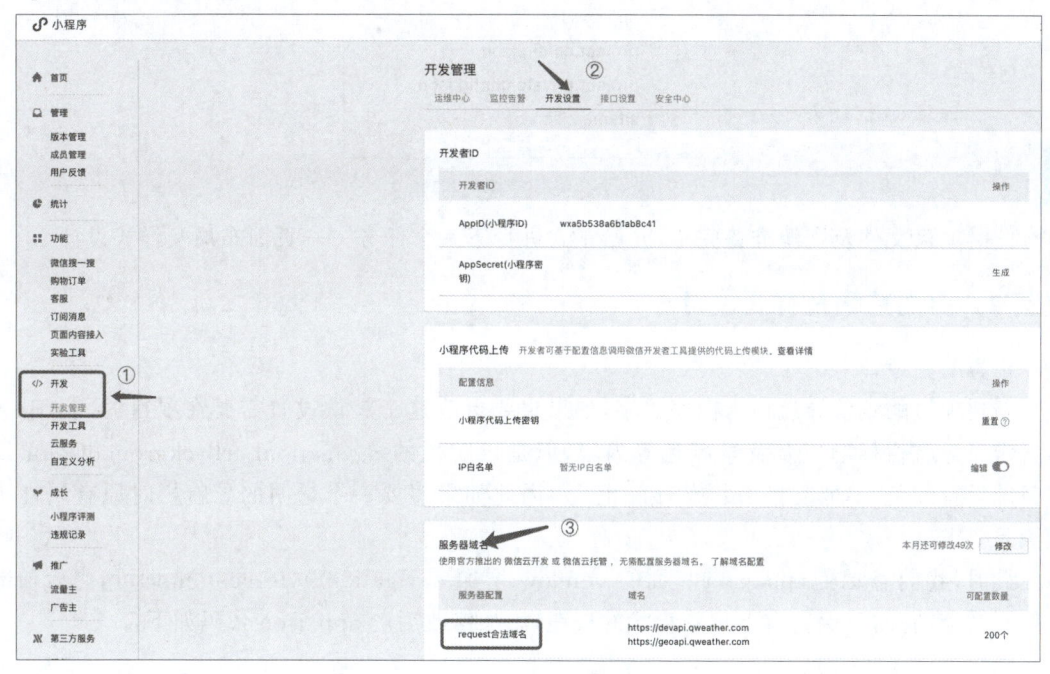

图 5-10 小程序服务器域名配置

5.2 项目实施

掌握了上述准备知识后,现在开始搭建天气预报查询小程序工作。

任务 1 构建项目

首先,创建小程序 WeatherToday,后端服务选择"不使用云服务"模式,模板选择部分选取"不使用模板",选择自己的 AppID 后,单击"确定"按钮创建空白项目。

接下来在项目中导入本次需要使用的图片资源。天气图片资源选用和风天气官方网站提供的图标素材 QWeather-Icons-1.2.0 版本,图标的名称与图标所代表的天气状况代码一致,方便用户在获取请求数据后快速对应图片数据。图标命名中有些带了"fill"表示夜间模式。

在项目根目录中创建 images 文件夹，接着在该文件夹中创建二级目录 weather_icon，并将下载的图标全部复制进去。完成后，整个项目目录结构如图 5-11 所示。

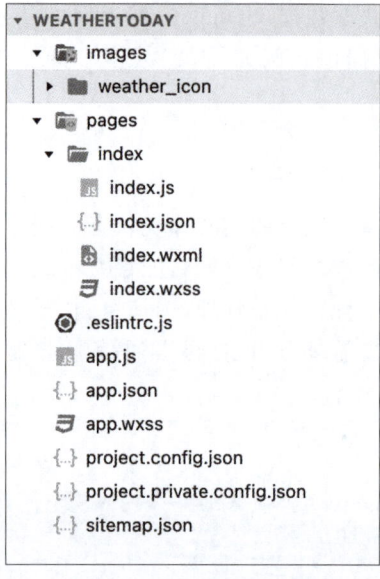

图 5-11 天气预报项目结构

此时项目文件及资源准备完毕，开始正式进行下一个任务——页面布局及样式设计。

任务 2　页面结构及样式设计

1. 导航栏设计

新建项目的默认导航栏为白底黑字，如果想要更改这个默认设置需要在项目的 app.json 中自定义导航栏标题以及背景颜色等内容，但是导航栏的 navigationBarBackgroundColor 属性只能设置纯色，不能支持 rgb 或 rgba 色号，因此如果想要一个透明的导航栏时原有属性不能满足要求。

此时，我们需要在 app.json 里面的 window 增加 navigationStyle：custom 即可，之后顶部导航栏就会消失，只保留右上角胶囊状的按钮，添加修改后的 app.json 代码如下：

```
{
  "pages":[
    "pages/index/index"
  ],
  "window":{
    "backgroundTextStyle":"light",
    "navigationBarBackgroundColor":"#fff",
    "navigationBarTextStyle":"black",
    "navigationStyle":"custom"
  },
  "style":"v2",
  "sitemapLocation":"sitemap.json"
}
```

编译运行后可以看到页面上标题栏变成透明,预览效果如图 5-12 所示。

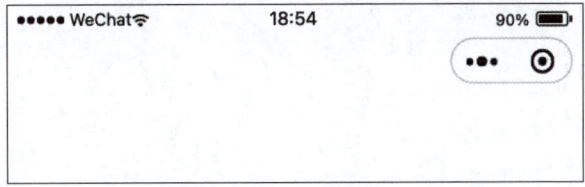

图 5-12　自定义标题栏效果

2. 页面结构 WXML 设计

页面结构部分主要分为 4 个区域,内容如图 5-13 所示。

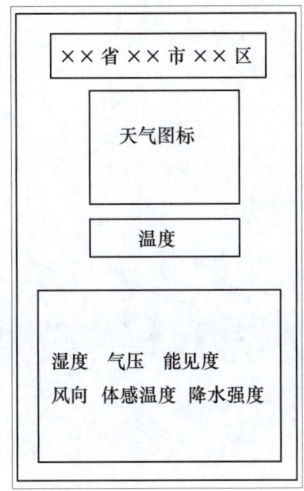

图 5-13　页面结构图

- 区域 1:地区选择器,用户可以自行选择要查询的省市区。
- 区域 2:显示当前选择地区的天气图标。
- 区域 3:显示当前选择地区的天气状态文字说明。
- 区域 4:显示实时天气中其他重点数据。

接下来分区域进行页面结构设计,打开项目 pages/index/index.wxml 文件,添加代码如下:

```
<!--index.wxml-->
<image class="page" src="/images/bg.png"/>
<view class="container">
    <!--区域 1 地区选择-->
    <picker mode="region">
        <view>陕西省</view>
    </picker>
    <!--区域 2 天气图标-->
    <image src="/images/weather_icon/999.svg" mode="widthFix"/>
    <!--区域 3 天气信息文本-->
    <text>0° 小雪</text>
    <!--区域 4 其他天气信息-->
    <view class="detail">
```

```
        <view class="bar">
            <view class="box">湿度</view>
            <view class="box">体感温度</view>
            <view class="box">气压</view>
        </view>
        <view class="bar">
            <view class="box">0 %</view>
            <view class="box">0 °</view>
            <view class="box">0 hPa</view>
        </view>
        <view class="bar">
            <view class="box">风力</view>
            <view class="box">能见度</view>
            <view class="box">风速</view>
        </view>
        <view class="bar">
            <view class="box">0 级</view>
            <view class="box">0 km</view>
            <view class="box">0 km/h</view>
        </view>
    </view>
</view>
```

(1) 区域 1 地区选择器设计

地区选择器需要使用组件＜picker＞来实现，内部包含＜view＞组件。现在可以先任意填写一个地区作为初始显示状态，当点击城市名称时会从底部弹出选择器组件，用户可以选择省市区。

(2) 区域 2 天气图标设计

区域 2 展示的天气图标应该根据实时查询的天气状况动态更新对应的图标内容，在没有进行网络请求数据时可以选择图标库中的"N/A"进行展示，因此需要使用组件＜image＞。

(3) 区域 3 天气状态文本

区域 3 部分需要使用＜text＞组件显示当前天气信息文本内容。

(4) 区域 4 其他天气信息

区域 4 部分使用＜view＞组件展示多行天气信息。编译运行后，天气预报初始页面样式如图 5-14 所示。

3. 页面样式 WXSS 设计

通过图 5-14 可以看出，当前页面没有添加样式，因此展示信息布局比较乱。接下来为页面设计添加样式，打开 pages/idnex/index/WXSS 文件，添加代码如下：

```
/* * index.wxss * */
/* 背景图片样式 */
.page {
    width: 100%;
    height: 100%;
```

```css
  position: absolute;
  bottom: 0;
  left: 0;
  z-index: -999;  /*图片在文字下一层*/
  filter: blur(3rpx);  /*高斯模糊背景虚化*/
}
/*容器样式*/
.container {
  height: 100vh;  /*高度为100视窗*/
  display: flex;  /*弹性布局*/
  flex-direction: column;  /*垂直分布*/
  align-items: center;  /*水平居中*/
  justify-content: space-around;  /*间距*/
}
/*天气图标样式*/
image {
  width: 200rpx;
}
/*文本样式*/
text {
  font-size: 50rpx;
  color: black;
}
/*多行天气信息显示样式*/
.detail {
  width: 100%;
  display: flex;
  flex-direction: column;
}
.bar {
  display: flex;
  flex-direction: row;
  margin: 20rpx 0;
}
.box {
  width: 33.3%;
  text-align: center;
}
```

读者也可以根据自己请求的实时天气数据更改上面的其他天气数据部分展示的信息。现在,天气预报的页面设计部分就完成了,效果如图 5-15 所示。

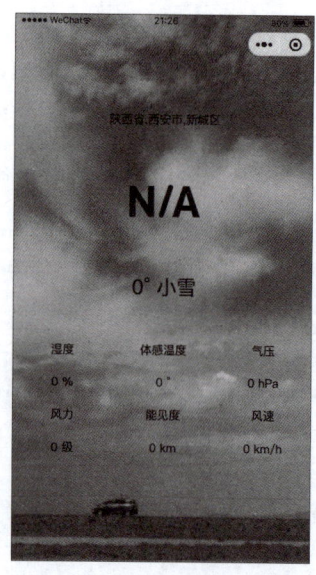

图 5-14 页面初始效果　　　图 5-15 添加样式后的预览效果

接下来通过网络请求获取和风天气实时天气状况,完成页面逻辑功能。

任务 3　逻辑实现

1. 更新省市区信息

修改 <picker> 组件中的"陕西省"为{{region}},并添加 bindchange 事件用于监听选项变化。在 pages/index/index.wxml 文件的区域 1 部分修改代码如下:

```
<view class="container">
  <!--区域1 地区选择-->
  <picker mode="region" bindchange="reginChange">
    <view>{{region}}</view>
  </picker>
...
```

微信小程序中提供的地区选择返回结果是数组形式,因此在对应的 index.js 文件中的初始数据 data 中定义的 region 为数组对象,且包含 3 个初始数组元素,index.js 代码如下:

```
Page({
  //初始数据
  data: {
    region: ['陕西省', '西安市', '新城区'],
    cityID: '101110108'
  },
  //更新省市区数据
  reginChange: function(e) {
    this.setData({region: e.detail.value});
  },
  ...
})
```

通过查阅和风天气 API 文档中实时天气开发文档中提供的 API 使用方法可以发现,请求需要的两个必要参数 key 和 location 中。key 是用户认证 key，之前已经获取；而 location 则是和风天气专有查询地区的别名，即 LocationID，而不是直接输入中文地名。因此需要在 index.js 中定义初始的 location 别名。通过和风天气提供的 GeoAPI 查询到初始城市的 id，在 data 中定义 cityID 对象并进行初始化赋值即可。

2. 获取实时天气数据

省市区信息能够选择显示后，需要完成实时天气获取的逻辑步骤。和风天气中规定每个省只有直辖市才能查到区域的信息，因此查询实时天气状况以市作为查询依据。且实时天气 API 中的参数 location 仅支持通过和风天气 GeoAPI 搜索出来的经纬度或 LocationID。因此，还需要在 index.js 中首先创建查询城市 LocationID 的函数 getLocation() 获取选择器选择的城市的 LocationID，然后将其作为参数传入获取实时天气的函数中，获取城市 id 的函数代码如下：

```js
//index.js
Page({
  //初始数据
  ...
  //更新省市区数据
  ...
  //获取城市 id 函数
  getlocation: function() {
    var that = this;
    wx.request({
      url: 'https://geoapi.qweather.com/v2/city/lookup',
      data: {
        location: that.data.region[2],
        key: '自己的 key'
      },
      success: function(res) {
        that.data.cityID = res.data.location[0]['id']
      },
    })
  },
  ...
})
```

接着创建用于获取实时天气的函数 getWeather()，并在 regionChange() 函数及页面生命周期的 onLoad() 函数中添加获取实时天气的函数。代码如下：

```js
//index.js
Page({
  //初始数据
  ...
  //更新省市区数据
  reginChange: function(e) {
    this.setData({region: e.detail.value});
    this.getWeather(); //更新天气
```

```
    },
    //获取城市 id 函数
    ...
    //获取实时天气数据
    getWeather: function() {
        var that=this;
        that.getlocation();//获取选取地区的 LocationID
        wx.request({
            url:'https://devapi.qweather.com/v7/weather/now',
            data:{
                location:that.data.cityID,
                key:'自己的 key'
            },
            success: function(res) {
                console.log(res.data);
            }
        })
    },
    onLoad: function(options) {
        this.getWeather();//更新当前地区的天气信息
        this.getlocation();//查询当前区域的 LocationID
    }
})
```

保存编译后,在联网状态下可以在控制台获取到和风天气服务器返回的 JSON 数据,如图 5-16 所示。

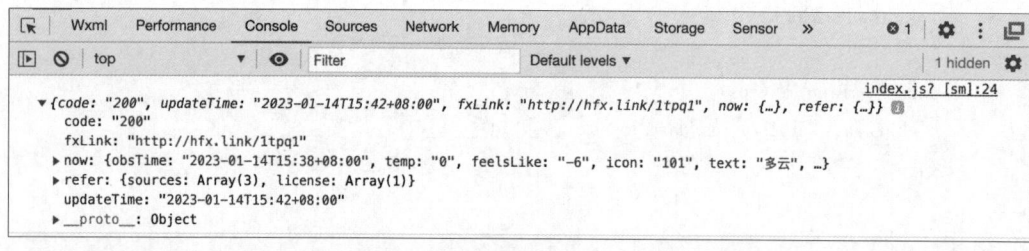

图 5-16 控制台获取实时天气数据

通过控制台数据可以看出,当前服务器返回的数据全部包含在 now 属性中,且通过 AppData 面板不能直接看到天气数据信息。因此,需要修改 getWeather()函数中的代码,将 now 直接存到 js 文件的 data 中,修改代码如下:

```
//获取实时天气数据
getWeather: function() {
    ...
    ,
    wx.request({
        ...
        success: function(res) {
            console.log(res.data['now']);
```

```
        that.setData({
          now: res.data['now']
        });
      }
    })
  },
```

保存后重新编译运行,可以从控制台的 AppData 面板查看到实时天气返回的天气数据,如图 5-17 所示。

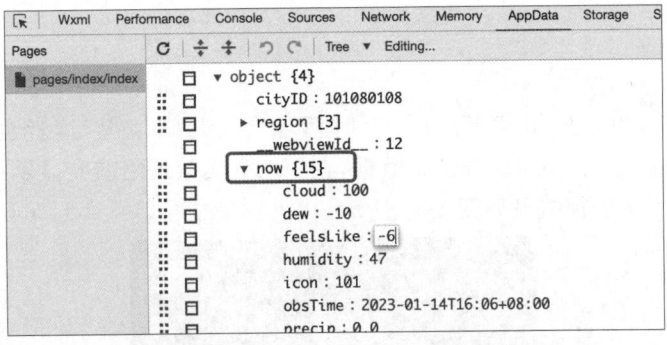

图 5-17 AppData 面板展示获取数据

3. 页面更新天气信息

上述逻辑操作完成后,将之前 index.wxml 中设置的临时数据替换成获取到的数据,也就是在指定位置使用{{now.patameters}}进行数据绑定。修改后的代码如下:

```
<!--index.wxml-->
<image class="page" src="/images/bg.png"/>
<view class="container">
    <!--区域1 地区选择-->
    ...
    <!--区域2 天气图标-->
    <image src="/images/weather_icons/{{now.icon}}.svg" mode="widthFix"/>
    <!--区域3 天气信息文本-->
    <text>{{now.temp}}°C {{now.text}}</text>
    <!--区域4 其他天气信息-->
    <view class="detail">
        <view class="bar">
            <view class="box">湿度</view>
            <view class="box">体感温度</view>
            <view class="box">气压</view>
        </view>
        <view class="bar">
            <view class="box">{{now.humidity}} %</view>
            <view class="box">{{now.feelsLike}}°</view>
            <view class="box">{{now.pressure}} hPa</view>
        </view>
        <view class="bar">
```

```
            <view class="box">风力</view>
            <view class="box">能见度</view>
            <view class="box">风速</view>
        </view>
        <view class="bar">
            <view class="box">{{now.windScale}}级</view>
            <view class="box">{{now.vis}} km</view>
            <view class="box">{{now.windSpeed}} km/h</view>
        </view>
    </view>
</view>
```

需要注意的是,由于网络状况原因,有时请求会有延迟情况,读者也可以根据情况在 index.js 文件的 data 中为 now 设置初始数据,在获取真实数据之前先显示初始数据。保存编译后,天气预报小程序运行结果如图 5-18 所示。

图 5-18 实时天气状况显示效果

拓展训练 自制格点天气预测小程序

【训练需求】

通过仿照手机端天气预报 App,选用第三方服务器或本地服务器获取数据的方式自制一个格点天气预测小程序,使初学者加强小程序网络 API 接口的熟练应用能力。

【训练步骤】

1.构建新项目,设计项目页面结构以及样式。

2. 微信小程序大小限制为 2 MB，搭建本地服务器，将过大的资源文件（如图片或图标等）存放在本地服务器中，小程序通过网络 API 接口进行获取。

3. 使用第三方服务器获取天气信息资源，可以参考本案例使用和风天气，也可以使用百度天气等资源服务器获取数据，在微信管理平台中添加服务器域名配置。

4. 接着在页面的 onLoad 函数中调用微信的网络请求接口（wx.request）来请求格点天气预报接口。接口需要使用获取到的地理位置信息作为参数。

5. 将获取到的天气预报数据存储到页面的 data 对象中，供页面渲染使用。

6. 使用小程序的模板语言在 WXML 文件中编写界面布局，并使用 data 对象中的天气预报数据来展示天气预报信息。

7. 在页面的 js 文件中编写逻辑，如刷新、切换城市等功能。

项目小结

本项目在知识准备阶段通过搭建本地服务器，介绍了小程序网络 API wx.request 接口的用法以及与服务器数据交互的方式。接着引入了小程序在使用第三方服务器时该如何进行数据获取和解析显示的方法，也介绍了在使用第三方服务器时该如何在微信公众平台管理端配置服务器域名以及部署临时服务器。最后通过天气预报查询功能的实现，具体展示了小程序网络 API 的相关应用。

同步练习

一、单选题

1. 在微信小程序组件 view 中，（   ）用于鼠标按下时显示的 class 样式。
   A. hover-id   B. hover   C. hover-class   D. hover-view

2. 在小程序页面样式文件中，不能用作 WXSS 元素尺寸单位的是（   ）。
   A. rpx   B. px   C. vh   D. Rpx

3. 字符串 var str＝"2.0000"，那么 str.indexOf(".")返回值是（   ）。
   A. －1   B. 1   C. true   D. false

4. 在<scroll-view>组件中，用（   ）属性设置横向滚动条的位置。
   A. scroll-x   B. scroll-top   C. scroll-left   D. scroll-right

5. 在 InnerAudioContext 实例对象中，通过（   ）方法可以控制音乐进行播放。
   A. distroy()   B. pause()   C. play()   D. stop()

6. 在 InnerAudioContext 实例对象中，通过（   ）方法可以将音乐跳转到指定位置。
   A. stop()   B. seek()   C. pause()   D. play()

7. 在 InnerAudioContext 实例的事件中，（   ）代表播放事件。
   A. onCanplay   B. onPlay   C. onStop   D. onPause

8. 在小程序中，（   ）组件是表单组件中的一种，用于滑动选择某一个值。
   A. <progress>   B. <slider>   C. <input>   D. <audio>

9. 在小程序列表渲染中，通过（   ）指令可以循环数组的中的每一项。
   A. wx：else   B. wx：for   C. wx：if   D. wx：key

10. 在列表中,进行数据绑定的语法是( )。
A. {{ }}　　　　　B. { }　　　　　C. [ ]　　　　　D. [[ ]]

二、判断题

1. 不要在定义于 App() 内的函数中调用 getApp(),使用 this 就可以调用和访问到 App 实例。　　　　　　　　　　　　　　　　　　　　　　　　　　　　　　( )

2. 小程序提供了全局的 getApp() 函数,可以获取到小程序实例。　　　　　( )

3. 由于 JavaScript 中的浮点数计算本身就不准确,所以本案例也存在浮点数计算不准确的问题。　　　　　　　　　　　　　　　　　　　　　　　　　　　( )

4. 组件的 data-val 属性值可以通过事件对象获取。　　　　　　　　　　　( )

5. 在 <slider> 组件上绑定 bindchanging="sliderChanging" 事件,当滑块被拖动时就会执行 sliderChanging 事件处理函数。　　　　　　　　　　　　　　　　　　　( )

6. 播放器页面结构中,可以通过 animation-play-state 控制动画的播放状态。　( )

7. 音乐播放列表主要实现了歌曲播放和查看播放历史记录的功能。　　　　　( )

8. 音乐播放列表页面的跳转可以通过 <swiper> 组件来实现。　　　　　　　( )

三、填空题

1. 通过_____ API 接口,可以实现从本地相册选择图片或使用照相机拍照。

2. 在 video 组件中,当开始/继续播放时触发_____事件。

3. 在 video 组件中,当暂停播放时触发_____事件。

4. 通过_____获取用户当前的位置。

5. 通过_____打开地图。

6. 通过_____打开地图选择位置。

7. picker 选择器用_____属性来区分。

8. 在 input 组件中,设置_____属性,指定光标与键盘间的距离。

9. 设置 slider 的_____属性,设置最大值。

10. 通过给 form 组件设置_____属性,用于生成 formId。

四、简答题

1. 简述小程序框架页面由哪几部分组成。

2. 简述 App() 生命周期函数包括哪些。

3. 简述如何实现图片纵向轮播。

4. 简述如何设置图片的样式,使之全屏显示。

项目 6

美好时光视频相册制作

知识目标

- 了解在微信小程序中播放网络视频的方法。
- 掌握小程序提供的 video 组件的基本属性及用法。
- 了解微信视频插件的应用方法及限制。

技能目标

- 掌握视频列表的切换方法。
- 掌握视频自动播放方法。
- 掌握视频随机颜色弹幕效果。
- 掌握微信小程序媒体 API 基础使用方式。

素质目标

- 坚持正确舆论,提升文化素养与思想道德。
- 遵循网络规定,维护网络秩序与安全。
- 弘扬传统文化,培育优秀网民素质。
- 倡导网络文明,提高网络素养。
- 负责任使用网络环境,共筑网络空间安全。

6.1 知识准备

在本项目中将会完成一个美好时光视频相册页面的开发,该页面采用视频的方式来记录旅行中的难忘时光。在本小程序中播放视频的方式有两种:一种使用 video 组件;一种使用腾讯视频插件。在知识准备阶段先对这两种方式进行讲解。美好时光视频相册页面结构如图 6-1 所示。

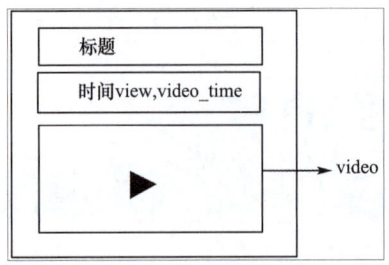

图 6-1 美好时光相册页面结构

6.1.1 video 组件

video组件的简单应用

微信小程序使用 video 组件播放视频,该组件默认宽度 300 px,高度 225 px,使用过程中也可以通过 WXSS 进行宽、高设置。video 组件常用属性见表 6-1。

表 6-1　　　　　　　　　　　video 组件常用属性

属性	类型	说明
src	string	视频的资源地址
duration	number	指定视频时长
loop	boolean	是否循环播放,默认值为 false
controls	boolean	是否显示默认播放控件(播放/暂停按钮、播放进度、时间)
danmu-list	Array.<object>	弹幕列表
danmu-btn	boolean	是否显示弹幕按钮,只在初始化时有效,不能动态变更
enable-danmu	boolean	是否展示弹幕,只在初始化时有效,不能动态变更
autoplay	boolean	是否自动播放
poster	string	视频封面的图片网络资源地址或云文件 ID,若 controls 属性值为 false 则设置 poster 无效
bindplay	eventhandle	当开始/继续播放时触发 play 事件
bindpause	eventhandle	当暂停播放时触发 pause 事件
bindended	eventhandle	当播放到末尾时触发 ended 事件

下面通过示例演示 video 组件的使用方法。创建项目 Test6,打开 pages/index/index.wxml 文件,添加 video 组件播视频,并提供获取视频和发送弹幕的按钮,具体代码如下:

```
<!--index.wxml-->
<video id="myVideo" src="{{src}}" danmu-list="{{danmuList}}" enable-danmu danmu-btn controls></video>
<!--bindblur 属性表示输入框失去焦点时触发-->
<input bindblur="bindInputBlur"/>
<button bindtap="bindSendDanmu">发送弹幕</button>
```

通过上述代码,在页面中添加了 video 组件、input 组件和 button 组件。video 组件通过属性开启了弹幕功能;input 组件用于输入弹幕,其 bindblur 属性表示输入框失去焦点时的触发事件;button 组件发送弹幕。

可以选用本书推荐的本地服务器,通过启动本项目提供的本地服务器 Node,将准备的视频资源拷贝到项目提供的服务器文件夹中的 htdocs 目录下,查看说明并启动服务器,即可通过 http://127.0.0.1:3000/xxx.mp4 访问需要的内容。

　　配置好本地服务器资源后,打开 pages/index/index.js 文件,在页面中定义初始弹幕数据以及视频资源地址,代码如下:

```
//index.js
Page({
  data: {
    src: 'http://127.0.0.1:3000/1.mp4',
    danmuList: [
      {text:'第 2 秒出现的弹幕', color:'#ff0000', time:2},
      {text:'第 5 秒出现的弹幕', color:'#ff00ff', time:5}
    ]
  }
})
```

　　上述代码中,为 src 添加了本地服务器中的视频资源地址,读者可以根据自己搭建的服务器资源设置上传视频 URL 地址。保存编译后可以看到此时 video 组件的大小为默认大小,如图 6-2 所示。

　　接下来继续打开 pages/index/index.wxss 文件设置 video 组件为弹幕 input 组件的样式。样式代码如下:

```
video {
  width: 100vw;
}
input {
  border: 1px solid #ccc;
  margin: 20rpx;
}
```

　　上述代码中,设置组件宽度的单位使用了 vw,表示由视口的宽度计算。不同设备的视口大小是不同的,例如,iPhone6 为 375 px,iPhone6 Plus 为 414 px。由于不同设备视口和像素比不同,所以同样的 375 像素在不同的设备意义不同。例如,同样的 375 像素在 iPhone6 中是全屏,换到 iPhone6 Plus 中会缺一块。因此移动端开发时,经常使用 vw、vh 这两个单位来表示视口宽度和视口高度(viewport width、viewport height)。100 vw 表示 100%视窗宽度。保存编译后,页面显示效果如图 6-3 所示。

图 6-2　video 组件未添加样式效果

图 6-3　添加样式后的预览效果

现在实现的效果中,单击"播放"按钮即可播放视频,刚才 data 中初始化的弹幕数据会在指定时间出现。接下来继续在 index.js 文件中实现发送弹幕功能,具体代码如下:

```
...
//发送弹幕功能
videoContext: null,
inputValue: '',
onReady: function() {
    //渲染完毕后,创建 video 组件的上下文对象,用于对 video 组件进行控制,参数为组件的'id'属性
    this.videoContext = wx.createVideoContext('myVideo')
},
bindInputBlur: function(e) {
    this.inputValue = e.detail.value
},
//微信开发手册中,视频 API 中包含发送弹幕方法;sendDanmu()提供了一系列属性和方法
bindSendDanmu: function() {
    this.videoContext.sendDanmu({
        text: this.inputValue,
        color: '#f90'
    })
},
...
```

上述代码中,使用 wx.createVideoContext 创建 video 组件的上下文对象 videoContext,用于控制 video 组件;this.inputValue 用于保存用户输入的弹幕;最后通过调用 sendDanmu() 方法实现发送弹幕功能。

videoContext 的对象除了发送弹幕之外还提供了一些常用方法,见表 6-2。

表 6-2　　　　　　　　　　videoContext 对象常用方法

方法	说明
play()	播放视频
pause()	暂停视频
stop()	停止视频
seek(number)	跳转到指定位置
playbackRate(number)	设置倍速播放
requestFullScreen()	进入全屏
exitFullScreen()	退出全屏

最后,video 组件还可以用来播放本地视频,通过微信小程序提供的 wx.chooseMedia 接口即可实现。在 pages/index/index.exml 中添加按钮用于"获取视频",代码如下:

```
<button bindtap="bindOpen">打开相册</button>
```

接着在 index.js 中实现从本地选择一个视频,可以通过浏览视频文件或拍摄获取。具体代码如下:

```
...
bindOpen: function() {
```

```
wx.chooseMedia({
    mediaType: ['video'], //支持的文件类型
    sourceType: ['album', 'camera'], //视频选择的来源
    maxDuration: 60, //拍摄最长时间(s)
    camera: 'back', //默认前置摄像头或后置摄像头
    success: res => {
      //console.log(res.tempFiles[0].tempFilePath)
      this.setData({
        src: res.tempFiles[0].tempFilePath //选定视频的临时路径
      })
    }
  })
}
```

保存编译后，可以在真机中运行测试，观察得到的结果。

6.1.2 腾讯视频插件

除了使用上述 video 组件播放视频以外，微信小程序还提供了腾讯视频插件来播放视频，优点是用户可以将视频上传到腾讯视频网站（https://v.qq.com），从而不需要搭建第三方视频服务器也可流畅播放视频。接下来简单介绍一下如何使用该插件。

扫码登录"微信公众平台"，在"设置"→"第三方设置"中找到"插件管理"，添加插件并为插件授权。如果搜索不到"腾讯视频"插件，可以在"微信服务平台"搜索"腾讯视频小程序播放插件"，或使用网址添加插件（https://mp.weixin.qq.com/wxopen/pluginbasicprofile?action=intro&appid=wxa75efa648b60994b&token=&lang=zh_CN），如图 6-4 所示。

图 6-4　腾讯视频插件页面

添加好插件后，打开项目 app.json 文件添加配置使用视频插件，代码如下：

```
"plugins": {
  "player": {
    "version": "2.1.10", //务必注意在复制开发文档代码时将版本改为当前最新版本
    "provider": "wxa75efa648b60994b" //添加的插件的 AppId
  }
}
```

接着在使用 video 组件多页面 JSON 文件中，将视频插件添加到自定义组件，并为组件命名，示例代码如下：

```
"usingComponents": {
  "tencent-video": "plugin://player/video"
}
```

自定义组件添加好后即可在 WXML 页面文件中进行调用播放视频。

但是，目前微信小程序官方规定个人主体小程序暂不支持使用文娱-视频插件，若后续涉及视频服务，需要申请企业主体小程序后方可添加插件并使用。目前教材案例均适用个人主体举例，因此读者有需要可以查看官方文档。

6.2 项目实施

项目实施阶段，主要是用小程序媒体 API 制作一个视频播放小程序，视频素材来自作者拍摄的风景短视频，回顾祖国山川大地。由于微信小视频对个人主体文娱视频插件的限制，本项目使用本地搭建的服务器以及 video 组件实现。

任务 1　设计页面结构及样式

1. 导航栏设计

创建小程序 HappyHour，后端服务选择"不使用云服务"模式，模板选择部分选取"不使用模板"，选择自己的 AppID 后，单击"确定"按钮创建空白项目。

创建好项目后还要在本项目中存放一个播放列表中使用的播放按钮图标，可以单击项目目录结构左上角"＋"按钮创建文件夹并命名为"images"，将本书提供的项目资源中的图片素材拷贝到 images 中，或自定义图标素材。

在本书提供的项目资源中找到 server 文件夹中的 happyhour-server 目录，将准备的视频资源拷贝到该服务器文件夹中的 htdocs 目录下，查看说明并启动服务器，即可通过"http://127.0.0.1:3000/xxx.mp4"访问需要的内容。

新建小程序默认导航栏为白底黑字的效果，如果想要改变这个默认效果需要在项目的 app.json 文件中自定义导航栏标题和背景颜色，更改后的 app.json 代码如下：

```
{
  "pages": [
    "pages/index/index"
  ],
  "window": {
```

```
    "backgroundTextStyle":"light",
    "navigationBarBackgroundColor":"#F08080",
    "navigationBarTitleText":"美好时光",
    "navigationBarTextStyle":"white"
  },
  "style":"v2",
  "sitemapLocation":"sitemap.json"
}
```

上述代码中,将标题栏背景色改为"#F08080"珊瑚粉色,以及标题文本颜色为白色。读者可以更换成自己喜欢的 RGB 颜色。

2. 页面区域划分

整个相册页面分为 3 个区域,页面设计框如图 6-5 所示。

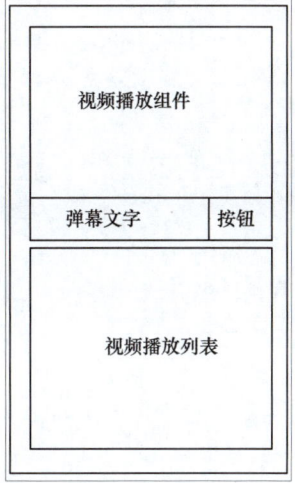

图 6-5　页面设计框

(1)视频播放区域:本区域用于播放视频,使用<video>组件。

(2)弹幕区域:弹幕发送区域,外层使用组件<view>,并定义 class='danmuArea',内部包含文本输入框组件<input>以及发送按钮组件<button>。

(3)视频列表区域:垂直排列多个视频标题,点击不同标题播放对应视频内容。外层使用<view>组件,定义 class='videoList';内部包含行容器,使用<view>组件,class='videoRow';行内包含组件<image>用于显示播放列表图标;<text>用来显示视频名称。

3. 页面结构设计 WXML

在项目 pages/index/index.wxml 中分 3 个区域进行代码添加,具体代码如下:

```
<!--区域1:视频播放区域-->
<video id="myVideo" controls></video>
<!--区域2:弹幕播放-->
<view class="danmuArea">
    <input type="text" placeholder="请输入要发送的弹幕"/>
    <button>发送</button>
</view>
<!--区域3:视频列表-->
```

```
<view class="videoList">
    <view class="videoRow">
        <image src="/images/bofang.svg"/>
        <text>视频标题测试1</text>
    </view>
</view>
```

其中，区域1中view的属性controls使用默认值，表示显示播放/暂停、音量等控件。在区域3的视频列表部分，需要使用列表渲染来实现多行显示，现在先设计第一行效果，后期使用wx:for进行循环添加内容。保存编译后，此时没有添加样式的页面展示效果如图6-6所示。

4. 页面样式设计

打开pages/index/index.wxss文件进行不同区域以及内部组件的样式设计，添加代码如下：

```
/*区域1:视频播放组件*/
video {
    width: 100vw;
}
/*区域2:弹幕区域*/
.danmuArea {
    display: flex;
    flex-direction: row;  /*水平方向排列*/
}
input {
    border:1px solid plum;
    flex-grow:1;/*扩张多余空间宽度*/
    height: 90rpx;
}
button {
    color: white;
    background-color: pink;
}
/*区域3:视频播放列表*/
.videoList {
    width: 100%;
    min-height: 400rpx; /*最小高度*/
}
.videoRow {
    width: 95%;
    display: flex;
    flex-direction: row;
    border-bottom: 1rpx solid plum;
    padding: 6rpx;
}
```

```
image {
  width: 60rpx;
  height: 60rpx;
  margin: auto; /*外边距*/
}
text {
  font-size: 30rpx;
  color: brown;
  margin: 20rpx;
  flex-grow: 1;
}
```

编译运行后,当前视频相册效果如图 6-7 所示。

 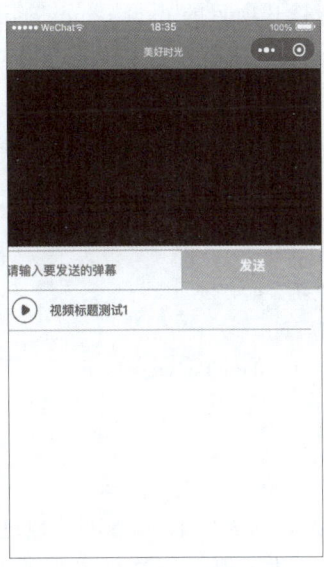

图 6-6　未添加样式的视频相册效果图　　　图 6-7　添加样式后相册效果图

此时页面结构及样式已设计完毕,接下来进行逻辑实现。

任务 2　逻辑实现

1. 初始化数据

首先将需要展现在视频播放列表中的视频数据进行初始化,为了降低代码的耦合度,将视频数据封装到单独的 js 文件中,再通过模块引用进行数据初始化。在项目根目录创建文件夹 data,并在 data 下新建 videodata.js 文件,在该文件中添加如下代码:

```
var videoLists=[
  //视频 1
  {
    create_time:'2022-2-22 19:20:30',
    title:'风雨廊桥',
    videoUrl:'http://127.0.0.1:3000/1.mp4'
  },{
```

```
        create_time:'2019-8-13 08:20:20',
        title:'美丽的禾木云海',
        videoUrl:'http://127.0.0.1:3000/2.mp4'
    },{
        create_time:'2022-8-22 13:24:23',
        title:'乾坤湾',
        videoUrl:'http://127.0.0.1:3000/3.mp4'
    }]
module.exports={
    videoLists:videoLists
}
```

上述代码中，视频列表 videoLists 可以被看成小程序的独立模块，并用 module.exports 向外暴露接口。打开项目的 pages/index/index.js 文件，在首行添加引用模块方法，并在页面生命周期的 onLoad() 函数中进行数据更新方法的编写，代码如下：

```
//index.js
var dataObj=require("../../data/videodata.js") //引用的文件务必带 js 后缀，且不可使用绝对路径
Page({
    onLoad:function()
    {
        //添加更新数据方法
        this.setData({
            videoLists:dataObj.videoLists
        })
    }
})
```

videoLists 视频列表中的 videoUrl 地址，选用本书选用的服务器 Node。并将准备的视频资源拷贝到项目提供的服务器文件夹中的 htdocs 目录下，通过访问地址 http://127.0.0.1:3000/xxx.mp4 获取需要的内容。

2. 更新播放列表

修改 pages/index/index.wxml 页面中区域 3 播放列表的代码，添加 wx:for 属性，将之前编写的一行列表显式改为循环展示列表。具体修改代码如下：

```
...
<!--区域3:视频列表-->
<view class="videoList">
    <view class="videoRow" wx:for="{{videoLists}}" wx:for-item="item" wx:key="index">
        <image src="/images/bofang.svg"/>
        <text>{{item.title}}</text>
    </view>
</view>
```

保存编译后，可以看到模拟器中展示效果如图 6-8 所示。

由图 6-8 可见，当前已经展示出所有服务器上准备的视频，读者可以根据自己的需要搭建本地服务器并上传视频资料，或直接使用网络视频地址链接进行视频地址确定。

3. 播放视频

修改区域 3 视频列表部分页面结构 WXML 部分代码，为第二层容器 view 组件添加属性 data-url 以及 bindtap，用于记录每行视频对应的播放地址以及触发点击事件。其次，需要为区域 1 的视频组件部分添加属性 src 用于更新选择的视频。具体代码如下：

```
<!--区域1：视频播放区域-->
<video id="myVideo" controls src="{{src}}"></video>
...
<!--区域3：视频列表-->
<view class="videoList">
  <view class="videoRow" wx:for="{{videoLists}}" wx:for-item="item" wx:key="index" data-url="{{item.videoUrl}}" bindtap="playVideo">
    <image src="/images/bofang.svg"/>
    <text>{{item.title}}</text>
  </view>
</view>
```

打开 pages/index/index.js 文件，在页面生命周期函数 onReady() 中进行 video 组件上下文对象创建，用于控制视频的播放和暂停，同时添加视频列表的自定义函数 playVideo 用于播放选中视频，具体代码如下：

```
//index.js
var dataObj=require("../../data/videodata.js") //引用的文件务必带 js 后缀，且不可使用绝对路径
Page({
  onReady：function() {
    //渲染完毕后，创建 video 组件的上下文对象，用于对 video 组件进行控制，参数为组件的'id'属性
    this.videoCtx=wx.createVideoContext('myVideo')
  },
  playVideo：function(e) {
    this.videoCtx.stop()
    console.log(e.currentTarget.dataset.url) //用于在控制台查看视频地址
    this.setData({
      src：e.currentTarget.dataset.url //将选定视频数据更新到 src 绑定对象中
    })
    this.videoCtx.play()
  },
  onLoad：function() {
    //添加更新数据方法
    this.setData({
      videoLists：dataObj.videoLists
    })
  }
})
```

运行效果如图 6-9 所示。

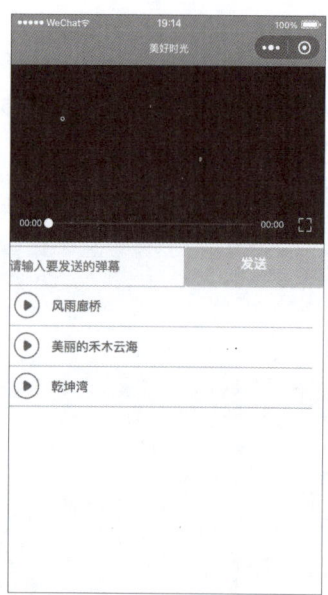

图 6-8 更新视频列表后效果

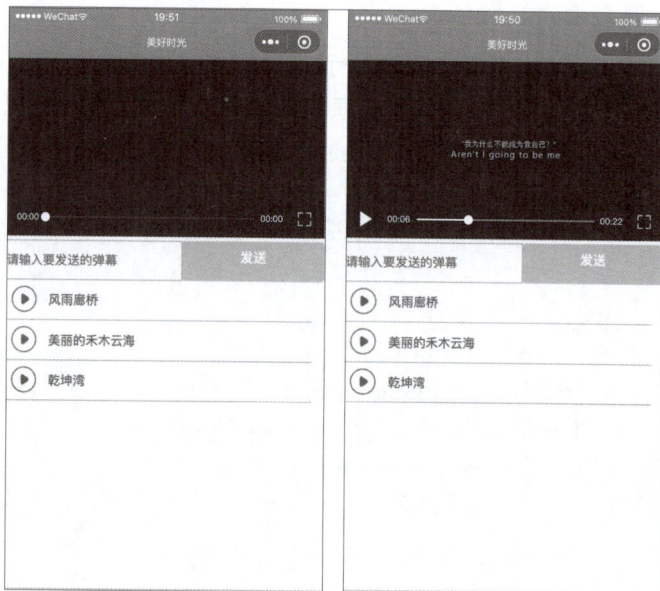

图 6-9 页面初始效果及点击播放效果

由图 6-9 可见,当前已经可以成功播放视频列表中的视频。

4. 发送弹幕

实现了视频播放后,我们来添加发送弹幕的功能。在区域 1 的视频播放部分的<video>组件中添加 enable-danmu 和 danmu-btn 属性,用于运行发送弹幕和显示"发送弹幕"按钮,同时在区域 2 发送弹幕部分为<button>组件添加 bindtap 事件用于发送弹幕。具体代码如下:

```
<!--区域1:视频播放区域-->
<video id="myVideo" controls src="{{src}}" enable-danmu danmu-btn></video>
<!--区域2:弹幕播放-->
<view class="danmuArea">
  <input type="text" placeholder="请输入要发送的弹幕" bindinput="getDanmu"/>
  <button bindtap="sendDanmu">发送</button>
</view>
...
```

对应的 pages/index/index.js 文件中的逻辑代码如下:

```
Page({
  data: {
    danmuTxt: ''
  },
  //发送弹幕
  sendDanmu: function(e) {
    let text = this.data.danmuTxt;
    this.videoCtx.sendDanmu({
      text: text,
      color: 'red' //也可以替换成自定义函数进行随机颜色切换
    })
  },
```

```
//更新弹幕信息
getDanmu: function(e) {
  this.setData({
    danmuTxt: e.detail.value
  })
},
...
})
```

此时,编译运行后可以发送红色的文本弹幕。如果希望发送随机颜色弹幕内容,也可以在 index.js 页面中的 Page 函数外面追加自定义函数用于实现随机颜色,代码如下:

```
//生成随机颜色
function getRandomColor() {
  let rgb=[]
  for(let i=0; i<3; ++i) {
    let color=Math.floor(Math.random() * 256).toString(16)
    color=color.length==1?'0'+color:color
    rgb.push(color)
  }
  return '#' + rgb.join('')
}
```

注意:上述代码用于随机生成一个十六进制的颜色,需要在 Page({}) 函数外面进行编写,同时在发送弹幕函数中需要录入 color 属性的地方调用本函数即可,部分代码如下:

```
...
//发送弹幕
sendDanmu: function(e) {
  let text=this.data.danmuTxt;
  this.videoCtx.sendDanmu({
    text: text,
    color: getRandomColor()
  })
},
...
```

至此,单击"发送"按钮后即可发送一条彩色弹幕,运行效果如图 6-10 所示。

到此时,美好时光相册所有逻辑代码编写完毕,项目实现。

图 6-10 发送彩色弹幕效果

拓展训练 微信小程序视频录播系统

【训练需求】

- 用户可以在小程序中录制视频并上传到后台。

- 用户可以在小程序中查看自己和其他用户录制的视频。
- 用户可以在小程序中对视频进行评论。
- 用户可以在小程序中对视频进行点赞。

【实现步骤】

1.搭建小程序的前端界面,在页面上添加 video 组件,并配置录制视频的功能。在页面上添加 video 组件,配置摄像头获取视频,并实现录制和暂停功能。

WXML 结构示例代码如下:

```
<view class="container">
    <video id="video" src="" controls="{{true}}" bindstart="startRecord" bindpause="stopRecord">
    </video>
    <view class="btn" bindtap="startRecord">开始录制</view>
    <view class="btn" bindtap="stopRecord">暂停录制</view>
</view>
```

JS 代码提示如下:

```
Page({
    startRecord: function() {
        var video = wx.createCameraContext();
        video.startRecord({
            success: function(res) {
                console.log("开始录制");
            }
        });
    },
    stopRecord: function() {
        var video = wx.createCameraContext();
        video.stopRecord({
            success: function(res) {
                console.log("停止录制");
            }
        });
    }
});
```

2.配置后台服务器,搭建数据库,用来存储视频信息和用户信息。可以使用 Node.js + MongoDB 搭建后台服务器,并在数据库中建立视频和用户信息表。

3.在小程序中编写上传视频的代码,将录制的视频上传到后台服务器。视频录制完成后,使用 wx.uploadFile()方法上传视频文件到后台服务器。

4.编写后台接口,实现用户查看视频的功能,返回视频信息给前端。

5.编写评论和点赞功能,用户可以在小程序中对视频进行评论和点赞。

6.增加视频下载功能,在前端页面上增加下载按钮,使用 wx.downloadFile()方法实现视频下载。

项目小结

本项目通过一个美好时光视频相册的实现,讲解了小程序中 video 组件以及视频播放插件的使用,并且综合运用前面项目中学习的本地服务器搭建以及模板的知识。通过本项目的学习,读者能够熟练地在小程序中灵活使用各种组件完成具体功能,掌握视频播放、弹幕发送、视频列表播放等常见开发需求的实现。

同步练习

一、单选题

1. 页面结构渲染过程中,通过(　　)指令完成页面的条件渲染。
　A. wx: if　　　　B. wx: for　　　　C. wx: key　　　　D. wx: else

2. 下列选项中关于 tabBar 说法错误的是(　　)。
　A. wx.setTabBarItem 动态设置 tabBar 某一项的内容
　B. wx.showTabBarRedDot 显示 tabBar 某一项的左上角的红点
　C. wx.showTabBar 显示 tabBar
　D. wx.hideTabBar 隐藏 tabBar

3. 下列选项中不属于 wx.getSystemInfo 的 success 回调函数参数的是(　　)。
　A. model　　　　B. windowWidth　　　　C. screenHeight　　　　D. systemInfo

4. 以下选项中哪一项可以动态设置当前页面的标题(　　)。
　A. wx.setNavigationBarTitle　　　　B. wx.setNavigationBarColor
　C. wx.getSystemInfo　　　　D. wx.hideNavigationBarLoading

5. 下列关于 input 组件说法错误的是(　　)。
　A. disabled 属性可以设置 input 输入框的禁用
　B. 用来控制输入单行文本内容
　C. 通过 placeholder 给输入框添加友好提示信息
　D. input 的 type 属性有 3 种有效类型

6. 下列关于 text 文本组件说法错误的是(　　)。
　A. text 的 selectable 属性,表示文本是否可选
　B. text 的 space 属性,有效值为 emsp 表示中文字符空格大小
　C. text 的 decode 属性,表示是否解码
　D. text 组件内支持 text 和 view 的嵌套

7. 下列关于 icon 组件的属性说法错误的是(　　)。
　A. type 设置 icon 的类型　　　　B. size 设置 icon 大小
　C. color 设置 icon 的颜色　　　　D. size 大小默认为 20 px

8. 下列关于 progress 组件的属性说法错误的是(　　)。
　A. percent 设置百分比　　　　B. show-info 百分比显示在进度条右侧
　C. activeColor 已选择的进度条颜色　　　　D. backgroundColor 进度条背景颜色

9.下列关于 video 组件的属性描述错误的是（　　）。

A. control 默认显示播放控件　　　　B. danmu-list 弹幕列表

C. poster 设置视频封面的网络资源地址　　D. controls 为 false,对 poster 没有影响

10.下列关于媒体组件,说法正确的是（　　）。

A. 媒体组件包括音频组件、视频组件、图片组件

B. image 组件的 mode 属性有 12 种展现模式

C. audio 表示视频组件

D. video 组件的宽高不能通过 WXSS 设置

二、判断题

1. WXSS 文件中可以使用 background 引入本地图片。　　　　　　　　　（　　）

2.＜swiper-item＞只可以放在＜swiper＞组件中。　　　　　　　　　　（　　）

3.同一个页面只能插入一个 camera 组件。　　　　　　　　　　　　　（　　）

4. video 组件用来播放音频。　　　　　　　　　　　　　　　　　　　（　　）

5. wx.openLocation()是使用微信内置地图查看位置。　　　　　　　　　（　　）

三、填空题

1.在微信小程序中,wx.request()接口配置对象中 method 表示_____。

2.在微信小程序中,wx.request()接口配置对象中_____表示服务器接口地址。

3.在微信小程序中 index.json 文件中,_____字段用来配置导航栏的背景颜色。

4.在微信小程序中 index.json 文件中,_____字段用来配置导航栏标题的颜色。

5.微信小程序页面结构中,_____布局方式被称作弹性盒布局。

6.音频对象 InnerAudioContex 实例中,通过_____属性来控制音频地址,设置成功后可以用于直接播放。

7.在 InnerAudioContext 实例中,用_____来设置开始播放的位置,默认值为 0。

8.在＜slider＞组件的属性中,_____属性用来设置进度条的最大值,默认是 100。

9.在＜slider＞组件中,用_____属性来展示当前的 value 值,默认值为 false。

10.在列表循环完成后,列表的索引值是从_____开始的。

四、简答题

1.简述如何获取 input 文本框输入值。

2.简述如何创建 video 上下文 VideoContext 对象。

3.简述如何创建 audio 上下文 InnerAudioContext 对象。

4.简述如何创建 map 上下文 MapContext 对象。

项目 7

小程序电子书架设计

知识目标

- 掌握微信小程序文件 API 的基础知识。
- 掌握使用文件 API 提供的方法获取及保存本地临时文件的方法。
- 掌握使用文件 API 提供的方法删除或打开本地临时文件的方法。

技能目标

- 掌握小程序文件 API 的基本用法。
- 掌握保存临时文件以及获取文件信息的基本方法。
- 掌握获取本地文件列表及信息的方法。
- 掌握本地文件保存、删除、打开等操作的基本方法。

素质目标

- 数字化与智能化：运用现代信息技术，提升教育教学的效率与质量。
- 以人为本：创造安全、舒适、便捷的学习环境，激发学习潜能。
- 学生主体：在自主、思考、探究中成长，培养独立与创新精神。
- 素质教育：提供丰富资源，提高综合素质。

7.1 知识准备

文件API
的基础知识

本项目介绍微信小程序文件 API 的用法，主要包括文件的保存、信息获取、本地文件列表及信息的获取、文档的打开以及删除等操作。

7.1.1 保存临时文件到本地

小程序通过使用 FileSystemManager.saveFile(Object object)保存临时文件到本地。此接口会移动临时文件，因此调用成功后，tempFilePath 将不可用。Object 常用参数见表 7-1。

表 7-1　　　　　　　　　　　　　Object 常用参数

属性	类型	必填	说明
tempFilePath	string	是	临时存储文件路径(本地路径)
fielPath	string	否	要存储的文件路径(本地路径)
success	function	否	接口调用成功的回调函数
fail	function	否	接口调用失败的回调函数
complete	function	否	接口调用结束的回调函数(调用成功、失败都会执行)

接下来通过简单示例说明微信小程序保存文件 API 的基本应用。创建测试案例 Test7,不使用云开发且不要选择模板。打开项目的 Test7/pages/index/index.wxml 文件,添加如下代码:

```
<view class="title">1.保存文件的简单实用</view>
<view class="demo-box">
    <view class="title">(1) 下载</view>
    <button type="primary" bindtap="downloadTap">下载</button>
    <image wx:if="{{src}}" src="{{src}}" mode="widthFix"/>
</view>
<view class="demo-box">
    <view class="title">(2) 保存</view>
    <button type="primary" bindtap="saveTap">保存</button>
</view>
```

打开 pages/idnex/index.wxss 添加页面样式,代码如下:

```
/* pages/page3/page3.wxss */
input {
    border: 1px solid lightseagreen;
    height: 80rpx;
    margin: 8rpx;
    text-align: center;
}
.title {
    margin: 10rpx;
    font-size: 20px;
    font-style: bold;
    text-align: center;
}
.demo-box {
    border: 1px dotted gainsboro;
    height: 60%;
}
image {
    width: 100%;
    height: 300rpx;
}
```

```
button {
  margin: 16rpx;
}
```

最后在 pages/index.index.js 中添加下载文件以及保存文件到本地的逻辑,代码如下:

```
//index.js
Page({
  data: {
    src: '' //图片临时地址
  },
  //下载文件
  downloadTap() {
    var that = this
    wx.downloadFile({
      url: 'http://127.0.0.1:3000/image/IMG_2032.jpeg',
      success(res) {
        if(res.statusCode == 200) {
          that.setData({
            src: res.tempFilePath
          })
        }
      }
    })
  },
  //保存文件
  saveTap() {
    var that = this
    let src = this.data.src
    if(src == '') {
      wx.showToast({
        title: '请先下载文件图片',
        icon: 'none'
      })
    } else {
      wx.getFileSystemManager().saveFile({
        tempFilePath: src,
        success(res) {
          console.log('文件保存路径:' + res.savedFilePath)
          wx.showToast({
            title: 'SCCUESS',
          })
        }
      })
    }
```

```
    }
  })
```

上述代码中,读者可以通过本地服务器请求图片,也可以通过网络获取到图片的url,传入wx.downloadFile的参数中即可。编译运行后,模拟器中结果如图7-1～图7-4所示。

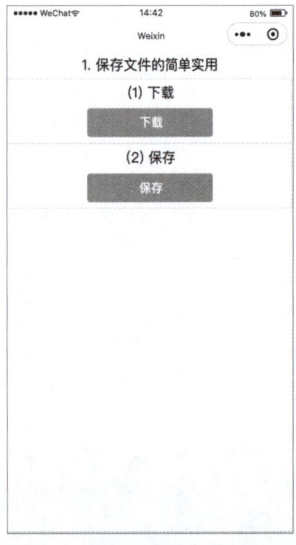
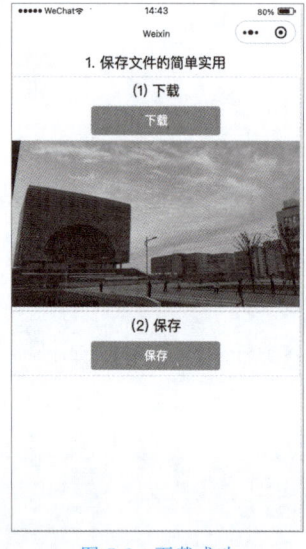
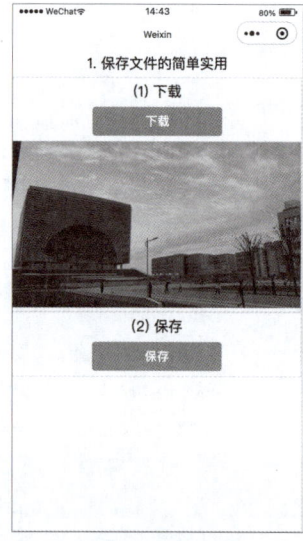

图7-1 初始状态　　　　　　图7-2 下载成功　　　　　　图7-3 保存成功

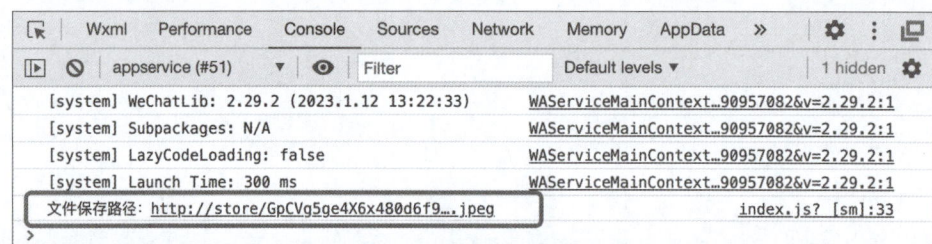

图7-4 保存文件结果

上述简单应用中,在index.js中设置了两个步骤,首先通过调用wx.downloadFile()下载图片,接着使用微信管理器对象FileSystemManager调用其内部接口saveFile(Object object)进行文件保存。注意,wx.saveFile()已经废弃,当前使用wx.getFileSystemManager().saveFile()完成文件保存工作。

7.1.2 获取本地缓存文件信息

微信小程序通过FileSystemManager.getFileInfo(Object object)获取该小程序下的本地临时文件或本地缓存文件信息。常用参数说明见表7-2。

表7-2　　　　　　　　getFileInfo(Object object)常用参数说明

属性	类型	必填	说明
fielPath	string	是	要读取的文件路径(本地路径)
success	function	否	接口调用成功的回调函数
fail	function	否	接口调用失败的回调函数
complete	function	否	接口调用结束的回调函数(调用成功、失败都会执行)

其中，回调函数中的 object 返回参数见表 7-3。

表 7-3 回调函数中的 object 返回参数

属性	类型	必填	说明
size	string	是	临时存储文件路径(本地路径)
errMsg	string	否	要存储的文件路径(本地路径)

接下来同样通过示例演示微信小程序获取临时文件信息的简单应用，要获取信息的文件放在本地搭建的服务器中，在 Test7 项目中创建新页面 getfileinfo，打开 app.json 文件，在"pages"中添加"pages/getfileInfo/getfileInfo"即可快捷创建新页面。打开 getfileInfo.wxml 并添加如下代码：

```
<!--文件信息获取-->
<view class="title">2.获取临时文件信息</view>
<view class="demo-box">
  <view class="title">(1)下载文件</view>
  <button type="primary" bindtap="downloadTap">下载文件</button>
  <view class="title">{{file1}}</view>
</view>
<view class="demo-box">
  <view class="title">(2)获取临时文件信息</view>
  <button type="primary" bindtap="getFileMsg">保存</button>
</view>
```

在 getfileInfo.wxss 中引用上一个示例中的样式，代码如下：

```
/* pages/getfileinfo/getfileInfo.wxss */
@import "/pages/index/index.wxss"
```

最后在 getfileInfo.js 文件中实现逻辑，代码如下：

```
//pages/getfileinfo/getfileInfo.js
Page({
  data: {
    tempFilePath: '' //初始化临时文件路径
  },
  //下载文件
  downloadTap() {
    var that = this
    wx.downloadFile({
      url: 'http://127.0.0.1:3000/image/IMG_2032.jpeg',
      success(res) {
        if(res.statusCode == 200) {
          console.log('文件下载位置:'+res.tempFilePath)
          that.setData({
            msg1: '文件下载成功',
            tempFilePath: res.tempFilePath
          })
        }
```

```
      }
    })
  },
  //获取临时文件信息
  getFileMsg() {
    var that=this
    let tempFilePath=this.data.tempFilePath
    if(tempFilePath=='') {
      //文件还没有保存在本地
      wx.showModal({
        title:'提示',
        content:'请先下载',
        showCancel：false
      })
    } else {
      //获取保存文件信息
      wx.getFileSystemManager().getFileInfo({
        filePath：tempFilePath,
        success(res) {
          that.setData({
            msg2:'文件内容大小：'+res.size+'byte'
          })
        }
      })
    }
  }
})
```

编译运行后，模拟器中的预览效果如图 7-5～图 7-9 所示。

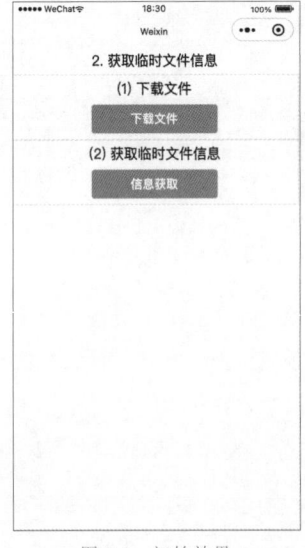
图 7-5　初始效果

图 7-6　提示先下载文件

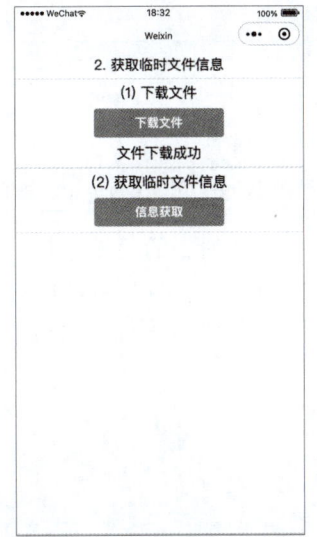
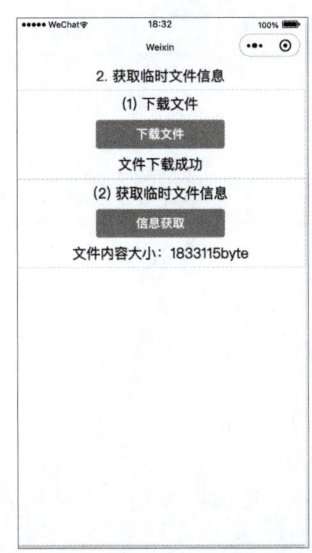

图7-7 文件下载成功并提示　　图7-8 获取文件大小信息

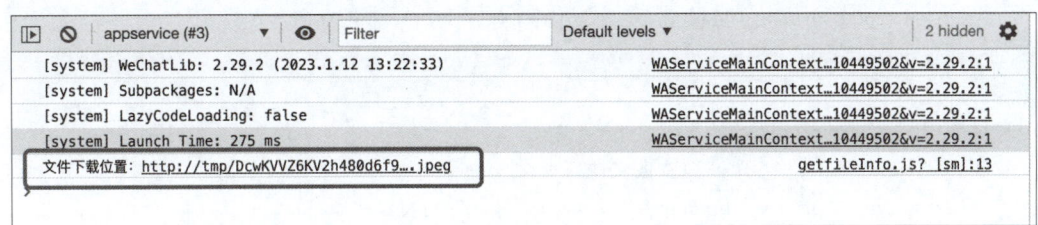

图7-9 控制台显示临时文件位置

上述示例逻辑中,主要通过两个步骤完成获取本地临时文件信息的操作。首先,通过调用wx.downloadFile()下载文件到本地,接着通过FileSystemManager管理器对象调用其内部getFileInfo()获取已下载的临时文件信息。

7.1.3 获取本地缓存文件列表

微信小程序通过使用FileSystemManager.getSavedFileList(Object object)获取该小程序下已保存的本地缓存文件列表,常用参数说明见表7-4。

表7-4　getSavedFileList(Object object)常用参数说明

属性	类型	必填	说明
success	function	否	接口调用成功的回调函数
fail	function	否	接口调用失败的回调函数
complete	function	否	接口调用结束的回调函数(调用成功、失败都会执行)

object.success回调函数参数说明见表7-5。

表7-5　object.success回调函数参数说明

属性	类型	说明
fileList	Array.<Object>	文件数组

其中，fileList 结构说明见表 7-6。

表 7-6　　　　　　　　　　　　　fileList 结构说明

结构属性	类型	说明
filePath	string	文件路径（本地路径）
size	number	本地文件大小，以字节为单位
createTime	number	文件保存时的时间戳，从 1970/01/01 08:00:00 到当前时间的秒数

接下来通过示例演示微信小程序获取本地缓存文件列表的简单应用，要获取信息的文件放在本地搭建的服务器中，在 Test7 项目中创建新页面 getfilelist，打开 app.json 文件，在"pages"中添加"pages/getfilelist/getfilelist"即可快捷创建新页面。打开 getfilelist.wxml 并添加如下代码：

```
<!--pages/getfilelist/getfilelist.wxml-->
<!--文件列表获取-->
<view class="title">3.获取本地缓存文件列表</view>
  <view class="demo-box">
    <view class="title">(1) 保存文件</view>
    <button type="primary" bindtap="saveFiles">保存文件</button>
    <view class="title">{{msg1}}</view>
</view>
<view class="demo-box">
    <view class="title">(2) 获取本地文件列表</view>
    <button type="primary" bindtap="getFileList">文件列表获取</button>
    <view class="title">{{msg2}}</view>
</view>
```

在 pages/getfilelist/getfilelist.wxss 中引用样式，代码如下：

```
/* pages/getfilelist/getfilelist.wxss */
@import "/pages/index/index.wxss"
```

在 pages/getfilelist/getfilelist.js 中添加页面逻辑，代码如下：

```
//pages/getfilelist/getfilelist.js
Page({
  //初始数据
  data:{
    savedtempPath:'' //本地文件路径
  },
  //下载和保存文件
  saveFiles() {
    var that=this
    wx.downloadFile({
      url:'http://127.0.0.1:3000/image/IMG_2032.jpeg', //地址用户可以自行更改
      success(res) {
        //只要服务器有响应，则会进行 success 回调
        if(res.statusCode===200) {
          //文件保存本地
```

```
        wx.getFileSystemManager().saveFile({
          tempFilePath:res.tempFilePath,
          success(res){
            console.log('文件保存成功!'+res.savedFilePath)
            that.setData({
              msg1:'提示:文件已保存至本地。',
              savedtempPath:res.savedFilePath
            })
          }
        })
      }
    })
  },
  //获取本地文件列表
  getFileList(){
    var that=this
    wx.getFileSystemManager().getSavedFileList({
      success(res){
        console.log(res.fileList)
        that.setData({
          msg2:'提示:获取本地文件列表'
        })
      }
    })
  }
})
```

编译运行后,结果如图 7-10～图 7-13 所示。

图 7-10　初始状态

图 7-11　点击保存后

图 7-12　获取文件列表

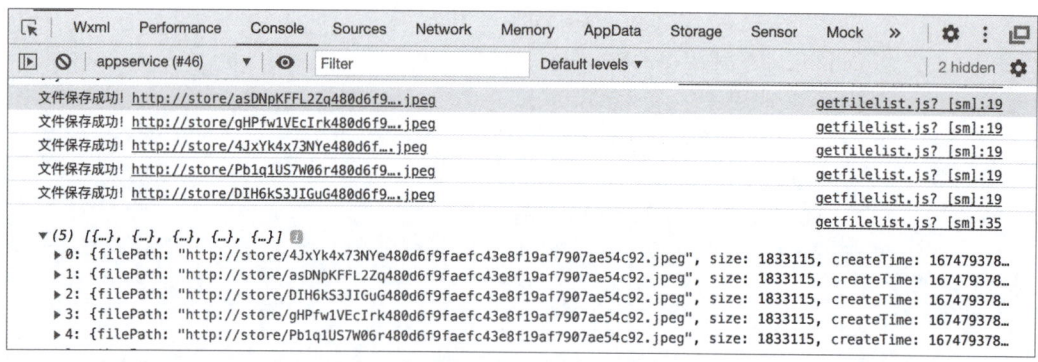

图7-13 点击保存以及获取文件列表后控制台信息

本示例中通过两个步骤完成获取本地缓存文件列表的应用,首先调用 wx.downloadFile 以及 wx.getFileSystemManager().saveFile 两个方法下载并保存文件到临时路径,再通过调用 wx.getFileSystemManager().getSavedFileList 获取已保存在缓存中的全部文件列表信息。从上述控制台展示信息可以看出,多次单击"保存文件"按钮后,会将同一个文件保存多次,且根据点击次数得到多次文件列表。

7.1.4 删除本地缓存文件

微信小程序调用 FileSystemManager.removeSavedFile(Object object) 删除该小程序下已保存的本地缓存文件。接口中参数说明见表7-7。

表7-7　　removeSavedFile(Object object)参数说明

属性	类型	必填	说明
filePath	string	是	需要删除的文件路径(本地路径)
success	function	否	接口调用成功的回调函数
fail	function	否	接口调用失败的回调函数
complete	function	否	接口调用结束的回调函数(调用成功、失败都会执行)

通过简单示例演示说明小程序文件 API 中删除本地缓存文件的简单应用方法。在 Test7 项目中创建新页面 removeFiles,打开 app.json 文件,在"pages"中添加"pages/removeFiles/removeFiles"即可快捷创建新页面,打开 removefiles.wxml 并添加如下代码:

```
<!--pages/removeFiles/removeFiles.wxml-->
<!--删除本地临时文件-->
<view class="title">4.删除本地缓存文件</view>
<view class="demo-box">
  <view class="title">(1) 下载并保存</view>
  <button type="primary" bindtap="saveFiles">保存文件</button>
  <view class="title">{{msg1}}</view>
</view>
<view class="demo-box">
  <view class="title">(2) 删除本地缓存文件</view>
  <button type="primary" bindtap="removeFile">删除文件</button>
  <view class="title">{{msg2}}</view>
</view>
```

```
<view class="demo-box">
  <view class="title">(3) 获取临时文件信息</view>
  <button type="primary" bindtap="getFileMsg">信息获取</button>
  <view class="title">{{msg3}}</view>
</view>
```

上述页面结构中,添加一组<view>用于显示删除本地文件后获取当前本地缓存中文件信息,验证是否删除成功。在页面样式 pages/removeFiles/removeFiles.wxss 中引用首页样式,此处不再截图。接下来打开 pages/removeFiles/removeFiles.js 文件,添加页面逻辑,代码如下:

```
//pages/removeFiles/removeFiles.js
Page({
  //初始数据
  data:{
    savedFilePath:'' //本地文件路径
  },
  //下载和保存文件
  saveFiles(){
    var that=this
    wx.downloadFile({
      url:'http://127.0.0.1:3000/image/IMG_2032.jpeg',//地址用户可以自行更改
      success(res){
        //只要服务器有响应,则会进行 success 回调
        if(res.statusCode===200){
          console.log('文件下载到:'+res.tempFilePath)
          //文件保存本地
          wx.getFileSystemManager().saveFile({
            tempFilePath:res.tempFilePath,
            success(res){
              console.log('文件保存位置:'+res.savedFilePath)
              that.setData({
                msg1:'提示:文件已保存至本地。',
                savedFilePath:res.savedFilePath
              })
            }
          })
        }
      }
    })
  },
  //删除本地缓存文件
  removeFile(){
    var that=this
    let tempFiles=this.data.savedFilePath
```

```
            if(tempFiles=='') {
                //文件还没有保存在本地
                wx.showModal({
                    title:'提示',
                    content:'请先下载',
                    showCancel:false
                })
            } else {
                //删除本地缓存文件
                wx.getFileSystemManager().removeSavedFile({
                    filePath:tempFiles,
                    success(res) {
                        that.setData({
                            msg2:'提示:本地文件已被删除!'
                        })
                    }
                })
            }
        },
        //获取文件信息
        getFileMsg() {
            var that=this
            let savedFilePath=this.data.savedFilePath
            //获取保存文件信息
            wx.getFileSystemManager().getFileInfo({
                filePath:savedFilePath,
                success(res) {
                    that.setData({
                        msg3:'文件内容大小:'+res.size+'byte'
                    })
                },
                fail(res) {
                    console.log(res)
                    that.setData({
                        msg3:'文件不存在'
                    })
                }
            })
        }
    })
```

上述逻辑代码中,通过三个步骤实现文件删除。首先,调用 wx.downloadFile()和 wx.getFileSystemManager().saveFile()进行临时文件的下载和保存,通过控制台可以看出,下载位置和保存位置有区别;其次通过调用 wx.getFileSystemManager().removeSavedFile()删除本地保存的缓存文件,并且在没有先下载保存文件时弹出提示框;最后调用 wx.

getFileSystemManager().getFileInfo()获取本地文件信息。运行结果如图 7-14～图 7-17 所示。

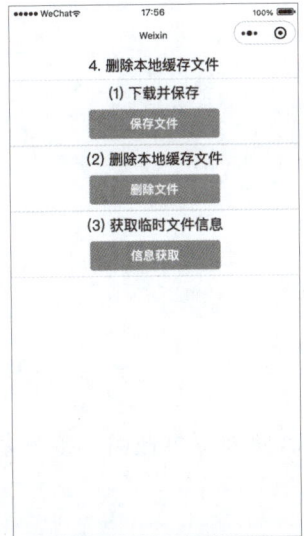
图 7-14　初始状态

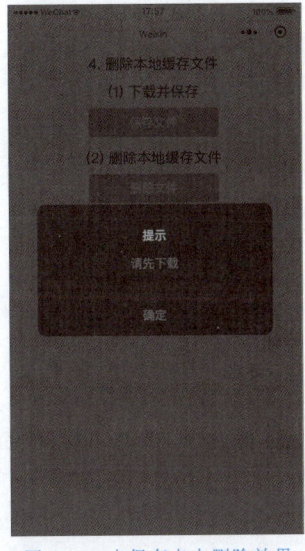
图 7-15　未保存点击删除效果

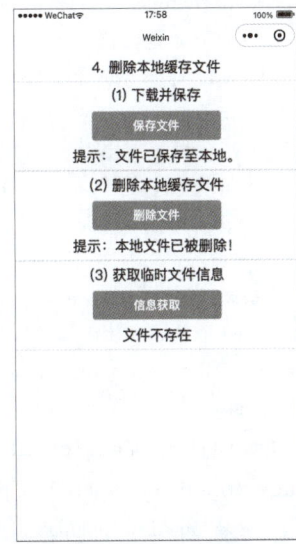
图 7-16　删除后并查询

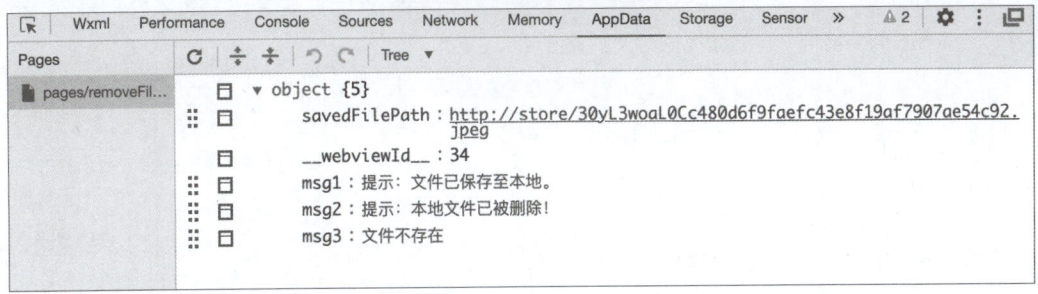
图 7-17　控制台中 AppData 面板显示信息

7.1.5　打开指定文档

小程序提供 wx.openDocument(Object object)接口用于新开页面打开文档。其中参数说明见表 7-8。

表 7-8　wx.openDocument(Object object)参数说明

属性	类型	必填	说明
filePath	string	是	文件路径(本地路径),可通过 downloadFile 获得
showMenu	boolean	否	是否显示右上菜单,默认值为 false
fileType	string	否	文件类型,指定文件类型打开文件
success	function	否	接口调用成功的回调函数
fail	function	否	接口调用失败的回调函数
complete	function	否	接口调用结束的回调函数(调用成功、失败都会执行)

其中,fileType 支持的文件类型包括 doc、docx、xls、xlsx、ppt、pptx、pdf。接下来通过简单示例演示讲解打开指定文档的简单应用。

在 Test7 项目中创建新页面 openDoc，打开 app.json 文件，在"pages"中添加"pages/openDoc/openDoc"即可快捷创建新页面，打开 openDoc.wxml 并添加如下代码：

```
<!--pages/openDoc/openDoc.wxml-->
<!--打开本地文档-->
<view class="title">5.打开本地文档</view>
<view class="demo-box">
    <view class="title">(1) 下载文件</view>
    <button type="primary" bindtap="downloadTap">下载文件</button>
    <view class="title">{{msg1}}</view>
</view>
<view class="demo-box">
    <view class="title">(2) 打开文档</view>
    <button type="primary" bindtap="openfile">打开文档</button>
</view>
```

在页面样式 pages/openDoc/openDoc.wxss 中引用首页样式，此处不再截图。接下来打开 pages/openDoc/openDoc.js 文件，添加页面逻辑，代码如下：

```
//pages/openDoc/openDoc.js
Page({
    data: {
        tempFilePath: ''   //初始化临时文件路径
    },
    //下载文件
    downloadTap() {
        var that = this
        wx.downloadFile({
            url: 'http://127.0.0.1:3000/test.docx',
            success(res) {
                if(res.statusCode == 200) {
                    console.log('文件下载位置:' + res.tempFilePath)
                    that.setData({
                        msg1: '文件下载成功',
                        tempFilePath: res.tempFilePath
                    })
                }
            }
        })
    },
    //打开文档
    openfile() {
        let tempFilePath = this.data.tempFilePath
        //文档未下载
        if(tempFilePath == '') {
            wx.showModal({
                title: '注意',
                content: '请先下载文档',
```

```
          showCancel: false
        })
      } else {
        //打开文档
        wx.openDocument({
          filePath: tempFilePath
        })
      }
    }
  })
```

此时,保存编译后通过开发者工具预览效果如图7-18~图7-21所示。

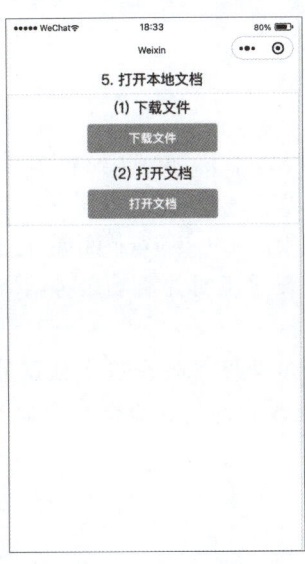

图7-18 初始状态

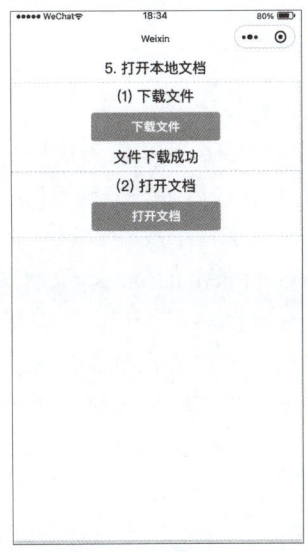

图7-19 下载成功

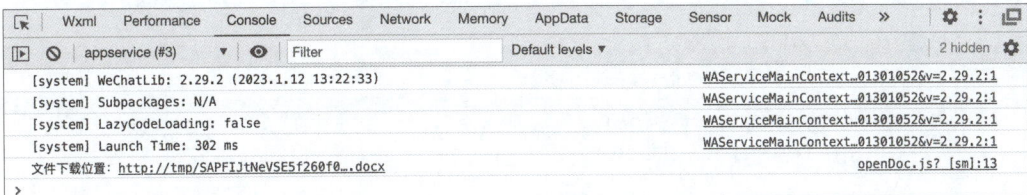

图7-20 下载成功后控制台显示地址

图7-21 打开文档内容

上述逻辑代码中,通过调用 wx.openDocument 接口打开下载到本地缓存中的文件。微信小程序中还有很多文件 API 供开发者使用,本书中将较为典型的接口进行演示举例讲解,感兴趣的读者可以访问微信小程序官网进行查看并应用,因篇幅有限,本书中不再赘述。

7.2 项目实施

项目实施阶段,通过综合运用微信小程序的文件 API 实现一个电子书架应用。由于图书版权等问题,读者可以自行准备一些电子书存放在本地搭建的服务器上。本项目需要的若干电子书示例将存放在本地服务器端的 books 文件夹中,图书封面图片存放在本地服务器的 image 文件夹中。

任务 1 页面结构设计

1. 项目创建及页面设计

创建小程序 BookStore,后端服务选择"不使用云服务"模式,模板选择部分选取"不使用模板",选择自己的 AppID 后,单击"确定"按钮创建空白项目。

在本书提供的项目资源中找到 server 文件夹中的 file_server 目录,将准备的书籍资源拷贝到该服务器 htdocs 目录下的 books 文件夹中,查看说明并启动服务器,即可通过"http://127.0.0.1:3000/books/xxxx.pdf"访问需要的内容。

新建小程序默认导航栏为白底黑字的效果,如果想要改变这个默认效果需要在项目的 app.json 文件中自定义导航栏标题和背景颜色,更改后的 app.json 代码如下:

```
{
  "pages":[
    "pages/index/index"
  ],
  "window":{
    "backgroundTextStyle":"light",
    "navigationBarBackgroundColor":"#104E8B",
    "navigationBarTitleText":"我的书架",
    "navigationBarTextStyle":"white"
  },
  "style":"v2",
  "sitemapLocation":"sitemap.json"
}
```

通过上述修改后,所有页面的导航栏标题为"我的书架",且背景颜色为蓝色,文字颜色为白色。预览效果如图 7-22 所示。

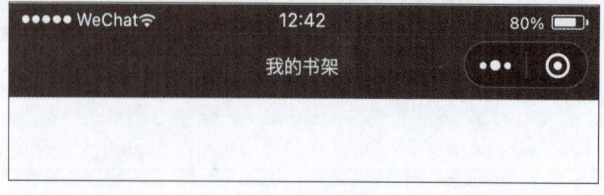

图 7-22 自定义导航栏

读者可以自己设计导航栏标题以及RGB颜色。

2. 页面结构区域设计

参考微信读书App的布局，小程序页面可以使用宫格形式展示图书封面以及标题，主要设计图如图7-23和图7-24所示。

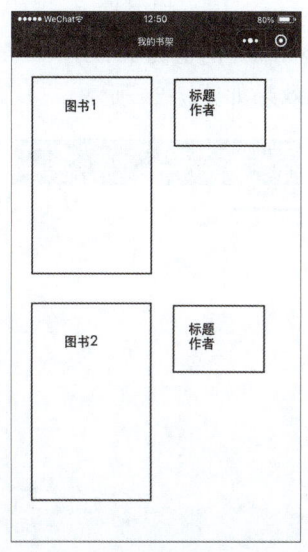 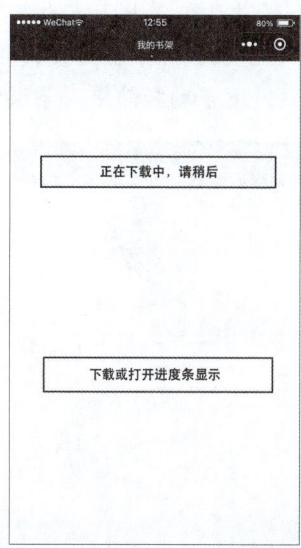

图7-23　书架预览页面　　　　图7-24　打开图书文档页面

上述页面设计中，页面整体使用<view>容器组件，在图书单元区域内部使用了<image>以及<text>组件显示图书封面、标题、作者以及内容简介等内容。由于打开图书文档需要访问服务器并下载对应文档，因此使用如图7-24所示页面中的下载进度条进行展示，此页面使用的是下载蒙层，与展示页面不能同时出现，用来提高用户体验。

3. 页面结构WXML设计

接下来打开项目的pages/index/index.wxml文件并逐步添加对应的结构代码。代码如下：

```
<!--index.wxml-->
<!--图书下载蒙层-->
<view class="loading-container" wx:if="{{isDownload}}">
    <text>正在下载中……</text>
    <progress percent="{{percentNum}}" stroke-width="6" activeColor="#104E8B" backgroundColor="#fFFFFFF" show-info active active-mode="forwards"/>
</view>
<!--最外层书架页面-->
<view class="book-container" wx:else="">
    <!--图书单元-->
    <view class="box">
        <image src="http://127.0.0.1:3000/image/luxun.png"></image>
        <text>无法直面的人生——鲁迅传</text>
        <text>作者：王晓明</text>
    </view>
</view>
```

上述代码中,首先使用＜view＞组件将书架中所有图书区域进行包裹,其中每个图书单元继续使用＜view＞组件进行分隔,内部使用＜image＞和＜text＞展示图书封面以及作者,此时效果如图 7-25 所示,后续添加逻辑后使用 wx：for 进行数据绑定即可。由于下载图书时使用蒙层展示下载等待的时间,因此蒙层和图书展示页面不能同时出现,在蒙层容器代码中添加属性 wx：if 进行切分,并且在图书区域的容器＜view＞中添加属性 wx：else 即可。为了观察蒙层预览效果,可以在逻辑代码中临时设置 isDownload 的值为 false,percentNum 设置为 100 以内的数值便于观察进度条动画效果。蒙层预览效果如图 7-26 所示。

图 7-25　页面预览效果

图 7-26　蒙层预览效果

上述预览效果没有添加样式,接下来为"我的书架"页面及下载蒙层添加样式。

4.页面样式设计

打开 pages/index/index.wxss 页面,添加如下代码：

```
/* * index.wxss * */
/* 图书展示页面容器 */
.book-container {
    display：flex；
    flex-direction：column；/* 垂直排列 */
    flex-wrap：wrap；/* 允许换行 */
}
/* 图书单元容器 */
.box {
    width：100vw；/* 宽 */
    height：400rpx；/* 高 */
    display：flex；  /* 弹性布局 */
    flex-direction：row；/* 水平排列 */
    align-items：center；    /* 水平方向居中 */
    justify-content：space-around；/* 分散布局 */
    flex-wrap：wrap；
}
```

```
.book-title {
    width: 40%;   /* 宽 */
    height: 150rpx;   /* 高 */
    display: flex;   /* 弹性布局 */
    flex-direction: column;   /* 水平排列 */
    align-items: flex-start;   /* 左对齐 */
    justify-content: space-around;   /* 分散布局 */
    flex-wrap: wrap;
}
/* 图书封面样式 */
image {
    width: 400rpx;
    height: 500rpx;
}
/* 标题作者文本样式 */
text {
    text-align: center;
}
/* 下载蒙层样式 */
.loading-container {
    height: 100vh;
    background-color: gainsboro;
    display: flex;
    flex-direction: column;
    align-items: center;
    justify-content: space-around;
}
/* 进度条样式 */
progress {
    width: 80%;
}
```

此外,想要查看样式中的下载蒙层的效果需要在 pages/index/index.js 文件中初始化页面数据,修改如下:

```
//index.js
Page({
    data: {
        isDownload: true,
        percentNum: 30
    }
})
```

保存编译后,预览添加样式的页面效果如图 7-27 所示,下载时的蒙层效果如图 7-28 所示。

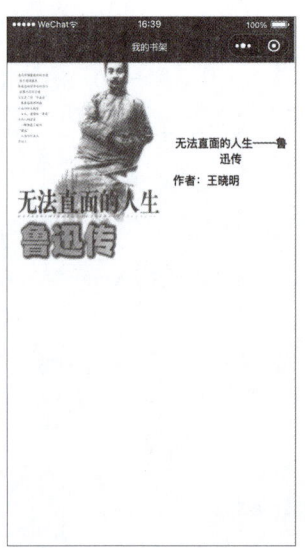
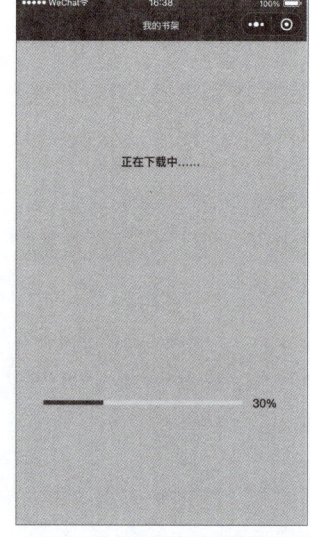

图 7-27　书架页面预览效果　　　图 7-28　下载蒙层预览效果

测试完毕后，将 JS 中修改的初始化数据还原即可。现在所有的页面设计已结束，接下来进行逻辑实现。

任务 2　逻辑实现

1. 显示图书列表

前面任务中图书书架页面仅显示了一本图书，且书籍信息是在 WXML 结构文件中进行的"硬编码"操作，为了展示多本书籍内容，接下来首先对要展示的数据进行封装，使用模块形式进行暴露并在 index.js 页面进行引用。在 BookStore 项目根目录中创建 data 文件夹，并在其内部创建 book.js 文件，将本地服务器中的书籍名称、封面图片的链接以 JSON 格式进行编辑，代码如下：

```
var bookList=[
  //图书1
  {
    id:'001',
    title:'无法直面的人生——鲁迅传',
    topImg:'http://127.0.0.1:3000/image/luxun.png',
    writer:'王晓明',
    filePath:'http://127.0.0.1:3000/books/无法直面的人生 鲁迅传.pdf'
  },
  {
    id:'002',
    title:'人间值得',
    topImg:'http://127.0.0.1:3000/image/worth.png',
    writer:'中村恒子',
    filePath:'http://127.0.0.1:3000/books/人间值得.pdf'
  },
  {
```

```
    id:'003',
    title:'人生海海',
    topImg:'http://127.0.0.1:3000/image/life.png',
    writer:'麦家',
    filePath:'http://127.0.0.1:3000/books/人生海海.pdf'
  },
  {
    id:'004',
    title:'生死疲劳',
    topImg:'http://127.0.0.1:3000/image/hard.png',
    writer:'莫言',
    filePath:'http://127.0.0.1:3000/books/生死疲劳.pdf'
  },
  {
    id:'005',
    title:'操作系统',
    topImg:'http://127.0.0.1:3000/image/os.png',
    writer:'亚伯拉罕·西尔伯沙茨',
    filePath:'http://127.0.0.1:3000/books/操作系统.pdf'
  },
  {
    id:'006',
    title:'圆圈正义',
    topImg:'http://127.0.0.1:3000/image/freedom.png',
    writer:'罗翔',
    filePath:'http://127.0.0.1:3000/books/圆圈正义.pdf'
  }
]
module.exports={
  bookList:bookList
}
```

上述代码中最后三行将封装好的数据以模块形式暴露出来。接着打开本项目中的index.js文件进行引入，代码如下：

```
//index.js
var bookObj=require("../../data/book.js")
Page({
  data:{
    isDownload:false,
    percentNum:0,
  },
  onLoad() {
    //加载初始数据
    this.setData({
```

```
      bookList:bookObj.bookList
    })
  }
})
```

最后修改页面结构 index.wxml 中的图书单元区域代码,使用 wx:for 进行数据的渲染绑定,以展示循环列表。修改后的代码如下:

```
...
<!--图书单元-->
<view class="box" wx:for="{{bookList}}" wx:for-item="item" wx:key="index">
  <image src="{{item.topImg}}" mode="aspectFill"></image>
  <view class="book-title">
    <text>{{item.title}}</text>
    <text>作者:{{item.writer}}</text>
  </view>
</view>
```

书籍内容因为版权问题,读者可以自行添加。本地服务器搭建以及模块化应用可参考项目 4 及项目 5 中的具体讲解。启动本地服务器,编译运行后,图书书架页面运行效果如图 7-29 所示。

2. 消息弹出框逻辑

在小程序运行过程中,由于网络原因或操作问题,多处会使用到消息弹出框,为了减少代码复杂度,提高复用性,可以在 JS 中对消息提示操作进行封装,以便后续调用。

在 pages/index/index.js 中添加函数 showMessage 用于显示弹出框,具体代码如下:

```
Page({
  ...
  //封装的消息提示函数
  showMessage(content) {
    wx.showModal({
      title:'提示',
      content:content,
      showCancel:false
    })
  }
})
```

图 7-29 展示所有书籍列表页面

后续函数只需要调用本函数传入 content 参数即可方便地实现消息提示框。

3. 打开指定文档

现在已经可以展示所有图书列表了,接下来当用户点击指定图书文档时,如果已经下载则直接打开,如果没有下载将进行消息提示并执行下载操作,然后再打开。可以看出,不管是上述两种情况的哪一种,最后都需要执行打开文档操作,因此参考上一小节,可以将打开文档操

作进行封装。在 pages/index/index.js 中添加函数 openBook,代码如下:

```
Page({
  ...
  //封装打开图书函数
  openBook(path) {
    wx.openDocument({
      filePath: path,
      success: function(res) {
        console.log('打开成功')
      },
      fail: function(error) {
        console.log(error);
      }
    })
  },
  ...
})
```

此时,需要打开指定图书时只需要调用 openBook 函数并将书籍地址参数传入即可。

4. 保存已下载的图书

本方法用于保存通过网络 API 请求下载后获取到的图书信息,当图书下载完毕后调用本函数可以根据下载的临时路径进行文件保存。在 index.js 中添加函数 saveBook,代码如下:

```
Page({
  ...
  //图书文件下载保存
  saveBook(id, path) {
    var that = this
    wx.getFileSystemManager().saveFile({
      tempFilePath: path,
      success(res) {
        //保存文件地址到本地缓存
        let newPath = res.savedFilePath
        wx.setStorageSync(id, newPath)
        //调用函数打开图书
        that.openBook(newPath)
      },
      fail(error) {
        console.log(error)
        //调用消息框方法
        that.showMessage('文件保存失败')
      }
    })
  }
```

```
    },
    ...
})
```

5. 打开并阅读

最后实现打开已下载的图书并阅读的操作。触发本操作,需要在 WXML 页面结构中为图书单元添加 bindtap 事件,同时书架中的书本不同,为了获得被点击图书的 id 以及文件路径,需要添加自定义属性用于绑定 event 事件中的数据项。修改 pages/index/index.wxml 中的图书单元区域,代码如下:

```
...
<!--图书单元-->
<view class="box" wx:for="{{bookList}}" wx:key='index' data-file='{{item.filePath}}' data-id='{{item.id}}' bindtap="readBook">
    ...
</view>
...
```

接下来在 pages/index/index.js 中添加函数 readBook,用于实现下载并打开文档开始阅读图书的逻辑操作,代码如下:

```
Page({
    ...
    //打开文档并阅读
    readBook(e) {
        var that = this
        //获取点击图书的 id
        let id = e.currentTarget.dataset.id
        console.log(id) //验证是否获得图书 id
        //获取当前点击图书的 url
        let bookUrl = e.currentTarget.dataset.file
        //查看本地缓存
        let path = wx.getStorageSync(id)
        console.log(path) //验证是否获得图书路径
        //判断是否下载
        if(path == '') {
            //显示下载蒙层
            that.setData({
                isDownload: true
            })
            //执行网络请求下载图书
            const downloadTask = wx.downloadFile({
                url: bookUrl,
                //下载请求成功函数回调
```

```
            success(res) {
                //下载成功关闭蒙层
                that.setData({
                    isDownload: false
                })
                //下载成功保存图书
                if(res.statusCode==200) {
                    //获取地址
                    path= res.tempFilePath
                    //调用保存函数
                    that.saveBook(id,path)
                } else {
                    //服务器连接成功,下载失败(一般情况下超过10 MB下载失败)
                    that.showMessage('暂时无法下载!')
                }
            },
            //下载请求失败回调函数
            fail(e) {
                //关闭下载蒙层
                that.setData({
                    isDownload: false
                })
                that.showMessage('无法连接到服务器端')
            }
        })
        //显示文件下载进度
        downloadTask.onProgressUpdate(function(res) {
            let progress=res.progress;
            that.setData({
                percentNum: progress
            })
        })
    }
    //如果之前已经下载,则直接调用函数打开文档
    else {
        that.openBook(path)
    }
  }
...
```

运行效果如图7-30~图7-33所示。

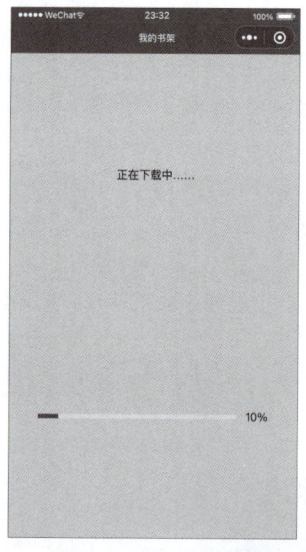
图7-30　正在下载文档

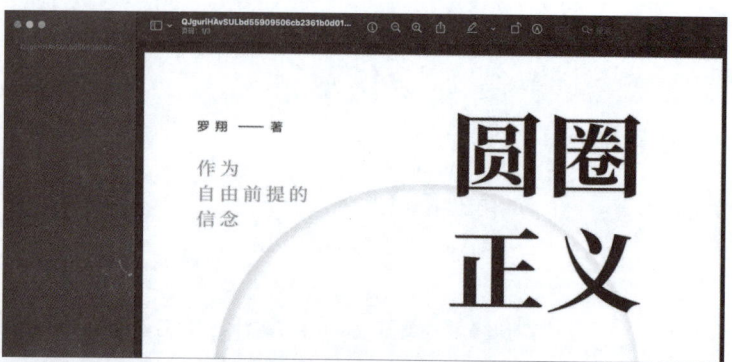
图7-31　下载成功打开文档

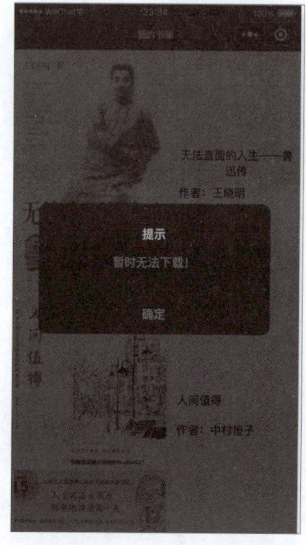
图7-32　下载错误

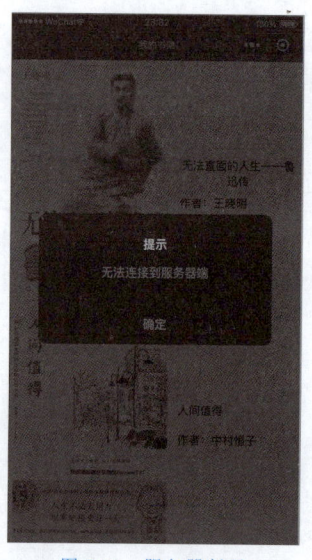
图7-33　服务器断开

至此，已经完成了电子书架的所有工作。值得注意的是，微信小程序中下载保存到本地文件的最大限制为 10 MB，如果超过该文件大小会提示无法下载。另外，/data/book.js 中的文件地址为本地搭建的服务器，仅供模拟教学使用。读者可以将文件上传到云服务器上，修改 URL 地址即可真机运行。

拓展训练　微信小程序图片管理

【训练需求】

通过微信小程序图片管理项目训练，可以帮助开发者了解并熟练掌握微信小程序中文件 API 的使用，包括图片的选择、保存、删除和打开等操作。这些知识和技能可以用来开发出功能更丰富、用户体验更优秀的微信小程序。

【训练思路】

1. 调用 wx.chooseImage API 选择图片，并调用 wx.getFileSystemManager()提供的方法 API saveFile()将图片保存到本地缓存。提示代码如下：

```
wx.chooseImage({
  count: 1,
  sizeType: ['original', 'compressed'],
  sourceType: ['album', 'camera'],
  success(res) {
    const tempFilePaths = res.tempFilePaths
    wx.getFileSystemManager().saveFile({
      tempFilePath: tempFilePaths[0],
      success(res) {
        console.log('保存成功', res.savedFilePath)
      }
    })
  }
})
```

2. 调用 wx.getFileSystemManager().getSavedFileList API 获取已保存的图片列表，并显示在页面上。提示代码如下：

```
wx.getFileSystemManager().getSavedFileList({
  success(res) {
    console.log(res.fileList)
    that.setData({
      fileList: res.fileList
    })
  }
})
```

3. 调用 wx.getFileSystemManager().removeSavedFile API 删除已保存的图片。提示代码如下：

```
wx.getFileSystemManager().removeSavedFile({
  filePath: filePath,
  success(res) {
    console.log(res.errMsg)
  }
})
```

4. 调用 wx.openDocument API 打开已保存的图片。提示代码如下：

```
wx.openDocument({
  filePath: filePath,
  success(res) {
    console.log('打开文档成功')
  }
})
```

注意：使用文件 API 需要在真机环境下测试。

项目小结

在本项目中,完成了一个微信小程序文件 API 项目。学习了如何使用微信小程序中的文件 API 来读取和写入文件。调用 wx.getFileSystemManager()来获取文件系统管理器,这是一个全局唯一的对象,可以用来读取和写入文件。掌握了调用文件系统管理器中的 readFile()方法来读取文件,以及调用 writeFile()方法来写入文件,并且完成了一个微信小程序文件 API 项目。通过项目实现,帮助我们更好地理解文件 API 的使用方法。

同步练习

一、单选题

1.下列关于腾讯视频插件的说法错误的是( )。

A.小程序插件需要开发者同意才能获得使用权,在小程序的"设置"→"第三方服务"里面看到插件的入口

B.使用插件需要在 app.json 中加入插件的声明

C.如果需要在脚本中使用,需在 JS 文件中定义插件对象

D.在 WXML 中使用<txt-video>来插入视频

2.下列关于 WXS 说法错误的是( )。

A.WXS 可以调用 JavaScript 文件中定义的函数

B.WXS 函数不能作为组件的事件回调

C.WXS 可以在所有版本的小程序中运行

D.WXS 是小程序的一套脚本语言

3.下列关于 markers 标记点说法错误的是( )。

A.title 标记点名称　　　　　　　　B.zIndex 显示层级

C.rotate 逆时针旋转的角度　　　　D.alpha 透明度,默认为 1 不透明

4.下列关于 polyline 坐标点说法错误的是( )。

A.points 表示经纬度数组　　　　　B.color 表示线的颜色

C.width 表示线宽　　　　　　　　D.dottedLine 默认为 true 显示虚线

5.下列关于 picker 说法错误的是( )。

A.mode=multiSelector 为多列选择器　　B.mode=time 为日期选择器

C.mode=region 为省市区选择器　　　　D.mode=selector 为普通选择器

6.关于 form 表单组件描述错误的是( )。

A.每个表单内的组件不用设定 name 属性

B.form 表单提交的是表单内选中的所有组件

C.form 组件用来将表单里的值提交给 JS 逻辑层进行处理

D.button 中的 type 有两个属性,分别是 submit 和 reset

7.关于 button 属性说法错误的是( )。

A.type 表示按钮的样式类型

B.form-type 点击分别触发 submit/reset 事件

C. disabled 表示是否禁用

D. plain 表示按钮是否镂空,背景不透明

8. 下列关于 openid 的说法错误的是（　　）。

A. openid 是用户的唯一标识

B. openid 不等同于微信用户 id

C. 同一个微信用户在不同 AppId 小程序中的 openid 是不同的

D. openid 是小程序的唯一标识

9. 下列关于用户信息属性描述错误的是（　　）。

A. avatarUrl:用户头像的 URL 地址　　B. nickName:用户昵称

C. province:用户所在省份　　　　　　D. gender:用户的性别,0 表示男,1 表示女

10. 下列关于 wx.getUserInfo()接口返回值说法错误的是（　　）。

A. errMsg:错误信息　　　　　　　　B. rawData:用于计算签名

C. iv:加密算法的初始向量　　　　　　D. userInfo:用户信息对象,包含 openid 等信息

二、判断题

1. openid 是小程序的唯一标识。　　　　　　　　　　　　　　　　　　　　（　　）

2. 微信登录接口服务校验成功后会返回 session_key 和 openid。　　　　　（　　）

3. 异步方式通过传入回调函数获取结果,同步方式通过返回值获取结果。　（　　）

4. 同步方式会执行 fail 回调函数返回错误,而异步方式则通过 try...catch 捕获异常来获取错误信息。　　　　　　　　　　　　　　　　　　　　　　　　　　　（　　）

5. <open-data>不需要授权就可以显示用户的信息。　　　　　　　　　　（　　）

6. wx.switchTab()的 url 路径后不能带参数。　　　　　　　　　　　　　（　　）

7. wx.reLaunch()表示需要跳转的应用内页面路径,路径后可以带参数。　（　　）

8. wx.redirectTo()的 url 路径后不能带参数。　　　　　　　　　　　　　（　　）

三、填空题

1. 设置 text 组件文本内容是否可选的属性是_____。

2. 播放音乐的 API 接口是_____。

3. <swiper>组件内部只可以放置_____组件。

4. 在小程序接口中,拨打电话的 API 是_____。

5. swiper-item 的标识符为_____。

6. 小程序通过_____接口获取登录凭证 code。

7. 小程序通过_____接口,把 code 发送给服务器。

8. 将数据异步存储在本地缓存指定的 key 中使用_____。

9. 从本地缓存中异步获取指定 key 内容使用_____。

10. 异步获取当前 storage 的相关信息使用_____。

四、简答题

1. 怎样检查用户是否已经登录?

2. 简述 wx.navigateTo()和 wx.redirectTo()跳转方式的区别。

3. 简述腾讯地图 SDK 接入流程。

项目 8

学生学籍卡展示

知识目标

- 掌握微信小程序数据缓存 API 的基础知识。
- 掌握并熟练使用数据缓存 API 提供的数据存取方法。
- 掌握并熟练使用数据缓存 API 提供的数据删除与清空方法。

技能目标

- 理解微信小程序数据缓存 API 的概念。
- 熟练使用 wx.setStorage、wx.getStorage、wx.removeStorage、wx.clearStorage 等缓存 API。
- 掌握微信小程序中表单组件的用法及本地数据存储读取。
- 了解数据缓存 API 在电商、社交、健康等场景的应用。
- 整合数据缓存 API 与其他 API，如数据请求、上传、下载。
- 利用数据缓存 API 实现离线数据访问，提升用户体验。

素质目标

- 利用技术宣传党的理论和政策。
- 通过接口优化党员教育与管理，提升政治与业务能力。
- 培养学生的创新精神。

8.1 知识准备

8.1.1 本地缓存

为了提高使用且便携，小程序中可以缓存 10 MB 以内数据在本地设备中，被称为小程序的本地缓存，从而在小程序退出后再次打开时，可以从缓存中读取上次保存的数据。开发者可以通过数据缓存 API 对本地缓存进行设置、获取和清空工作。

需要注意的是,小程序的本地缓存仅仅用于方便用户。如果用户设备的本地存储空间不足,微信会清空最近较久未使用的本地缓存,因此用户尽量不要将关键信息存在本地,以免空间不足或更换设备导致数据丢失。

数据缓存 API 主要分为 4 大类,包括数据存储、获取、删除和清空。常用的数据缓存 API 见表 8-1。

表 8-1   常用数据缓存 API

方式	名称	说明
异步	wx.setStorage()	将数据存储在本地缓存中指定的 key 中
	wx.getStorage()	从本地缓存中异步获取指定 key 的内容
	wx.getStorageInfo()	异步获取当前 storage 的相关信息
	wx.removeStorage()	从本地缓存中移除指定 key
同步	wx.setStorageSync()	同步存储数据到本地缓存中指定的 key 中
	wx.getStorageSync()	从本地缓存中同步获取指定 key 的内容
	wx.getStorageInfoSync()	同步获取当前 storage 的相关信息
	wx.removeStorageInfoSync()	同步从本地缓存中移除指定 key 的内容

在表 8-1 中,异步方式通过传入回调函数获取结果,而同步方式通过返回值获取结果。如果发生错误,异步方式会执行 fail 回调函数返回错误,而同步方式则通过 try...catch 捕获异常来获取错误信息。接下来针对常用的数据存取、删除、清空等接口举例进行讲解。本书由于篇幅有限,选取常用接口进行举例,读者可以参考案例自行学习其他数据缓存 API 的应用。

8.1.2 数据存取

1. 存储数据

(1) 异步存储

小程序中异步存储数据结构 wx.setStorage(Object object)将数据存储在本地缓存中指定的 key 中,Object 参数说明见表 8-2。

表 8-2   wx.setStorage(Object object)参数说明

参数	类型	是否必选	说明
key	String	是	本地缓存中指定的 key
data	Object/String	是	需要存储的数据内容
success()	Function	否	接口调用成功的回调函数
fail()	Function	否	接口调用失败的回调函数
complete()	Function	否	接口调用结束的回调函数,无论是否调用成功都执行

如果指定的参数 key 已经存在,则新数据会覆盖之前 key 对应的数据。

wx.setStorage(Object object)代码格式如下:

```
wx.setStorage({
    key:"key",
    data:"value",
```

```
    success: function() {
      //存储成功
    },
    fail: function() {
      //存储失败
    },
    complete: function() {
      //存储完成
    }
})
```

上述代码中,引号中的 key 和 value 可以替换成开发者需要的其他文本内容。保存后,通过 key 来读取保存的内容,且 success()、fail() 和 complete() 函数非必需可省略。

下面通过举例学习数据缓存 API 中异步 setStorage 的简单应用。创建测试项目 Test8,首先在 Test8/pages/index/index.wxml 文件中添加下列代码:

```
<view class="title">1-setStorage 数据存储应用举例</view>
<view class="demo-box">
  <view class="title">wx.setStorage-异步存储</view>
  <input name="key" placeholder="请输入 key" bindinput="keyInput"/>
  <input name="data" placeholder="请输入 data" bindinput="dataInput"/>
  <button type="primary" bindtap="setStorage">save data</button>
</view>
```

接着打开 pages/index/index.wxss 添加如下样式代码:

```
input {
    border: 1px solid lightseagreen;
    height: 80rpx;
    margin: 8rpx;
    text-align: center;
}
.title {
    margin: 10rpx;
    font-size: 20px;
    font-style: bold;
    text-align: center;
}
.demo-box {
    border: 1px dotted gainsboro;
    height: 350rpx;
}
```

pages/index/index.js 中代码如下:

```
//pages/page3/page3.js
Page({
```

```
  data: {
    key: '',
    data: ''
  },
  keyInput: function(e) {
    this.setData({key: e.detail.value})
  },
  dataInput: function(e) {
    this.setData({data: e.detail.value})
  },
  setStorage: function(e) {
    let key=this.data.key;
    if(key.length==0) {
      wx.showToast({
        title: 'KEY not null',
        icon: 'none'
      })
    } else {
      wx.setStorage({
        key: key,
        data: this.data.data
      })
    }
  }
})
```

编译运行后,效果如图 8-1～图 8-4 所示。

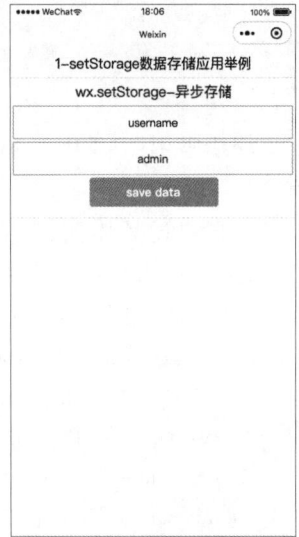

图 8-1　初始运行效果　　　　图 8-2　key 值为空时效果　　　　图 8-3　数据存储完毕

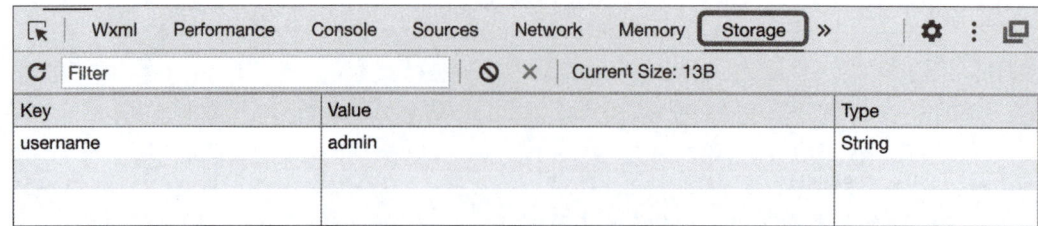

图 8-4　控制台 Storage 面板显示信息

上述代码中，通过两个 input 组件分别输入 key 值和对应的 value 值，单击 button 组件后进行提交，在 setStorage 的 data 属性中 key 和 value 的预设值为空，此时通过输入的一组值更新到 data 中，代码中调用自定义函数 setStorage()获取更新后的 key 值进行判断，如果不为空则调用数据缓存 API 中的 wx.setStorage()进行异步存储。通过微信小程序调试器中的 Storage 面板可以看到输入的数据成功存储在缓存中。

（2）同步存储

小程序中同步存储数据结构 wx.setStorageSync(string key，any data)将 data 数据存储在本地缓存中指定的 key 中，Object 参数的说明见表 8-3。

表 8-3　　　　wx.setStorageSync(string key，any data)参数说明

参数	类型	是否必选	说明
key	String	是	本地缓存中指定的 key
data	Object/String	是	需要存储的数据内容

与异步存储数据相同，如果指定的参数 key 已经存在，则新数据会覆盖之前 key 对应的数据。

wx.setStorageSync(string key，any data)代码格式如下：

```
try {
  wx.setStorageSync('key', data)
} catch(e) {
  //f 发生异常
}
```

上述代码中，引号中的 key 和 data 可以替换成开发者所需要的文本内容，且 try...catch 可省略。

接下来通过具体实例学习数据缓存 API 中同步数据存储的简单应用。打开 pages/index/index.wxml，并在上一实例基础上继续添加下列代码：

```
<!--同步存储数据-->
<view class="title">2-setStorageSync 数据存储应用举例</view>
<view class="demo-box">
    <view class="title">wx.setStorageSync(Key,Data)-同步存储</view>
    <input name="key" placeholder="请输入 key" bindinput="keyInput"/>
    <input name="data" placeholder="请输入 data" bindinput="dataInput"/>
    <button type="primary" bindtap="setStorageSync">数据存储</button>
</view>
```

修改对应的 pages/index/index.js 文件,在 page 函数中继续添加下列代码:

```
setStorageSync: function(e) {
  let key=this.data.key;
  if(key.length==0) {
    wx.showToast({
        title:'key值不能为空',
        icon:'none'
    })
  } else {
    wx.setStorageSync(key, this.data.data)
  }
}
```

编译运行,输入 key 和 data 值后单击按钮,可以在调试器的 Storage 面板中看到数据存储条目增加了一条,结果如图 8-5 所示。

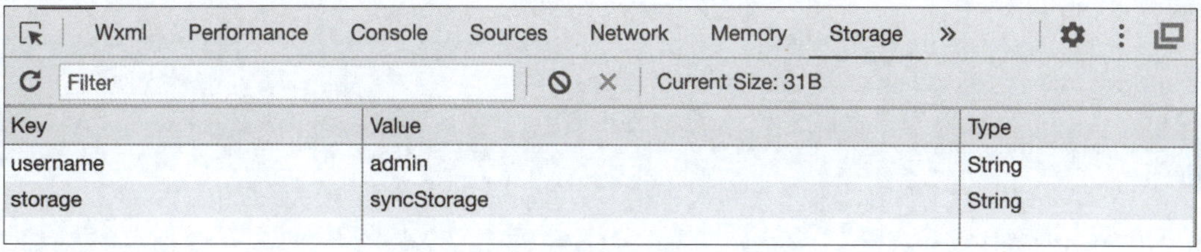

Key	Value	Type
username	admin	String
storage	syncStorage	String

图 8-5　setStorageSync 存储数据结果查看

2. 获取数据

(1) 异步获取数据

微信小程序提供了异步接口 wx.getStorage(Object object) 从本地数据缓存异步获取指定 key 对应的内容,Object 参数说明见表 8-4。

表 8-4　wx.getStorage(Object object) 参数说明

参数	类型	是否必选	说明
key	String	是	本地缓存中指定的 key
success()	Function	否	接口调用成功的回调函数,res={data: key 对应的内容}
fail()	Function	否	接口调用失败的回调函数
complete()	Function	否	接口调用结束的回调函数,无论是否调用成功都执行

success() 返回参数 data 表示 key 对应的内容。wx.getStorage(Object object) 实例代码如下:

```
wx.getStorage({
  key:'key',
  success(res) {
    console.log(res.data)
  }
})
```

上述代码中，引号中的 key 可以替换为实际应用的 key 的名称，且 success() 函数中的 res.data 就是要获取的缓存数据。

为了更好地对比同步、异步存储及获取缓存数据的应用，在上一小节的案例中添加代码举例说明。首先打开 WXML 文件(pages/index/index.wxml)，添加如下代码：

```
...
<!--异步数据获取-->
<view class="title">3-getStorage 异步数据获取举例</view>
<view class="demo-box">
    <view class="title">wx.getStorage(Object)-异步获取数据</view>
    <input name="key" placeholder="请输入 key" bindinput="keyInput"/>
    <button type="primary" bindtap="getStorage">数据获取</button>
    <view class="title">Data 值=={{data}}</view>
</view>
```

在对应的 pages/index/index.js 中，在 Page({}) 函数中继续添加对应的异步获取缓存数据函数，代码如下：

```
getStorage: function() {
    var that=this;
    let key=this.data.key;
    if(key.length==0) {
        wx.showToast({
            title: 'key 值不能为空',
            icon: 'none'
        })
    } else {
        wx.getStorage({
            key: key,
            success: function(res) {
                that.setData({data: res.data}) //将获取到的缓存数据设置到 data 对象中的 data 变量
            }
        })
    }
}
```

编译运行后，在 key 值部分输入前面两个例子中保存在缓存中的数据的 key 值，即可在 view 组件处看到对应的 data 值。运行结果如图 8-6 和图 8-7 所示。

Key	Value	Type
username	admin	String
storage	syncStorage	String
admin	12345	String

图 8-6 Storage 面板中的缓存数据

图 8-7 输入 key 值后获取对应 data 值

(2)同步获取数据

同样,微信小程序提供了同步获取缓存数据接口 wx.getStorageSync(string key),用来从本地缓存中同步获取指定 key 对应的内容。参数说明见表 8-4。

表 8-4　　　　　　　　wx.getStorageSync(string key)参数说明

参数	类型	是否必选	说明
key	String	是	本地缓存中指定的 key

官方提供 wx.getStorageSync(string key)示例代码如下:

```
try {
  var value= wx.getStorageSync('key')
  if(value) {
    //处理获取的返回值
  }
} catch(e) {
  //发生异常时的处理
}
```

注意:storage 只用来进行数据的持久化存储,不应用于运行时的数据传递或全局状态管理。启动过程中过多的同步读写存储,会显著影响启动耗时。

继续编辑 pages/index/index.wxml 进行应用举例,添加如下代码:

```
<!--同步数据获取-->
<view class="title">4-getStorageSync-同步数据获取举例</view>
<view class="demo-box">
  <view class="title">wx.getStorageSync(Key)-同步获取数据</view>
  <input name="key" placeholder="请输入 key" bindinput="keyInput"/>
  <button type="primary" bindtap="getStorageSync">数据获取</button>
  <view class="title">Data 值:{{data}}</view>
</view>
```

接着打开 pages/index/index.js 在 Page({}) 函数中继续添加如下代码：

```
getStorageSync: function() {
  var that = this;
  let key = this.data.key;
  if(key.length == 0) {
    wx.showToast({
      title: 'key值不能为空',
      icon: 'none'
    })
  } else {
    var value = wx.getStorageSync(key);
    if(value) {
      that.setData({data: value})
    }
  }
}
```

编译运行后，效果与上个案例结果一样，输入 key 值后能够得到缓存数据中对应的 value 值，此处不再截图展示，读者可以自行实验查看运行结果。

数据缓存 API 中除了可以进行数据的同步、异步存取之外，还可以对本地缓存数据的具体信息进行同步或异步存取。操作方法与上述两种方法类似，本书中不再举例，读者可以参考上述示例进行本地缓存数据信息中数据类型、数据大小等内容存取的操作。

8.1.3 数据的删除与清空

1. 数据删除

(1) 异步删除数据

微信小程序提供 wx.removeStorage(Object object) 接口从本地缓存中移除指定 key 以及对应的值，参数说明见表 8-5。

表 8-5　wx.removeStorage(Object object) 参数说明

参数	类型	是否必选	说明
key	string	是	本地缓存中指定的 key
success	function	否	接口调用成功的回调函数
fail	function	否	接口调用失败的回调函数
complete	function	否	接口调用结束的回调函数（调用成功、失败都会执行）

官方文档提供的 wx.removeStorage(Object object) 示例代码如下：

```
wx.removeStorage({
  key: 'key',
  success(res) {
    console.log(res)
  }
})
try {
```

```
    wx.removeStorageSync('key')
} catch(e) {
    //Do something when catch error
}
```

上述代码中的 key 值可以进行实际替换,且在调用本接口时需要使用 try...catch 进行异常捕获防止数据溢出。

为了更好地讲解缓存数据的删除应用,接下来继续修改 Test8 测试案例。打开 pages/index/index.wxml 添加如下代码:

```
<!--异步删除数据-->
<view class="title">5-removeStorage-异步删除数据案例</view>
<view class="demo-box">
    <view class="title">wx.removeStorage(Object)-异步删除数据</view>
    <input name="key" placeholder="请输入key" bindinput="keyInput"/>
    <button type="primary" bindtap="removeStorage">删除数据</button>
</view>
```

打开 pages/index/index.js 页面,在 Page({}) 函数中继续添加下列代码:

```
/*异步删除数据*/
removeStorage: function() {
    let key=this.data.key;
    if(key.length==0) {
        wx.showToast({
            title:'key不能为空',
            icon:'none'
        })
    } else {
        wx.removeStorage({
            key: key,
            success: function(res) {
                wx.showToast({
                    title:'删除成功',
                    icon:'none'
                })
            }
        })
    }
}
```

注意,此处代码仅添加了异步删除的部分,输入 key 值以及保存等操作在前面的案例中已经写明。编译运行前,首先通过同步存储数据的形式输入 key 值及数据,接着编译运行后,可以通过控制台的 Storage 面板查看到已保存的缓存数据,如图 8-8～图 8-11 所示。

(2)同步删除数据

微信小程序提供 wx.removeStorageSync(string key) 接口用于同步删除本地缓存中指定 key 对应的值。对应参数为 key 值,类型为 string,用于表示本地缓存中指定的 key 值。官方文档提供的数据缓存接口 wx.removeStorageSync(string key) 示例代码如下:

  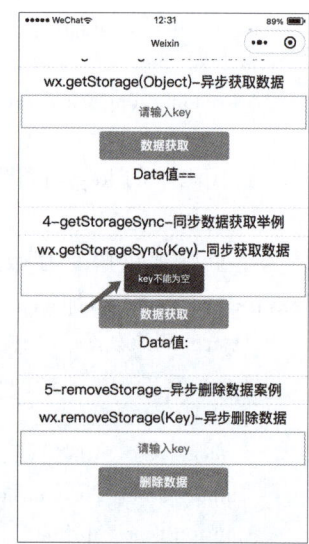

图 8-8　输入准备删除数据的 key 值　　图 8-9　删除成功　　图 8-10　没有输入 key 值时效果

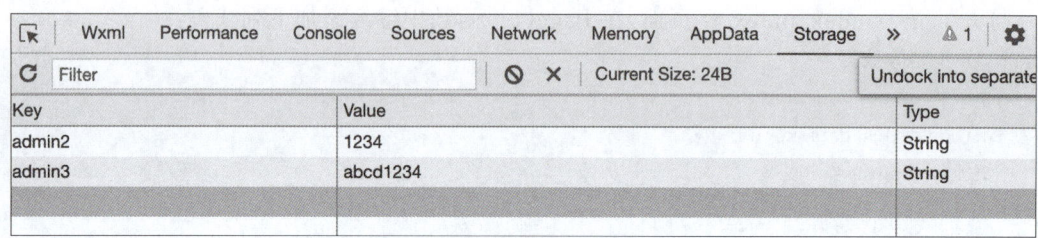

图 8-11　删除后控制台 Storage 面板显示数据

```
wx.removeStorage({
    key:'key',
    success(res) {
        console.log(res)
    }
})
try {
    wx.removeStorageSync('key')
} catch(e) {
    //Do something when catch error
}
```

上述代码中的 key 值可以进行实际替换,且在调用本接口时需要使用 try...catch 进行异常捕获防止数据溢出。

为了更好地讲解同步缓存数据的删除应用,接下来继续修改 Test8 测试案例。打开 pages/index/index.wxml 添加如下代码:

```
<!--异步删除数据-->
<view class="title">6-removeStorageSync-同步删除数据案例</view>
<view class="demo-box">
<view class="title">wx.removeStorageSync(Key)同步删除数据</view>
```

```
<input name="key" placeholder="请输入key" bindinput="keyInput"/>
<button type="primary" bindtap="removeStorageSync">删除数据</button>
</view>
```

打开 pages/index/index.js 文件,在 Page({})函数中继续添加如下代码进行缓存数据同步删除:

```
/*缓存数据同步删除*/
removeStorageSync: function() {
  let key=this.data.key;
  if(key.length==0) {
    wx.showToast({
      title: 'key not null',
      icon: 'none'
    })
  } else {
    wx.removeStorageSync(key);
    wx.showToast({
      title: '删除成功',
      icon: 'none'
    })
  }
}
```

编译运行后执行效果与异步删除本地缓存数据相同。两种删除方法的区别主要是接口中传入的参数不同,读者可以自行测试验证运行效果。

2. 数据清空

(1)异步清空数据

微信小程序数据缓存 API 提供 wx.clearStorage(Object object)用于异步清空本地数据缓存,其 Object 参数说明见表 8-6。

表 8-6　　　　　　　　wx.clearStorage(Object object)参数说明

参数	类型	是否必选	说明
success	function	否	接口调用成功的回调函数
fail	function	否	接口调用失败的回调函数
complete	function	否	接口调用结束的回调函数(调用成功、失败都会执行)

下面通过简单示例演示异步清空数据简单应用,打开 pages/index/index.wxml 文件,添加如下代码:

```
<!--异步删除数据-->
<view class="title">6-clearStorage-异步数据清空案例</view>
<view class="demo-box">
<view class="title">wx.clearStorage(Object)同步清空数据</view>
<button type="primary" bindtap="clearStorage">清除数据</button>
</view>
```

打开 pages/index/index.js 文件在 Page({}) 函数中添加下列代码,完成异步清空数据操作：

```
/*异步清空本地缓存数据*/
clearStorage：function() {
  wx.clearStorage();
  wx.showToast({
    title：'数据已清空',
    icon：'none'
  })
}
```

编译运行后运行结果如图 8-12 和图 8-13 所示,可以看到单击按钮清空所有本地缓存数据,而不是根据 key 值删除对应的 value 值。

Key	Value	Type
admin1	123445	String
admin2	abcdghf	String
admin4	helloworld	String

图 8-12 初始缓存数据

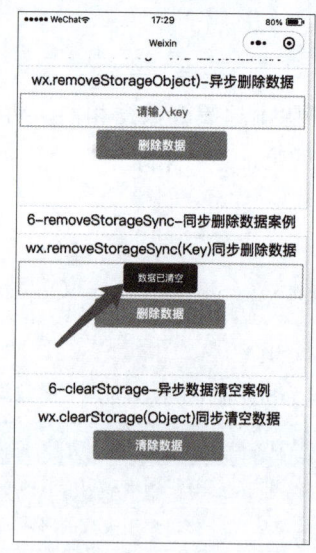

图 8-13 清空数据成功

运行过程中可以从控制台 Storage 面板观察到,单击"清除数据"按钮后,本地缓存中的多条数据一次性清空,因此不存在数据 object 对应的 key 值删除单条数据的情况。读者可以自行观察控制台 Storage 面板数据变化情况。

(2) 同步清空数据

微信小程序同样提供了清空数据缓存的同步版本 wx.clearStorageSync(),与上述异步清空本地缓存数据使用方法一致,均不需要添加参数 key 值,为清空所有数据缓存。读者可以参考上述示例代码自行实验。

8.2 项目实施

通过综合运用微信小程序缓存 API 中提供的数据操作接口实现一个仿 PC 端学生学籍卡信息的简易微信小程序。学生登录学校教务系统学生可以查看到类似学生证或学籍卡信息页面,如图 8-14 所示样式。

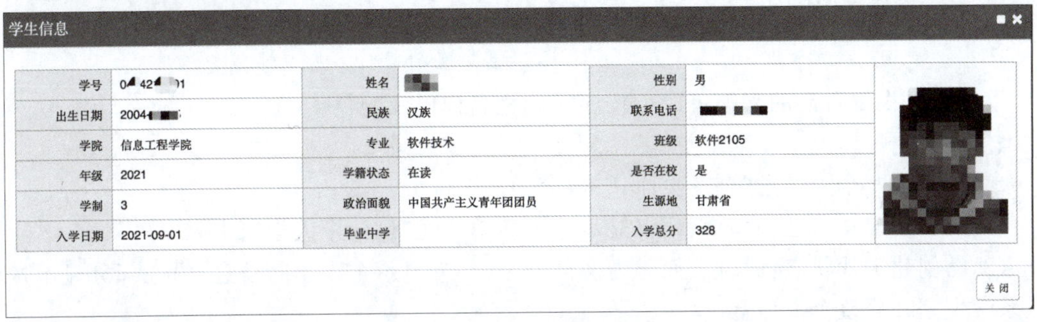

图 8-14 教务系统展示学生信息卡

我们仿照 PC 端教务系统中的学生学籍卡,制作一个微信小程序端的简易学生学籍卡。

任务 1 页面结构设计

1. 项目创建及页面设计

创建小程序 StudentCard,后端服务选择"不使用云服务"模式,模板选择部分选取"不使用模板",选择自己的 AppID 后,单击"确定"按钮创建空白项目。

项目创建完毕后根目录的 pages 文件夹中会默认生成页面 index,表示小程序运行的第一个页面。本项目保留首页 index 并新增学生学籍卡页面 form,打开项目 app.json 文件,在 pages 属性中第二行添加"pages/form/form",保存后可以看到 form 页面目录生成到 pages 文件夹下。

新建小程序导航栏默认为白底黑字的效果,如果想要改变这个默认效果需要在项目的 app.json 文件中自定义导航栏标题和背景颜色,更改后的 app.json 代码如下:

```json
{
  "pages": [
    "pages/form/form",
    "pages/index/index"
  ],
  "window": {
    "backgroundTextStyle": "light",
    "navigationBarBackgroundColor": "#104E8B",
    "navigationBarTitleText": "我的学籍卡",
    "navigationBarTextStyle": "white"
  },
  "style": "v2",
  "sitemapLocation": "sitemap.json"
}
```

上述代码修改后，所有页面的导航栏标题为"我的学籍卡"，且背景颜色为蓝色，文字颜色为白色。预览效果如图8-15所示。

图8-15 自定义导航栏效果预览

读者可以根据自己的兴趣更改小程序标题栏名称以及配色。

2. 页面设计

参考常见的"个人信息"卡片页面，一般分为两个部分：

(1) 未创建卡片状态：此时页面仅显示一个简单按钮"创建个人学籍卡"。

(2) 已创建卡片状态：此时页面分为两部分，一部分显示个人学籍信息，另一部分显示按钮"联系学生"和"修改个人信息"。

此时页面设计示意图如图8-16和图8-17所示。

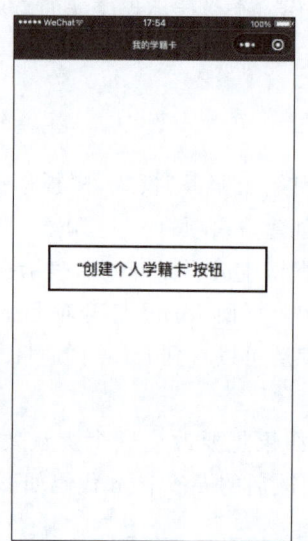

图8-16 未创建信息页面效果　　图8-17 创建学籍信息后页面效果

在图8-16中计划使用＜view＞组件作为页面整体容器，内部添加＜button＞组件；图8-17中使用＜view＞组件作为每条信息的容器，内部包含＜label＞组件用于设置标题、＜text＞组件用于设置信息文本、＜button＞组件用于提交信息等内容。接下来依次创建两个信息页面。

3. 页面结构 WXML 设计实现

(1) 首页设计

首先，定义尚未创建学生学籍信息时页面的显示效果。打开本项目 pages/index/index.wxml 页面添加对应的结构组件，代码如下：

```
<!--尚未创建学籍信息卡页面-->
<view class="container">
    <button>创建个人学籍信息卡</button>
</view>
```

此时，初始页面创建完成。接下来在本页面中继续使用wx：if以及wx：else属性切换学生学籍卡创建完毕后的页面设计。修改以及添加属性后的代码如下：

```
<!--尚未创建学籍信息卡页面-->
<view class="container" wx：if="{{!mycard}}">
    <button>创建个人学籍信息卡</button>
</view>
<!--学生学籍卡创建后显示内容-->
<view wx：else>
    <view class="row_box">
        <label>姓名</label>
        <text>张三</text>
        <label>学号</label>
        <text>0401192098</text>
    </view>
    <view class="col_box">
        <label>联系电话</label>
        <text>139000000</text>
    </view>
    <view class="row_box">
        <label>出生日期</label>
        <text>2000-01-01</text>
        <label>性别</label>
        <text>男</text>
    </view>
    <view class="row_box">
        <label>民族</label>
        <text>汉族</text>
        <label>生源地</label>
        <text>甘肃省</text>
    </view>
    <view class="col_box">
        <label>学校</label>
        <text>陕西工业职业技术学院</text>
    </view>
    <view class="col_box">
        <label>学院</label>
        <text>信息工程学院</text>
    </view>
    <view class="row_box">
        <label>专业</label>
        <text>软件技术</text>
        <label>班级</label>
        <text>2106</text>
    </view>
    <view class="row_box">
```

```
        <label>学籍状态</label>
        <text>在读</text>
        <label>学制</label>
        <text>3 年</text>
    </view>
    <view class="col_box">
        <label>政治面貌</label>
        <text>中国共产主义青年团成员</text>
    </view>
    <view class="col_box">
        <label>入学日期</label>
        <text>2021-09-01</text>
    </view>
    <button>联系学生</button>
    <button>编辑信息</button>
</view>
```

此时,index 页面基本框架已经搭建完毕,暂时没有添加样式。如果想要预览页面效果,需要在 index.js 页面的 data 中临时设置 mycard 属性值为 true,查看完毕后改为 false。在 pages/index/index.js 中添加代码如下:

```
//index.js
Page({
  data: {
    mycard: true
  }
})
```

编译运行后未添加样式页面效果如图 8-18 所示。

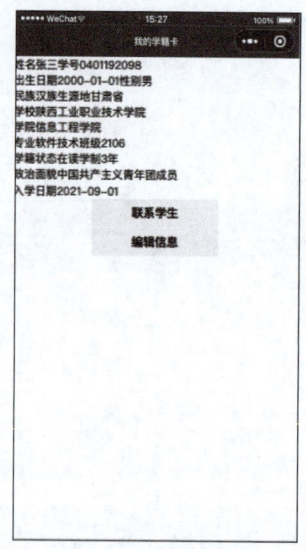

图 8-18　首页预览效果

(2)创建学籍信息页设计

学籍信息卡创建页面使用 form 表单进行学生学籍信息的展示,主要包含以下内容:

- 姓名：单行文本框。
- 学号：单行文本框。
- 联系电话：单行文本框。
- 出生日期：点击弹出滚动日期选择器。
- 性别：点击弹出滚动选择器选择性别。
- 民族：点击弹出滚动选择器选择民族。
- 生源地：点击弹出滚动选择器选择省份。
- 学校：单行文本框。
- 学院：点击弹出滚动选择器选择二级学院。
- 专业：点击弹出滚动选择器选择二级学院对应专业。
- 班级：单行文本框。
- 学籍状态：点击弹出滚动选择器选择学籍状态（如毕业、在读、休学、肄业等）。
- 学制：单行文本输入框，单位为年。
- 政治面貌：单行文本输入框。
- 入学日期：单行文本输入框，单位为年。

学生学籍信息卡创建页面需要通过首页点击跳转才能呈现。为了编写设计方便，在项目的 app.json 文件的 pages 属性中将 "pages/index/index" 置于首行，确保本页面在模拟器中显示，方便查看。此时在 pages/form/form.wxml 页面中添加如下代码：

```
<!--pages/form/form.wxml-->
<form bindsubmit="submit-form">
<view class="row_box">
  <label>姓名</label>
  <input type="text" name="name" class="shourtInput" value="{{stuName}}"/>
  <label>学号</label>
  <input type="text" name="number" class="shourtInput" value="{{stuNum}}"/>
</view>
<view class="col_box">
  <label>联系电话</label>
  <input type="digit" name="phoneNumber" class="longInput" value="{{phoneNumber}}"/>
</view>
<view class="row_box">
  <label>出生日期</label>
  <picker mode="date" name="date" bindchange="dateChange" value="{{date}}">
    <view>{{date}}</view>
  </picker>
  <label>性别</label>
  <picker name="sex" range="{{sexItem}}" bindchange="sexChange" value="{{sex}}">
    <view>{{sex}}</view>
  </picker>
</view>
<view class="row_box">
  <label>民族</label>
  <picker name="nation" range="{{nationItem}}" bindchange="nationChange" value="{{nation}}">
    <view>{{nation}}</view>
```

```
        </picker>
        <label>生源地</label>
        <picker mode="region" name="province" bindchange="provinceChange" value="{{province}}">
            <view>{{province}}</view>
        </picker>
    </view>
    <view class="col_box">
        <label>学校</label>
        <input type="text" name="school" class="longInput" value="{{stuSchool}}"/>
    </view>
    <view class="col_box">
        <label>学院</label>
        <picker name="collage" range="{{collageItem}}" bindchange="collageChange" value="{{collage}}">
            <view>{{collage}}</view>
        </picker>
    </view>
    <view class="row_box">
        <label>专业</label>
        <picker name="major" range="{{majorItem}}" bindchange="majorChange" value="{{major}}">
            <view>{{major}}</view>
        </picker>
        <label>班级</label>
        <input type="digit" name="stuClass" class="shortInput" value="{{stuClass}}"/>
    </view>
    <view class="row_box">
        <label>学籍状态</label>
        <picker name="state" range="{{stateItem}}" bindchange="stateChange" value="{{state}}">
            <view>{{state}}</view>
        </picker>
        <label>学制</label>
        <input type="digit" name="stuYear" class="shortInput" value="{{stuYear}}"/><text>年</text>
    </view>
    <view class="col_box">
        <label>政治面貌</label>
        <input type="text" name="political" class="longInput" value="{{stupolitical}}"/>
    </view>
    <view class="col_box">
        <label>入学日期</label>
        <picker mode="date" name="studate" bindchange="studateChange" value="{{studate}}">
            <view>{{studate}}</view>
        </picker>
    </view>
    <button form-type="submit">完成创建</button>
    <button bindtap="del_mycard">删除学籍信息卡</button>
```

</form>

打开 pages/form/form.js 添加初始化数据以便预览创建学籍卡信息页面效果。代码如下：

```
//pages/form/form.js
Page({
  data:{
    stuName:'无',
    stuNum:'无',
    date:'2000-01-01',
    sex:'男',
    nation:'汉族',
    province:'无',
    stuSchool:'请选择',
    collage:'请选择',
    major:'请选择',
    stuClass:'请选择',
    state:'请选择',
    stuYear:'无',
    stupolitical:'无',
    studate:'2000-01-01',
    sexItem:['男','女'],
    nationItem:['汉族','回族','维吾尔族','蒙古族'],
    collageItem:['信息工程学院','材料工程学院','电气自动化','机械设备学院'],
    majorItem:['软件技术','计算机应用','材料工程','机电一体化','光伏电应用'],
    stateItem:['在读','毕业','肄业','休学'],
    phoneNumber:'139000000'
  }
})
```

编译运行后，未添加样式的学籍卡创建页面效果如图 8-19 所示。

图 8-19 创建学籍卡信息页面

4. 页面样式设计

首先,为 pages/index/index.wxss 首页页面设计样式,打开文件后添加如下代码:

```css
/* * index.wxss * */
/* 外层容器样式 */
.container {
  height: 100vh;
  display: flex;
  flex-direction: column;
  align-items: center; /* 水平居中 */
  justify-content: center; /* 垂直居中 */
}
button {
  background-color: #104E8B;
  color: white;
  margin: 20rpx;
}
/* 标签样式 */
label {
  color: #104E8B;
  margin-right: 25rpx;
}
/* 水平布局 */
.row {
  display: flex;
  flex-direction: row;
}
/* 垂直布局 */
.col {
  display: flex;
  flex-direction: column;
}
/* 条目盒子 */
.box {
  border-bottom: 1rpx solid silver; /* 下边框 */
  margin: 10rpx 20rpx;
  padding: 12rpx;
}
text {
  margin-right: 25rpx;
}
```

保存编译后,首页预览效果如图 8-20 和图 8-21 所示。

项目 8　学生学籍卡展示

图 8-20　首页初始状态

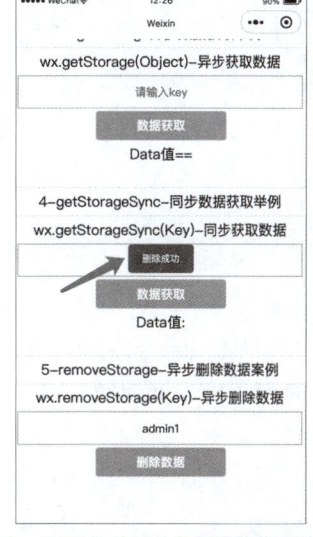

图 8-21　首页(已填初始数据学籍信息卡)预览

接下来打开 pages/form/form.wxss 页面,添加创建学生学籍卡信息页面样式,代码如下:

```
/* pages/form/form.wxss */
.shourtInput {
    width: 100rpx;
}
.longInput {
    width: 200rpx;
}
picker {
    margin-right: 22rpx;
}
@import "/pages/index/index.wxss"
```

保存编译后,学籍卡创建页面效果如图 8-22 所示。

由图 8-22 可见,当前简单的学生学籍卡小程序页面设计完毕。接下来进行逻辑设计。

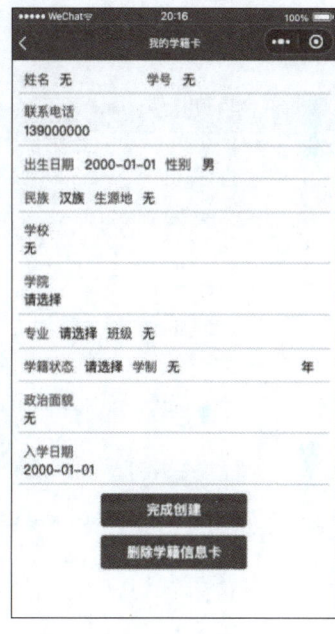

图 8-22　创建学籍卡页面

任务 2　逻辑实现

1. 首页逻辑实现

小程序首页页面分为两个部分:一是尚未创建学生学籍卡的初始状态,需要通过点击按钮跳转到新页面 form 进行学生学籍信息录入;二是输入信息后返回首页信息展示部分。

首先,修改 index.wxml 页面,为首页按钮添加 bindtap 事件进行页面跳转,代码如下:

```
pages/index/index.wxml:
<view class="container" wx:if="{{!mycard}}">
    <button bindtap="gotoForm">创建学籍信息卡</button>
</view>
...
```

169

```
pages/index/index.js：
Page({
  ...
  gotoForm: function() {
    wx.navigateTo({
      url: '../form/form',
    })
  }
})
```

此时实现点击按钮从 index 页面跳转到 form 页面，此处不再截图，读者可以自行实现。

2. 学生学籍信息卡创建页面逻辑实现

（1）更新选择器

学生学籍卡信息创建页面有多组选择器并添加了 bindchange 事件，在 form.js 中添加对应的函数，代码如下：

```
//pages/form/form.js
Page({
  ...
  //更新日期
  dateChange: function(e) {
    let value = e.detail.value;
    this.setData({date: value});
  },
  //更新性别
  sexChange: function(e) {
    let i = e.detail.value;
    this.setData({sex: this.data.sexItem[i]});
  },
  //更新民族
  nationChange: function(e) {
    let i = e.detail.value;
    this.setData({nation: this.data.nationItem[i]});
  },
  //更新生源地
  provinceChange: function(e) {
    let province = e.detail.value;
    this.setData({province: province});
  },
  //更新学院
  collageChange: function(e) {
    let i = e.detail.value;
    this.setData({collage: this.data.collageItem[i]});
  },
  //更新专业
```

```
    majorChange: function(e) {
      let i=e.detail.value;
      this.setData({major:this.data.majorItem[i]});
    },
    //更新学籍状态
    stateChange: function(e) {
      let i=e.detail.value;
      this.setData({state:this.data.stateItem[i]});
    },
    //更新入学日期
    studateChange: function(e) {
      let value=e.detail.value;
      this.setData({studate: value});
    }
})
```

此时可以将滚动选择器修改的内容更新到页面中显示,效果如图 8-23 所示。

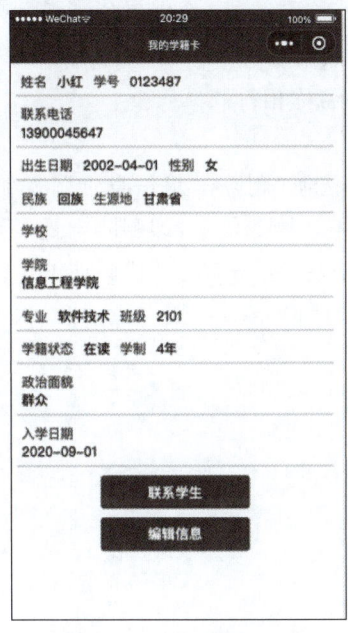

图 8-23　更新选择器效果

对比图 8-22 的初始效果,可以看到选择器能更新选择内容。

(2) 提交表单数据

在 form.wxml 页面＜form＞组件中的 submitForm 事件用于提交表单信息,在 pages/form/form.js 页面中原有函数的基础上添加该函数用于提交表单到本地缓存中,逻辑代码如下:

```
Page({
    ...
    //提交表单
    submitForm: function(e) {
      //同步保存表单数据
```

```
      wx.setStorageSync('mycard',e.detail.value)
      //保存成功返回首页
      wx.navigateBack()
    }
  })
```

任意填写数据后,单击"完成创建"按钮,可以看到页面返回首页。此时打开控制台 Storage 面板可以看到表单数据,如图 8-24 所示。

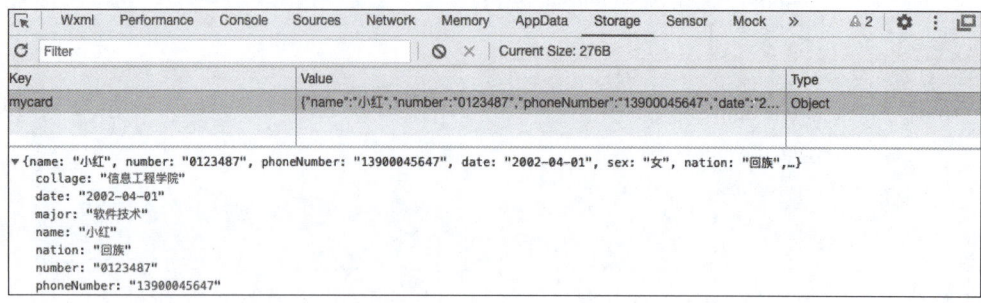

图 8-24　提交表单后控制台 Storage 面板预览

由图 8-24 可知,提交表单后数据成功保存在本地缓存中。其中,key 为"mycard",与首页判断是否存在数据时绑定的属性名称相符。

(3) 清除学籍信息卡数据

在 form.wxml 页面中,包含按钮"删除学籍信息卡",按钮组件中设置了 bindtap 事件处理函数 del_mycard,用于删除学生学籍卡信息,即删除本地缓存的信息。接下来修改 form.js 中的逻辑代码,添加对应的删除函数 del_mycard,代码如下:

```
Page({
  ...
  //删除本地缓存数据
  del_mycard: function() {
    wx.removeStorageSync('mycard')
    //删除成功后返回首页
    wx.navigateBack()
  }
})
```

保存编译后,可以观察到控制台的 Storage 面板中图 8-24 所示的数据全部被清除,读者可以自行运行查看。

3. 已经创建学籍卡的首页逻辑实现

前面几个步骤已经成功实现了创建学生学籍卡信息页,并且通过选择器以及文本输入框提交表单数据到本地缓存的功能。接下来需要将本地缓存中的数据读取到首页中进行显示。

(1) 读取本地缓存数据

打开 pages/index.index.js 页面,完成在 onShow 函数中获取本地缓存数据的功能,添加代码如下:

```
Page({
  ...
```

```
onShow: function() {
  //同步获取本地缓存数据
  let mycard=wx.getStorageSync('mycard')
  //更新动态数据
  this.setData({mycard: mycard})
}
})
```

接着修改 pages/index/index.wxml 中用于显示学生学籍信息的部分,改为动态绑定数据,修改后的代码如下:

```
<!--学生学籍卡创建后显示内容-->
<view wx:else>
  <view class="row_box">
    <label>姓名</label>
    <text>{{mycard.name}}</text>
    <label>学号</label>
    <text>{{mycard.number}}</text>
  </view>
  <view class="col_box">
    <label>联系电话</label>
    <text>{{mycard.phoneNumber}}</text>
  </view>
  <view class="row_box">
    <label>出生日期</label>
    <text>{{mycard.date}}</text>
    <label>性别</label>
    <text>{{mycard.sex}}</text>
  </view>
  <view class="row_box">
    <label>民族</label>
    <text>{{mycard.nation}}</text>
    <label>生源地</label>
    <text>{{mycard.province[0]}}</text>
  </view>
  <view class="col_box">
    <label>学校</label>
    <text>{{mycard.stuSchool}}</text>
  </view>
  <view class="col_box">
    <label>学院</label>
    <text>{{mycard.collage}}</text>
  </view>
  <view class="row_box">
    <label>专业</label>
    <text>{{mycard.major}}</text>
```

```
            <label>班级</label>
            <text>{{mycard.stuClass}}</text>
        </view>
        <view class="row_box">
            <label>学籍状态</label>
            <text>{{mycard.state}}</text>
            <label>学制</label>
            <text>{{mycard.stuYear}}年</text>
        </view>
        <view class="col_box">
            <label>政治面貌</label>
            <text>{{mycard.political}}</text>
        </view>
        <view class="col_box">
            <label>入学日期</label>
            <text>{{mycard.studate}}</text>
        </view>
        ...
</view>
```

编译运行后,效果如图 8-25 所示。

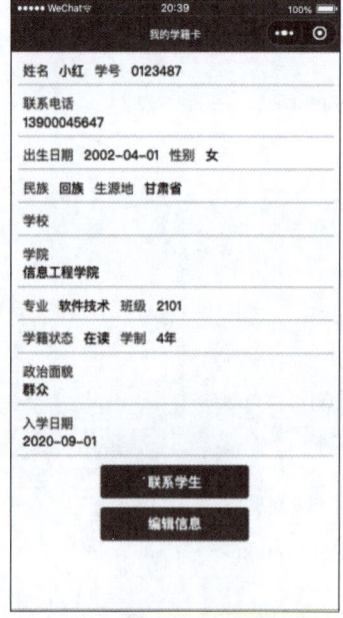

图 8-25 读取缓存数据展示在首页

由图 8-25 可见,首页已经成功读取到本地缓存数据并展示出来。

(2)点击按钮联系学生

编辑"联系学生"按钮,绑定自定义 tap 事件处理函数 phoneCall,相关代码如下:

pages/index/idnex.wxml 中为 button 组件添加 tap 事件:

```
<button bindtap="phoneCall">联系学生</button>
```

pages/index/index.js 页面中编辑 phoneCall 函数,代码如下:

```
Page({
  ...
  //打电话联系学生
  phoneCall: function() {
    let tel=this.data.mycard.phoneNumber
    wx.makePhoneCall({
      phoneNumber: tel,
    })
  }
})
```

运行效果如图 8-26 所示。

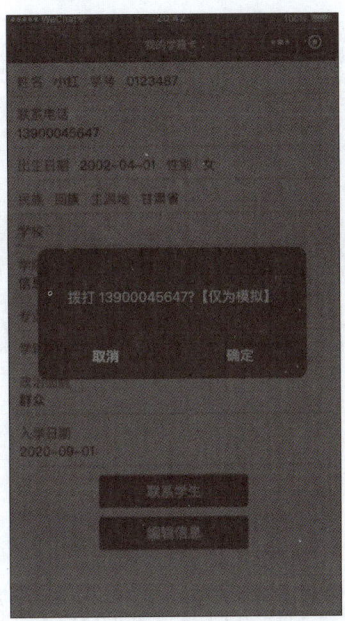

图 8-26　模拟联系学生电话提示

由图 8-26 可见,模拟器已经实现了模拟拨打电话的效果,读者可以使用其进行测试,模拟打电话过程。

(3)编辑信息按钮

编辑"编辑信息"按钮,添加自定义 tap 事件处理函数 gotoForm 完成页面的跳转功能,且在 index.js 页面逻辑中已经在首页跳转创建学生学籍卡页面时添加过,因此直接调用即可。需要更新 pages/form/form.js 中的 onLaod 函数,在页面加载时首先读取本地缓存数据,如果本地缓存数据存在则显示已经保存的数据,否则进行新一轮数据编辑。

在 pages/index/index.wxml 中添加 tap 事件:

```
<button bindtap="gotoForm">编辑信息</button>
```

此时虽然触发了之前的跳转页面函数,但是由于没有进行缓存数据判断,并没有实现读取数据功能,因此修改 pages/form/form.js 中代码进行加载时判断是否存在缓存数据逻辑,代码如下:

```
Page({
  ...
  //加载页面时判断是否有本地缓存数据
  onLoad: function(options) {
    let mycard=wx.getStorageSync('mycard')
    //如果有数据
    if(mycard!='') {
      this.setData({
        stuName: mycard.name,
        stuNum: mycard.number,
        date: mycard.date,
        sex: mycard.sex,
        nation: mycard.nation,
        province: mycard.province[0],
        stuSchool: mycard.school,
        collage: mycard.collage,
        major: mycard.major,
        stuClass: mycard.stuClass,
        state: mycard.state,
        stuYear: mycard.stuYear,
        stupolitical: mycard.political,
        studate: mycard.studate,
        phoneNumber: mycard.phoneNumber
      })
    }
  },
  ...
})
```

上述代码表示打开学生学籍卡创建页面时首先读取本地缓存数据,如果有数据则首先显示本地缓存数据。编译运行后,如果本地缓存中有数据,运行结果与图8-26所示一致,如果没有数据与图8-22初始状态一致。读者可以自行实验。

至此,完成了学生学籍卡小程序的项目训练,读者可以根据个人兴趣修改小程序中的显示项目保存在手机中。

拓展训练　微信小程序商城

【训练需求】

通过微信小程序商城项目训练,熟练掌握小程序数据缓存API的商城应用,用户可以在小程序内进行浏览商品、加入购物车、下单等操作。

【训练思路】

1. 使用微信小程序数据缓存API将用户的购物车信息缓存在本地,以便用户下次打开小程序时能够继续浏览之前加入购物车的商品。

2. 使用微信小程序数据缓存 API 将用户的历史浏览记录缓存在本地,用户可以方便地查看自己浏览过的商品。

3. 使用微信小程序数据缓存 API 将用户的收货地址缓存在本地,用户可以方便地在下单时选择之前使用过的收货地址。

4. 使用微信小程序数据缓存 API 将商品分类信息缓存在本地,用户可以在打开小程序时快速浏览商品分类。

注意事项:

1. 应该在用户登录时获取用户的购物车、历史浏览记录、收货地址等信息,以便在缓存中进行更新。

2. 应该在退出登录时清除缓存中的用户信息,避免数据泄露。

3. 应该定期清除缓存中过期的数据,以节省空间。

4. 应该在网络请求失败时使用缓存中的数据,以保证用户体验。

5. 应该在缓存数据时使用设备唯一标识,以便在多设备登录时区分用户数据。

项目小结

通过学习微信小程序数据缓存 API,并通过具体项目的实现学习到小程序中提供了一组 API 来帮助开发者管理数据缓存,如 wx.setStorage、wx.getStorage、wx.removeStorage 和 wx.clearStorage 等。这些 API 分为同步和异步两种,如 wx.setStorage 和 wx.setStorageSync。开发者可以通过这些 API 将数据存储到本地缓存中,读取、删除、清理本地缓存数据等。同时需要注意的是,小程序的数据缓存机制是基于本地存储的,存储空间有限,且存储的数据会因为用户清除数据或卸载小程序而丢失,因此不适合存储重要数据。

同步练习

一、单选题

1. 下列关于路由 API 说法错误的是( )。

A. wx.navigateBack()关闭当前页面,返回上一页面或多级页面

B. wx.redirectTo()跳转到应用内某个页面,关闭当前页面

C. wx.switchTab()跳转到 tabBar 页面,并关闭其他所有非 tabBar 页面

D. wx.switchTab()的 url 路径后可以带参数

2. 下列关于 wx.chooseImage()参数说法错误的是( )。

A. count 默认值为 9,最多选择的图片张数

B. sizeType 默认值为['original','compressed']

C. sourceType 默认值为['album','camera']

D. success 回调函数 res 参数,res.tempFiles 表示图片的本地临时文件路径列表

3. 下列关于 wx.chooseAddress(),success 返回值说法错误的是( )。

A. telNumber:收货人手机号码   B. cityName:市

C. postalCode:邮编   D. code:收货地址国家码

4. 下列关于 image 组件的 mode 有效值说法错误的是( )。

A. widthFix：宽度不变，高度自动变化，保持原图宽高比不变

B. scaleToFill：不保持纵横比缩放图片，使图片的宽高完全拉伸至填满 image 元素

C. aspectFill：图片在水平或垂直方向是完整的，另一个方向将会发生截取

D. top left：不缩放图片，只显示图片的左边区域

5. 关于 wx.request 属性描述正确的是（　　）。

A. 只能发起 HTTPS 请求

B. url 可以带端口号

C. 返回的 complete 方法，只有在调用成功之后才会执行

D. header 中可以设置 Referer

6. 下列关于 wx.request() 参数说法错误的是（　　）。

A. url 为开发者服务器接口地址

B. responseType 默认值 text 返回的数据格式

C. header 请求头

D. method 请求方法

7. 下列关于数据转换类型说法错误的是（　　）。

A. 对于 POST 方法且 header['content-type'] 为 application/json 的数据，会对数据进行 JSON 序列化

B. 对于 GET 方法的数据，会转换成 query

C. haeder 中可以设置 Referer

D. 对于 POST 方法且 header['content-type'] 为 application/x-www-form-urlencoded 的数据，会将数据转换成 query string

8. 下列关于 RequestTask 对象方法说法错误的是（　　）。

A. onHeadersReceived() 监听 HTTP Response Header 事件

B. abort 中断请求任务

C. onHeadersReceived() 晚于请求完成事件

D. offHeadersReceived() 取消监听 HTTP Response Header 事件

9. 下列关于 map 组件属性说法错误的是（　　）。

A. markers 用于在地图上显示标记的位置

B. controls 在界面上是绝对位置，可以随地图来回移动

C. controls 在地图上显示控件

D. polyline 显示路线

10. 下列关于 map 组件属性说法错误的是（　　）。

A. iconPath 显示的图标

B. alpha 标注的透明度

C. anchor 经纬度在标注图标的锚点，默认顶边中点

D. callout 自定义标记点上方的气泡窗口

二、判断题

1. image 组件中，mode 等于 top 表示裁剪，只显示图片的顶部区域。（　　）

2. wx.request() 只能发起 HTTPS 请求。（　　）

3. 对于 GET 方法的数据，会转换成 query。（　　）

4. 对于 POST 方法且 header['content-type'] 为 application/json 的数据，会将数据转换成 query string。　　　　　　　　　　　　　　　　　　　　　　　　　　（　　）

5. RequestTask.abort 中断请求任务。　　　　　　　　　　　　　　　　（　　）

6. wx.getSystemInfoSync() 为同步获取系统信息。　　　　　　　　　　（　　）

7. enable-scroll 表示是否支持旋转。　　　　　　　　　　　　　　　　（　　）

三、填空题

1. 异步的方式从本地缓存中移除指定 key 使用_____。

2. 将数据同步存储在本地缓存指定的 key 中使用_____。

3. 从本地缓存同步获取指定 key 内容使用_____。

4. 同步获取当前的 storage 的相关信息使用_____。

5. 同步的方式从本地缓存中移除指定 key 使用_____。

6. 使用_____指令，自动创建 package.json 模块。

7. 通过_____可以检查 session_key 是否失效。

8. _____是用户的会话密钥，需要存储在服务器中，调用获取用户信息等微信接口。

9. _____只能跳转到 tabBar 页面。

10. _____跳转到应用内某个页面，保留当前页面。

11. _____跳转到应用内某个页面，关闭当前页面。

12. 使用_____，从本地相册选择图片或使用相机拍照。

13. 使用_____，调起用户编辑收货地址原生界面。

项目 9

会议邀请函设计

知识目标

- 学习微信小程序位置 API 的基础知识。
- 掌握使用微信小程序位置 API 提供的获取位置及标记的方法。
- 掌握使用微信小程序位置 API 提供的选择位置及查看位置的方法。
- 掌握微信小程序提供的 map 组件与位置 API 综合使用的方法。

技能目标

- 掌握微信小程序位置 API 的使用,包括获取地理位置、使用地图组件和绘制标记。
- 理解微信小程序位置 API 的定位原理及与地图服务的交互方式。
- 能用位置 API 实现如附近推荐、商店定位等位置服务。
- 开发实用性微信小程序,实践位置 API 功能。

素质目标

- 加强科技素养,深化科技理解。
- 提高创新能力,便利生活应用。
- 培养实操能力,实现代码想法。
- 注重隐私政策,增强责任意识。

位置API
的简单介绍

9.1 知识准备

知识准备部分主要介绍微信小程序位置 API 中获取位置和查看位置,以及通过地图组件控制实现地图中位置坐标获取、位置移动、标记、缩放等功能,最后通过项目实施以完整会议邀请函形式实现其应用。

9.1.1 位置信息的获取和选择

众所周知,我们使用由经纬度组成的坐标系统来定义地球表面的任意角落,即地理坐标系统。例如,陕西省西安市陕西历史博物馆,其经纬度坐标:经度为 34.224 276,纬度为

108.955 297。

测量工作需要使用特定的坐标系作为基准,且不同国家有各自的测量基准和坐标系。微信小程序中使用两种类型的坐标系统,即 WGS-84 坐标和 GCJ-02 坐标。

(1) WGS-84(World Geodetic System 1984),是美国国防局为 GPS 在 1984 年建立的一种地心坐标系统,数据来源于遍布世界的卫星观测站所获得的坐标。

(2) GCJ-02 中文名称为"国家测量局 02 号标准",是中国国家测量局定制的地理信息系统的坐标系统。凡是国内出版的地图系统都必须至少采用该算法对地理位置数据进行首次加密。目前,微信开发者工具仅支持 GCJ-02 坐标。

1. 获取位置

微信小程序提供了 wx.getLocation(Object object)位置接口用于获取当前的地理位置、速度。当用户离开小程序后,此接口无法调用。接口中 Object 参数说明见表 9-1。

表 9-1　　　　　　　　wx.getLocation(Object object)参数说明

属性	类型	必填	说明
type	string	否	WGS-84 返回 GPS 坐标；GCJ-02 返回可用于 wx.openLocation 的坐标
altitude	boolean	否	传入 true 会返回高度信息,由于获取高度需要较高精确度,会减慢接口返回速度
isHighAccuracy	boolean	否	开启高精度定位
highAccuracyExpireTime	number	否	高精度定位超时时间(ms),指定时间内返回最高精度,该值为 3 000 ms 以上高精度定位才有效果
success	function	否	接口调用成功的回调函数
fail	function	否	接口调用失败的回调函数
complete	function	否	接口调用结束的回调函数,无论是否调用成功都执行

object.success 回调函数的返回参数说明见表 9-2。

表 9-2　　　　　　　object.success 回调函数的返回参数说明

属性	类型	说明
latitude	number	纬度,范围为 -90~90,负数表示南纬
longitude	number	经度,范围为 -180~180,负数表示西经
speed	number	速度,单位为 m/s
accuracy	number	位置的精确度
altitude	number	高度,单位为 m
verticalAccuracy	number	垂直精度,单位为 m
horizontalAccuracy	number	水平精度,单位为 m

官方文档中提供的 wx.getLocation(Object object)使用示例代码如下:

```
wx.getLocation({
  type: 'wgs84',
  success(res) {
    const latitude = res.latitude
    const longitude = res.longitude
```

```
        const speed=res.speed
        const accuracy=res.accuracy
    }
})
```

下面通过举例简单讲解微信小程序位置 API 中获取位置的应用方法。创建测试项目 Test9,同样不选用云开发以及程序模板。打开 Test9/pages/index/index.wxml 页面添加如下代码:

```
<!--index.wxml-->
<view class="title">1.获取位置 getLocation</view>
<view class="demo-box">
    <view class="title">wx.getLocation 接口</view>
    <map longitude="{{lon}}" latitude="{{lat}}"/>
    <button type="primary" bindtap="getLocation">获取位置</button>
    <view class="title">纬度:{{lat}}</view>
    <view class="title">经度:{{lon}}</view>
    <view class="title">速度:{{speed}}m/s</view>
    <view class="title">精确度:{{accuracy}}</view>
</view>
```

接下来打开 pages/index/index.wxss 进行样式设置,代码如下:

```
/* *index.wxss* */
.title {
    margin: 10rpx;
    font-size: 20px;
    font-style: bold;
    text-align: center;
}
.demo-box {
    border: 1px dotted gainsboro;
    height: 60%;
    align-items: center;
}
button {
    margin: 16rpx;
}
map {
    width: 100vw;
    height: 500rpx;
}
```

页面设计结束打开 pages/index.index.js 添加逻辑代码,用来获取指定位置的经纬度。代码如下:

```
//index.js
Page({
    //按钮 tap 事件
```

```
getLocation: function() {
  var that = this;
  //位置 API 中用于获取指定地点经纬度方法
  wx.getLocation({
    success: function(res) {
      that.setData({
        lat: res.latitude,
        lon: res.longitude,
        speed: res.speed,
        accuracy: res.accuracy
      })
    }
  })
}
})
```

此外需要注意,使用 wx.getLocation 接口需要在项目的 app.json 文件中添加用户授权,代码如下:

```
{
  ...
  "permission": {
    "scope.userLocation": {
      "desc": "请确认授权"
    }
  },
  ...
}
```

编译运行后,可以观察到运行效果如图 9-1～图 9-3 所示。

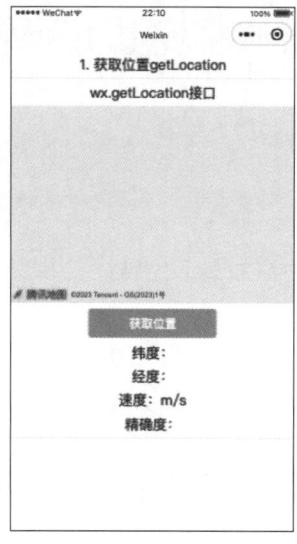

图 9-1 初始效果

图 9-2 用户位置授权

图 9-3 获取位置效果

微信小程序基础库版本不断升级完善,从基础库版本 2.17.0 开始,wx.getLocation 的使用增加了调用频率设置,且为了避免被滥用,暂只针对指定类目的小程序开放,需要先通过类目审核,再在小程序管理后台,"开发"→"开发管理"→"接口设置"中自助开通该接口权限。接口权限申请入口于 2022 年 3 月 11 日开始内测,于 3 月 31 日全量上线,并从 4 月 18 日开始,在代码审核环节将检测该接口是否已完成开通,如未开通,将在代码提审环节进行拦截。

因此,为了能够演示 wx.getLocation 接口的简单应用,本项目在选择调试基本库时选择了 2.16.1 版本,读者可以通过较低的调试基本库学习接口应用,在真正小程序开发时需要在小程序管理后台进行接口权限申请审核,读者可以通过阅读微信官方文档进行具体设置使用。

2. 选择位置

微信小程序允许在打开的地图上选择位置,使用接口 wx.chooseLocation(Object object) 来实现。该接口同样需要在 app.json 中进行用户授权 scope.userLocation。接口中常用参数说明见表 9-2。

表 9-2　　wx.chooseLocation(Object object) 常用参数说明

属性	类型	必填	说明
latitude	number	否	目标纬度
longitude	number	否	目标经度
success	function	否	接口调用成功的回调函数
fail	function	否	接口调用失败的回调函数
complete	function	否	接口调用结束的回调函数,无论是否调用成功都执行

在项目 Test9 中创建新页面 chooseloca,打开 app.json 文件,在"pages"中添加"pages/choodeloca/chooseloca"即可快捷创建新页面,打开 chooseloca.wxml 并添加如下代码:

```
<!--pages/chooseloca/chooseloca.wxml-->
<view class="title">2.选择位置 chooseLocation 应用</view>
<view class="demo-box">
    <view class="title">wx.chooseLocation 接口</view>
    <map longitude="{{lon}}" latitude="{{lat}}"/>
    <button type="primary" bindtap="chooseLocation">选择位置</button>
    <view class="title">纬度:{{lat}}</view>
    <view class="title">经度:{{lon}}</view>
    <view class="title">地点名称:{{name}}</view>
    <view class="title">地点地址:{{addr}}</view>
</view>
```

在样式文件中使用 import 引入样式模块,在 chooseloca.js 中添加如下代码:

```
//pages/chooseloca/chooseloca.js
Page({
    chooseLocation: function() {
        var that=this;
        wx.chooseLocation({
            success: function(res) {
                that.setData({
                    name: res.name,
```

```
          addr: res.address,
          lat: res.latitude,
          lon: res.longitude
        })
      }
    })
  }
})
```

编译运行后结果如图 9-4~图 9-6 所示。上述代码中，调用 wx.chooseLocation 选择位置信息，并在获取位置信息成功后调用 setData() 方法将位置信息数据渲染到 chooseloca.wxml 页面中。

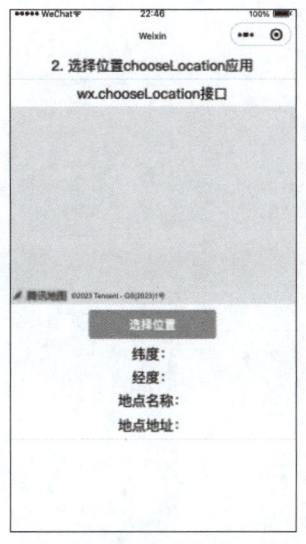

图 9-4　初始效果

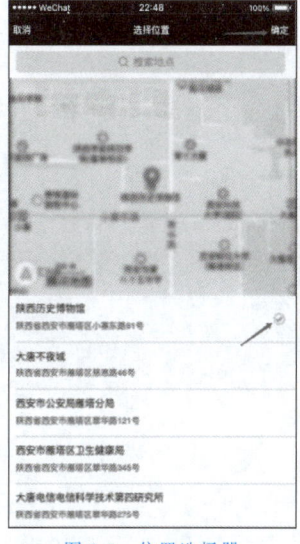

图 9-5　位置选择器

图 9-6　选择位置信息

3. 查看位置

微信小程序提供了 wx.openLocation(Object object) 接口，用于打开微信内置地图查看位置。使用本接口需要在 app.json 中进行用户授权 scope.userLocation。接口中 Object 常用参数说明见表 9-3。

表 9-3　wx.openLocation(Object object) 常用参数说明

属性	类型	必填	说明
latitude	number	是	纬度
longitude	number	是	经度
scale	number	否	缩放比例，默认值为18，范围为5~18
name	string	否	位置名
address	string	否	地址的详细说明
success	function	否	接口调用成功的回调函数
fail	function	否	接口调用失败的回调函数
complete	function	否	接口调用结束的回调函数，无论是否调用成功都执行

在项目 Test9 中创建新页面 openlocation，打开 app.json 文件，在"pages"中添加"pages/openlocation/openlocation"即可快捷创建新页面，打开 openlocation.wxml 并添加如下代码：

```
<!--pages/openlocation/openlocation.wxml-->
<view class="title">3.查看位置openLocation应用</view>
<view class="demo-box">
  <view class="title">wx.openLocation接口</view>
  <button type="primary" bindtap="openLocation">查看位置</button>
</view>
```

在pages/openlocation/openlocation.wxss页面引入样式模块：

```
@import'/pages/index/index.wxss'
```

在pages/openlocation/openlocation.js页面添加逻辑代码用于打开内置的腾讯地图,代码如下：

```
//pages/openlocation/openlocation.js
Page({
  openLocation: function() {
    wx.getLocation({
      type: 'gcj02', //返回可以用于wx.openLocation的经纬度
      success(res) {
        const latitude = res.latitude
        const longitude = res.longitude
        wx.openLocation({
          latitude,
          longitude,
          scale: 18
        })
      }
    })
  }
})
```

编译运行效果如图9-7和图9-8所示。

图9-7　页面初始效果

图9-8　查看当前位置

通过上述运行结果可以看出，调用微信小程序提供的 wx.openLocation 接口并获取用户授权后能够打开腾讯内置地图进行位置查看。

9.1.2　map 组件

map 组件常用于开发与地图相关的应用，提供了地图展示、交互、叠加点线面及文字等功能，同时支持个性化地图样式，可结合地图服务 API 实现更丰富功能。例如，打车软件、外卖软件、快递物流、导航系统等。可以通过指定经纬度，显示该区域的地图，还可以添加标记点、路线、控件等。常用的 map 组件属性见表 9-4。

表 9-4　　　　　　　　　　　　　map 组件常用属性

属性	类型	说明
longtitude	number	经度
latitude	number	纬度
scale	number	缩放级别，范围为 3~20，默认值为 16
markers	Array.<marker>	标记点
polyline	Array.<marker>	路线
circles	Array.<marker>	圆
show-location	boolean	显示带有方向的当前定位点，默认值为 false
bindmarkertap	eventhandle	点击标记点时触发，e.detail={markerId}
bindtap	eventhandle	点击地图时触发，2.9.0 起返回经纬度信息
bindupdated	eventhandle	在地图渲染更新完成时触发

表 9-4 中 markers、polyline、circles 的值的类型都是由对象组成的数组，这些对象的常用属性见表 9-5~表 9-7。

表 9-5　　　　　　　　　　　　markers 标记点常用属性列举

属性	类型	必填	说明
id	number	否	标记点 id，marker 点击事件回调会返回此 id
longtitude	number	是	经度
latitude	number	是	纬度
title	string	否	标注点名
zIndex	number	否	显示层级
iconPath	string	是	显示的图标，使用项目目录下的图片路径
rotate	number	否	旋转角度，顺时针旋转的角度，范围为 0~360，默认为 0
alpha	number	否	透明度，默认为 1，无透明，范围为 0~1
width	number	否	图片宽度，默认为图片实际宽度
height	number	否	图片高度，默认为图片实际高度
label	object	否	为标记点旁边增加标签

表 9-6　　　　　　　　　　　　　polyline 坐标点属性

属性	类型	必填	说明
points	Array.<marker>	是	经纬度数组，例如：[{latitude: 0, longitude: 0}]
color	string	否	线条颜色，8 位十六进制表示，后 2 位为透明度
width	number	否	线条宽度
dottedLine	boolean	否	是否虚线，默认值为 false

表 9-7　　　　　　　　　　　　　circles 圆属性

属性	类型	必填	说明
longtitude	number	是	经度
latitude	number	是	纬度
color	string	否	描边的颜色，8 位十六进制表示，后 2 位为透明度
fillColor	string	否	填充颜色，8 位十六进制表示，后 2 位为透明度
radius	number	是	半径
strokWidth	number	否	描边的宽度

接下来通过简单应用举例演示 map 组件应用。由于 map 组件需要给定经纬度，因此读者可以通过通信位置服务网站提供的坐标拾取器进行获取(https://lbs.qq.com/getPoint/)，打开网页如图 9-9 所示。

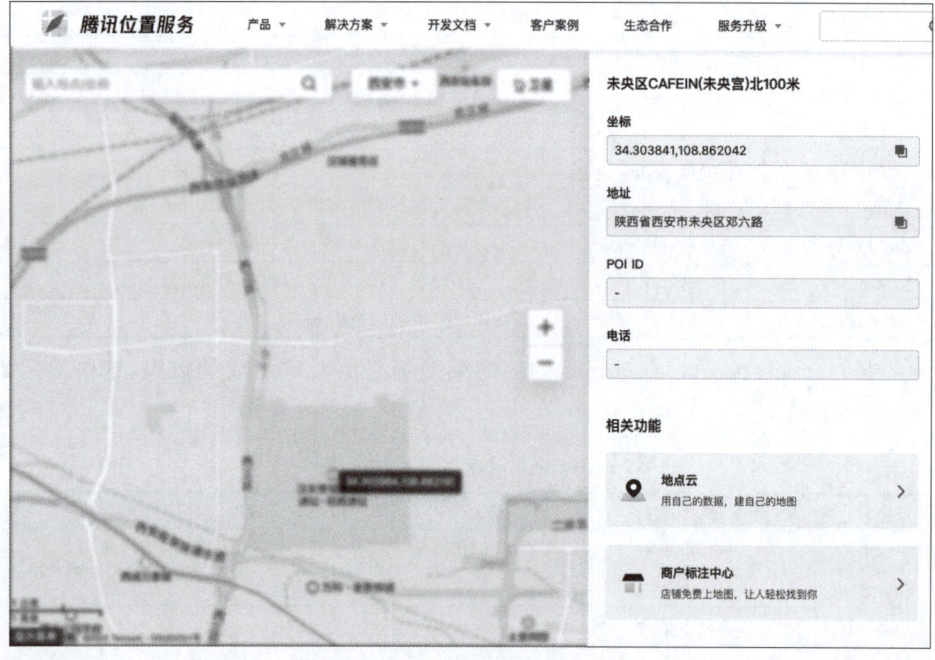

图 9-9　获取经纬度

在项目 Test9 中创建新页面 map，打开 app.json 文件，在"pages"中添加"pages/map/map"即可快捷创建新页面，打开 map.wxml 并添加如下代码：

```
<!--pages/map/map.wxml-->
<view class="title">4.map 组件应用</view>
<view class="demo-box">
  <view class="title">map 组件显示</view>
  <map longitude="{{longitude}}" latitude="{{latitude}}" scale="13"
  markers="{{markers}}" bindmarkertap="markedup"/>
</view>
```

打开 pages/map/map.wxss 页面添加下列 map 样式并导入之前的样式模块。

```
/* pages/map/map.wxss */
map {
  width: 100vw;
```

```
  height: 80vh;
}
@import'/pages/index/index.wxss'
```

最后，打开 pages/map/map.js 页面添加下列逻辑代码：

```
//pages/map/map.js
Page({
  data: {
    longitude: 108.963717,
    latitude: 34.292157,
    /*初始化标记点位置数据及标记点图标*/
    markers: [{
      iconPath: '/images/position02.png', id: 0,
      latitude: 34.292157, longitude: 108.963717, width: 50, height: 50
    }]
  },
  /*标记点函数时间,点击后根据经纬度坐标信息打开内置地图*/
  markedup: function() {
    wx.openLocation({
      latitude: this.data.latitude,
      longitude: this.data.longitude,
      name: '大明宫国家遗址公园',
      address: '陕西省西安市新城区紫宸东路'
    })
  }
})
```

保存上述代码后编译运行，可以看到如图 9-10 和图 9-11 所示内置地图。

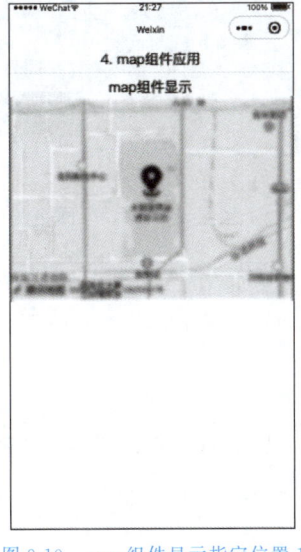
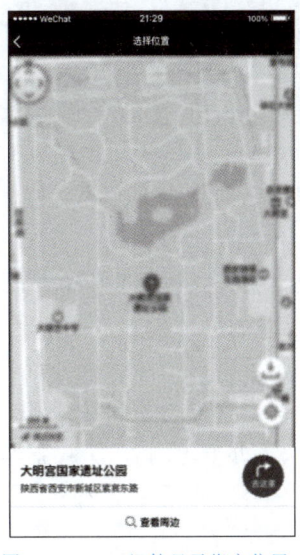

图 9-10　map 组件显示指定位置 1　　图 9-11　map 组件显示指定位置 2

9.2 项目实施

项目实施阶段综合运用知识准备阶段中掌握的位置 API 及 map 组件的知识创建一个基于微信小程序的会议邀请函,帮助用户熟练掌握获取位置、查看位置接口的使用方法以及地图组件相关接口应用。

任务 1　页面结构设计

1. 项目创建及页面结构规划

创建小程序 InvitationCard,后端服务选择"不使用云服务"模式,模板选择部分选取"不使用模板",选择自己的 AppID 后,单击"确定"按钮创建空白项目。

项目创建完毕后根目录的 pages 文件夹中会默认生成页面 index,表示小程序运行的第一个页面。本项目只需要保留首页 index 即可。

新建小程序导航栏默认为白底黑字的效果,如果想要改变该默认效果需要在项目的 app.json 文件中自定义导航栏标题和背景颜色,更改后的 app.json 代码如下:

```
{
  "pages": [
    "pages/index/index"
  ],
  "window": {
    "backgroundTextStyle": "light",
    "navigationBarBackgroundColor": "#084077",
    "navigationBarTitleText": "会议邀请",
    "navigationBarTextStyle": "white"
  },
  "style": "v2",
  "sitemapLocation": "sitemap.json"
}
```

上述代码更改后,所有页面的导航栏标题文本为"会议邀请",且导航背景颜色为蓝色。预览效果如图 9-12 所示。

读者可以根据自己的需要更换导航栏标题和背景色。

图 9-12　自定义导航栏效果

2. 页面设计

参考常见会议请柬样式再结合互联网可以定位的优势设计一个垂直滚动形式的小程序邀请函,方便展示会议中的各种内容且便于转发。设计示意图如图 9-13 所示。

根据上述设计图可以对设计区域进行规划:

标题部分主要展示会议的主题和背景,可以使用<view>组件进行设计;会议题目、时间部分展示会议标题、承办方等内容;会议嘉宾部分可以使用列表展示会议嘉宾的照片和名字;最后的会议地址部分可以使用 map 组件展示具体地点,且通过"查看详情"按钮展示对应路线等内容。

3. 页面结构 WXML 设计实现

设计好页面结构后,打开 pages/index/index.wxml 进行页面 WXML 的代码实现。

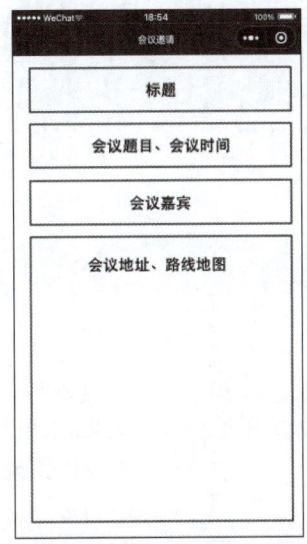

图9-13　页面设计图

(1) 整体设计

首先在页面中定义页面结构中 4 个区域的容器＜view＞，代码如下：

```
<!--index.wxml-->
<view class="box">
  <view class="title">邀请函</view>
  <view class="content"></view>
</view>
<view class="box">
  <view class="title">会议主题</view>
  <view class="content"></view>
</view>
<view class="box">
  <view class="title">会议嘉宾</view>
  <view class="content"></view>
</view>
<view class="box">
  <view class="title">会议地点</view>
  <view class="content"></view>
</view>
```

在 pages/index/index.wxss 页面中为首页的整体框架设置样式，代码如下：

```
/* * index.wxss整体样式 * */
.box {
  border: 2rpx solid #8b7820;
  color: #084077;
  margin: 16rpx;
  padding: 16rpx;
}
/* 标题样式 */
.title {
```

```
    font-size: 16pt;
    font-weight: bold;
    padding-bottom: 10rpx;
    border-bottom: 2rpx dashed #8b7820;
}
/* 区域中内容展示样式 */
.content {
    font-size: 12pt;
    margin: 10rpx 0;
    line-height: 80rpx;
}
```

编译运行后可以看到模拟器中页面框架运行效果如图 9-14 所示。

通过图 9-14 所示效果可以看出，页面中 4 个区域样式统一。

(2) 邀请函内容区域设计

会议标题"邀请函"区域需要使用<image>添加会议 Logo，代码如下：

```
<view class="box">
    <view class="title">邀请函</view>
    <image src="/images/logo.png" style="width:100%;" mode="widthFix"></image>
    <view class="content">
    </view>
</view>
```

(3) 会议主题时间题区域

会议题目时间区域只需要使用<text>文本组件追加文本说明即可，代码如下：

```
<view class="box">
    <view class="title">会议主题</view>
    <view class="content">
      <text>全国职业院校技能大赛竞赛指导与研究班 \n 主办方:全国职业院校技能大赛指导组 \n 承办方:某某职业技术学院 \n 协办方:大连理工大学出版社</text>
    </view>
</view>
```

编译运行后效果如图 9-15 所示。

(4) 会议嘉宾区域设计

会议嘉宾区域可以使用列表显示，每一行显示嘉宾头像和介绍。为了便于展示，在当前项目中以添加一位嘉宾为例，读者可以根据需要自行添加嘉宾内容。在 index.wxml 文件中添加如下代码：

```
<view class="box">
    <view class="title">会议嘉宾</view>
    <view class="content">
      <view class="item">
        <image src="/images/avatar09.png" class="avatar"/>
        <text>项目经理、信息工程学院教授</text>
      </view>
    </view>
</view>
```

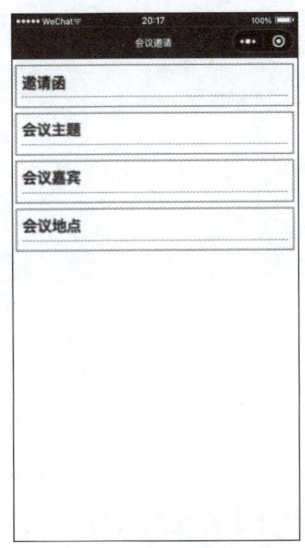

图 9-14　页面框架预览效果　　图 9-15　添加会议 Logo 以及主题后预览效果

本区域使用了列表形式展示嘉宾,因此需要在 pages/index/index.wxss 中添加对应样式,代码如下:

```
/* 嘉宾区域样式:列表 */
.item{
    display: flex;
    flex-direction: row;
    align-items: center;
    font-size: 12pt;
}
/* 嘉宾头像样式 */
.avatar {
    width: 400rpx;
    height: 300rpx;
    margin-right: 25rpx;
}
```

编译运行后效果如图 9-16 所示。

如果嘉宾人数较多,可以使用 wx:for 进行列表渲染循环展示嘉宾列表。

(5)会议地点区域设计

会议地点区域主要使用<text>组件进行地点时间描述,<map>组件实现地图预览效果并通过<button>组件实现查看地点详情的效果。首先在 pages/index/index.wxml 文件中修改会议地点区域代码:

```
<view class="box">
    <view class="title">会议地点</view>
    <view class="content">
        <text>2023 年 2 月 20 日—2023 年 2 月 25 日・西安</text>
        <map/>
        <button>查看详情</button>
```

```
        </view>
    </view>
```

在 pages/index/index.wxss 文件中设计对应样式,代码如下:

```
/* 地图组件样式 */
map {
    width: 100%;
    height: 400rpx;
}
/* 详情按钮样式 */
button {
    color: white;
    background-color: #084077;
}
```

此时,会议地点区域设计已完成,可以从当前地图组件中看到默认显示的地点在北京,后续可以根据会议需要重新指定地点的经纬度位置。运行效果如图9-17所示。

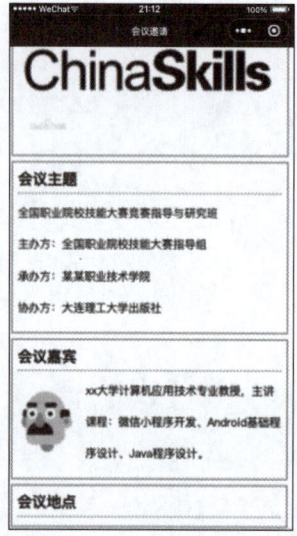

图9-16　会议嘉宾区域效果预览

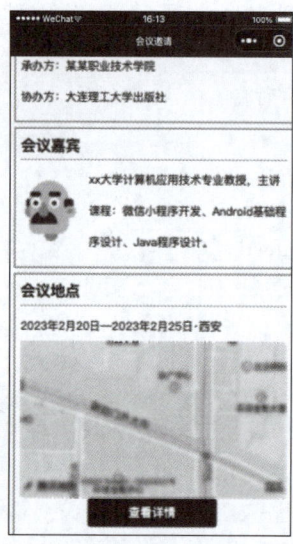

图9-17　会议地点区域预览

任务2　逻辑实现

1. 嘉宾列表更新显示

为了在嘉宾区域展示多位嘉宾列表,需要在嘉宾区域容器<view class="box">组件中添加 wx:for 属性实现重复渲染,实现列表循环展示,修改代码如下:

```
<view class="box">
    <view class="title">会议嘉宾</view>
    <view class="content">
        <view class="list_item" wx:for="{{guest}}" wx:for-item="item" wx:key="index">
            <image src="{{item.avatar}}" class="avatar" mode="aspectFit"/>
            <text>{{item.name}}</text>
        </view>
```

```
    </view>
  </view>
```

接下来在 pages/index/index.js 中添加初始化 data 数据 guest 数组,代码如下:

```
//index.js
Page({
  data: {
    guest: [
      {
        avatar: '/images/15.png',
        name: 'xx大学计算机应用技术专业教授,主讲课程:微信小程序开发、Android 基础程序设计、
        Java 程序设计.'
      },
      {
        avatar: '/images/avatar09.png',
        name: '软件工作室。主讲课程:微信小程序开发、Android 基础程序设计、Java 程序设计.'
      }]
  }
})
```

读者可以根据自己的需要添加嘉宾等具体内容,编译运行后效果如图 9-18 所示。

2. 更新地图

添加<map>组件后,在没有设置经纬度的情况下,默认显示地址为北京,因此假设会议地点在陕西工业职业技术学院(经纬度坐标为 34.407 598 和 108.626 124),则修改会议地点区域<map>组件中的属性值。通过单击"查询详情"按钮可以打开全屏地图进行查看,且在真机运行中还可以进行导航、定位等内容,因此为<button>组件添加 tap 事件,代码如下:

```
<view class="box">
  <view class="title">会议地点</view>
  <view class="content">
    <text>2023年2月20日—2023年2月25日·西安</text>
    <map latitude="{{latitude}}" longitude="{{longitude}}"/>
    <button bindtap="checkMap">查看详情</button>
  </view>
</view>
```

在 pages/index/index.js 中添加经纬度初始化数据以及按钮点击函数 checkMap,代码如下:

```
//index.js
Page({
  data: {
    latitude: 34.407598,
    longitude: 108.626124,
    guest: [...]
  },
  //按钮点击函数
  checkMap: function() {
```

```
    var that=this
    wx.openLocation({
      latitude:that.data.latitude,
      longitude:that.data.longitude,
    })
  }
})
```

编译运行后,效果如图 9-19 和图 9-20 所示。

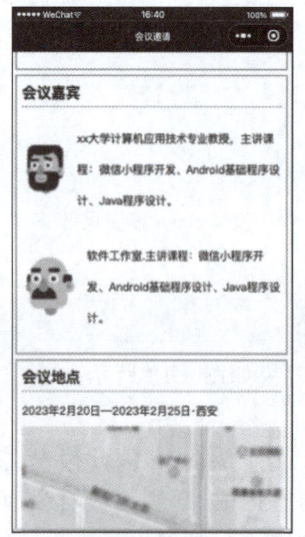

图 9-18　显示嘉宾列表区域效果

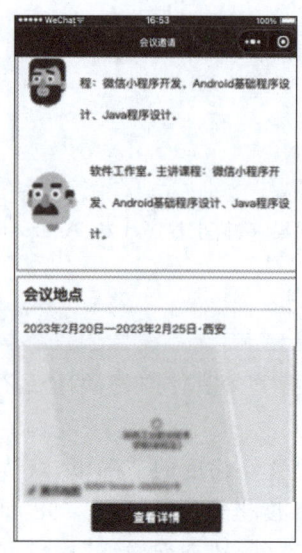

图 9-19　会议地点区域初始效果

图 9-20　点击"查看详情"按钮效果

此时,会议邀请函小程序已全部完成,开发者可以根据实际需要参考本项目制作各类邀请函内容。

拓展训练　微信小程序外卖应用

【训练需求】

实现通过微信小程序获取用户地理位置,并在地图上展示附近外卖餐厅,实现餐厅的搜索、详情页展示以及餐厅预订等功能。

【项目实现步骤】

1. 创建微信小程序项目,并在开发者工具中开启地图功能。

2. 使用微信小程序位置 API 获取用户当前位置,并在地图上展示用户位置。通过调用 wx.getLocation() 函数获取用户地理位置,并在成功回调函数中处理获取的数据。使用 map 组件展示地图,并使用 markers 标记附近的外卖餐厅位置。

3. 利用地图标记功能,在地图上标记附近的外卖餐厅位置。

4. 实现餐厅搜索功能,用户可以通过名称、类型等关键字搜索外卖餐厅。创建搜索输入框,并在输入框中进行搜索。可以使用 wx.request() 函数请求后台接口,并在成功回调函数中处理搜索结果。

5. 实现餐厅详情页，在详情页中展示餐厅信息、评论以及菜单等。通过创建详情页，并调用 wx.navigateTo() 函数在点击餐厅名称时跳转到详情页。在详情页中，使用 wx.request() 函数请求后台接口，获取餐厅详情信息。

6. 实现预订功能，用户可以通过小程序进行预订。在详情页中添加预订按钮，单击按钮触发预订事件。调用 wx.request() 函数向后台接口发送预订请求，在成功回调函数中提示预订成功。

7. 测试和调试，确保所有功能正常工作。

项目小结

本项目主要介绍了微信小程序中位置 API 的基础知识和项目实施的相关内容。通过本项目的学习，可以掌握以下几个方面的知识：

（1）掌握微信小程序中位置 API 的基础知识，包括获取用户位置、授权和错误处理等方面。

（2）掌握微信小程序中位置 API 的应用场景，如定位功能、导航功能、位置搜索功能等。

（3）掌握微信小程序中位置 API 的实现方法，包括 API 接口的使用、参数的设置、返回结果的处理等。

（4）了解位置 API 的项目实施，包括定位功能的实现、导航功能的实现、位置搜索功能的实现等。

在今后的实践中，我们应该不断探索位置 API 的更多应用场景，并且要不断优化小程序的用户体验和交互性，为用户提供更加优质的服务。同时，在使用位置 API 的过程中，我们也需要遵守相关的法律法规和道德准则，保护用户隐私和信息安全。通过综合项目实施，让初学者由浅入深地掌握了位置 API 的常用接口应用与 map 组件的综合应用，能够根据本节内容制作各类邀请函。

同步练习

一、单选题

1. 微信小程序中获取用户当前地理位置的 API 是（   ）。

   A. wx.getLocation   B. wx.getPosition

   C. wx.getCurrentLocation   D. wx.findLocation

2. 在微信小程序中，要在地图上显示一个标记，应该使用（   ）组件。

   A. map   B. marker   C. location   D. point

3. 微信小程序中，实现逆地理编码（将经纬度转换为具体地址）的 API 是（   ）。

   A. wx.reverseGeocode   B. wx.getAddress

   C. wx.translateLocation   D. wx.convertPosition

4. 以下选项中，不是微信小程序地图组件属性的是（   ）。

   A. longitude   B. latitude   C. scale   D. zoom

5. 微信小程序中，监听地图区域变化事件的是（   ）。

   A. bindregionchange   B. onmapchange   C. bindareachange   D. onlocationupdate

6. 在微信小程序中,要实现周边搜索功能(如附近餐厅),应使用(　　)API。
   A. wx.nearbySearch　　　　　　　　B. wx.aroundSearch
   C. wx.getSurroundingPoi　　　　　　D. 没有直接的 API,需要组合使用多个 API
7. 微信小程序地图组件的默认缩放级别是(　　)。
   A. 1　　　　　　B. 10　　　　　　C. 14　　　　　　D. 18
8. 微信小程序中,获取用户地理位置信息时,可以通过(　　)参数设置定位类型(如 WGS84)。
   A. type　　　　　B. locationType　　　C. coordinateSystem　　D. positionType
9. 在微信小程序中,可以监听地图标记的点击事件的 API 是(　　)。
   A. bindmarkertap　　B. onmarkerclick　　C. bindmarkerpress　　D. markertap

二、填空题

1. 微信小程序中获取地理位置信息需要用户授权,授权的 API 是_____。
2. 在微信小程序地图组件中,用于设置地图中心点的属性是_____和_____。
3. 微信小程序中实现地图上画圆的 API 是_____。
4. 微信小程序中,要实现地图的拖拽功能,需要设置地图组件的_____属性为 true。
5. 微信小程序位置 API 中,获取用户当前位置的精度信息可以通过_____属性获取。
6. 在微信小程序中,使用地图组件时,可以通过设置_____属性来控制地图的缩放级别。
7. 微信小程序中,要实现地图的缩放功能,需要设置地图组件的_____属性为 true。
8. 微信小程序位置 API 返回的数据中,包含用户所在位置的详细地址信息的是_____字段。
9. 在微信小程序中,使用_____API 可以获取设备的方向信息。
10. 微信小程序地图组件中,用于自定义地图样式的属性是_____。

三、简答题

1. 简述微信小程序位置 API 获取用户地理位置信息的流程。
2. 如何在微信小程序中使用地图组件显示一个标记?
3. 描述微信小程序中实现周边搜索功能(如附近餐厅)的一般步骤。
4. 谈谈你对微信小程序位置 API 在开发实际项目中的应用场景的看法。

项目 10

设计实现模拟时钟

知识目标

- 学习微信小程序中的绘图 canvas 组件基础知识。
- 掌握使用 canvas 组件提供的基本方法完成图像绘制。
- 掌握 canvas 组件提供的 API 对象的功能。

技能目标

- 通过实现模拟时钟掌握 canvas 的用法。
- 熟悉 canvas 的 API 对象的使用。
- 通过项目实现掌握项目分析的方法以及 canvas 的用法。

素质目标

- 体验公正公平，优化用户交互。
- 强化隐私保护，维护网络权益。
- 推动技术创新，促进社会进步。
- 丰富文化内容，满足精神需求。
- 加强思政教育，提升政治素养。

10.1 知识准备

10.1.1 canvas 组件

1. 组件介绍

canvas（画布）组件是小程序中的原生组件，默认宽度 300 px×225 px。同一页面中，canvas-id 是唯一标识符，如果该标识符重复则＜canvas＞标签对应的画布将被隐藏无法正常工作。canvas 的常用属性见表 10-1。

表 10-1　　　　　　　　　　　　　canvas 常用属性

属性	类型	说明
type	string	指定 canvas 类型
id	string	canvas 唯一标识符,若指定了 type 则无须再指定该属性
disable-scroll	boolean	当在 canvas 中移动且有绑定手势事件时,禁止屏幕滚动以及下拉刷新
bindtouchstart	eventhandle	手指触摸动作开始
bindtouchmove	eventhandle	手指触摸后移动
bindtouchend	eventhandle	手指触摸动作结束
bindtouchcancel	eventhandle	手指触摸动作被打断,如弹窗、来电提醒等
bindlongtap	eventhandle	手指长按 500 ms 之后触发,触发了长按事件后进行移动不会触发屏幕的滚动
binderror	eventhandle	当发生错误时触发 error 事件,detail={errMsg}

表 10-1 中具体介绍了 canvas 的属性,包括一系列的动作事件,如手指触屏动作开始、移动、结束以及中断等事件。接下来通过简单案例演示介绍 canvas 的基本用法。创建测试项目 Test10,同样不选用云开发以及程序模板。想要使用 canvas,首先需要在页面中添加＜canvas＞标签。打开 Test10/pages/index/index.wxml 页面添加如下代码：

```
<!--index.wxml-->
<canvas type="2d" id="myCanvas"/>
```

为了方便查看 canvas 组件大小,通过 index.wxss 设置带颜色值的边框,代码如下：

```
/**index.wxss**/
canvas{
    width: 300px;
    height: 300px;
    border: 1rpx solid red;
}
```

编译运行后,效果如图 10-1 所示。可以看到页面空白且边框为红色。如果想要在页面中绘制图形则需要通过 JS 代码实现。

2. 使用 canvas 绘制图形

使用 canvas 绘图是在 JS 中通过对 canvas 的控制来进行的。接下来通过举例说明如何在 canvas 中进行基本的图形绘制,以绘制矩形为例。打开 pages/index/index.js 文件,在 onReady()函数中添加如下代码：

```
//index.js
Page({
    onReady: function() {
        //1.获取 canvas 对象和渲染上下文
        wx.createSelectorQuery()
        //WXML 中画布组件的 id
        .select('#myCanvas').fields({node: true,size: true})
        //2.执行回调函数,将画布中的请求结果按照请求次序构成数组
        .exec((res)=>{
```

```
        //3.创建画布对象
        const canvas=res[0].node
        //4.创建画布上下文
        const ctx=canvas.getContext('2d')
        //5.获取系统同步信息中的像素信息
        const dpr=wx.getSystemInfoSync().pixelRatio
        //6.初始化canvas画布大小
        canvas.width=res[0].width * dpr
        canvas.height=res[0].height * dpr
        ctx.scale(dpr, dpr)
        //7.进行绘制
        //填充颜色
        ctx.fillStyle='rgb(200,0,0)'
        //画一个矩形
        ctx.fillRect(10, 20, 100, 200)    //ctx.fillRect(x, y, width, height)
      })
    }
  })
```

上述代码中ctx.fillRect(x, y, width, height)的四个参数分别表示绘制图形的左上角坐标以及矩形的宽高。通过运行上述代码,可以在页面上看到一个 100 px×200 px 并且填充为红色的矩形,如图10-2所示。

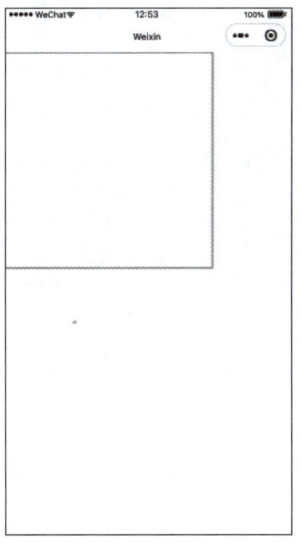
图 10-1　默认 canvas 组件效果

图 10-2　绘制矩形预览

通过上述案例可以掌握canvas绘图的基本步骤。

10.1.2　canvas 对象相关方法

接下来修改上述代码,删除绘制矩形的逻辑代码,学习利用canvas对象中的相关方法在页面中绘制出简单笑脸。打开 pages/index/index.js 文件,修改后代码如下:

```
//index.js
Page({
  onReady：function() {
    ...
    //设置线条颜色和线宽
    ctx.strokeStyle="#ff0000";
    ctx.lineWidth=2;
    //移动画笔坐标,绘制外部圆形
    ctx.moveTo(160, 100);//移动至坐标(160, 100)
    ctx.beginPath();//开始新路径
    ctx.arc(100, 100, 60, 0, 2*Math.PI, true);
    //移动画笔坐标,绘制嘴巴线条
    ctx.moveTo(140, 100);
    ctx.arc(100, 100, 40, 0, Math.PI, false);
    //移动画笔坐标,绘制左眼
    ctx.moveTo(85, 80);
    ctx.arc(80, 80, 5, 0, 2*Math.PI);
    //移动画笔坐标,绘制右眼
    ctx.moveTo(125, 80);
    ctx.arc(120, 80, 5, 0, 2*Math.PI);
    ctx.stroke();
  }
})
```

执行上述代码后,页面运行效果如图 10-3 所示。

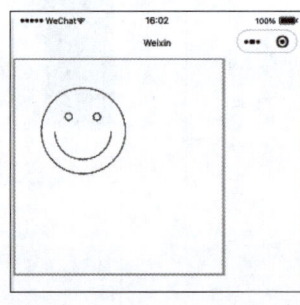

图 10-3 笑脸

上述代码中,ctx 表示 canvas 画布对象,通过该对象的属性和方法完成具体工作。上述代码中涉及的画布方法有:

(1) canvas.arc

本方法用于创建一条弧线,包括 6 个参数,分别为:圆点 x 坐标、圆点 y 坐标、圆的半径、起始弧度(3 点钟方向)、终止弧度、弧度方向是否为逆时针。因此创建一个圆时可以指定它的起始弧度为 0,终止弧度为 2*Math.PI。

(2) canvas.moveTo

本方法可以用于将路径移动到画布中的指定位置,不创建线条。使用 stroke 方法来画线条。包含两个参数:目标位置的 x 坐标、目标位置的 y 坐标。

(3) canvas.beginPath

本方法用于设置起始一条路径,或创建一条新的路径。

(4) canvas.rect

本方法用于创建一个矩形路径。需要使用 fill 或者 stroke 进行填充或描边将矩形真正绘制到 canvas 中。包含 4 个参数,分别为:矩形路径左上角的横坐标 x、矩形路径左下角的纵坐标 y、矩形路径的宽度 width 以及矩形路径的高度 height。

(5) canvas.lineTo

使用本方法新增一个点,然后创建一条从上次指定点到目标的线。使用 stroke 方法来绘制线条。

10.2 项目实施

任务 1 时钟界面设计

1. 项目创建及页面规划

创建小程序 MyClock,后端服务选择"不使用云服务"模式,模板选择部分选取"不使用模板",选择自己的 AppID 后,单击"确定"按钮创建空白项目。

项目创建完毕后根目录的 pages 文件夹中会默认生成页面 index,表示小程序运行的第一个页面。本项目只需要保留首页 index 即可。新建小程序导航栏默认为白底黑字的效果,如果想要改变该默认效果需要在项目的 app.json 文件中自定义导航栏标题和背景颜色,更改后的 app.json 代码如下:

```
{
  "pages": [
    "pages/index/index"
  ],
  "window": {
    "backgroundTextStyle": "light",
    "navigationBarBackgroundColor": "#CD5555",
    "navigationBarTitleText": "我的时钟",
    "navigationBarTextStyle": "white"
  },
  "style": "v2",
  "sitemapLocation": "sitemap.json"
}
```

上述代码编译运行后,可以从模拟器中预览到小程序标题栏改为"我的时钟",且背景色为红色,字体颜色为白色,效果如图 10-4 所示。

图 10-4 自定义标题栏

2. 页面布局设计

为了更好地展示时钟效果,可以在页面上以垂直居中的形式展示标题、手绘时钟以及电子时钟样式。可以将页面划分为两大区域:canvas 画布区域,用来展示手绘时钟;文字区域,显示标题以及电子时钟。布局结构如图 10-5 所示。

3. 页面布局 WXML 设计

设计出整体框架布局后,打开项目 pages/index/index.wxml 进行页面结构代码实现。

(1)整体设计并添加标题

定义整体区域容器为＜view＞组件并在容器中添加标题区域内容。代码如下:

```
<!--index.wxml-->
<view class="container">
  <text>Clock Time</text>
</view>
```

在 index.wxss 中添加对应样式内容,代码如下:

```
/* * index.wxss * */
/* 整体容器样式 */
.container {
  height: 100vh;
  display: flex;
  flex-direction: column;
  align-items: center;
  justify-content: space-around; /* 调整内容间隙 */
}
/* 文本样式 */
text {
  font-size: 38pt;
  font-weight: bold; /* 字体加粗 */
}
```

编译运行后效果如图 10-6 所示。

(2)数字电子时钟区域

数字电子时钟区域需要使用＜text＞组件实现,在 index.wxml 页面中添加如下代码:

```
<view class="container">
  <text>Clock Time</text>
  <text>12:00:00</text>
</view>
```

上述代码中的事件文本为临时效果,后续将通过逻辑代码替换为真实事件信息。

(3)手绘时钟区域

手绘时钟区域需要使用＜canvas＞组件实现,在 index.wxml 页面中添加如下代码:

```
<view class="container">
  <text>Clock Time</text>
  <text>12:00:00</text>
  <canvas canvas-id="myClock"/>
</view>
```

接着在 index.wxss 中添加手绘时钟的样式代码：

```css
/*画布样式*/
canvas{
  width: 600rpx;
  height: 600rpx;
  border: 1px solid red;
}
```

编译运行后可以看到效果如图 10-7 所示。

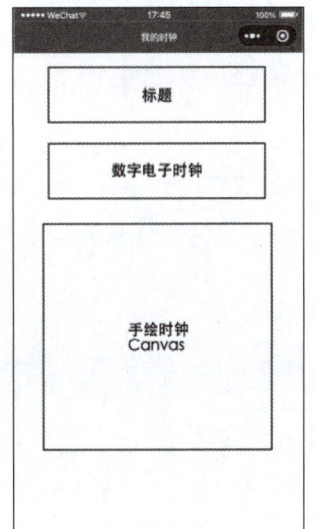

图 10-5　页面布局结构设计　　　　图 10-6　标题区域预览　　　　图 10-7　模拟时钟预览效果

任务 2　逻辑实现

1.创建画布上下文

首先，需要根据画布组件 canvas 的 id 属性在对应的 index.js 文件中生命周期函数 onLoad 中创建画布上下文，之后才可以进行绘制工作。打开 index.js 文件添加代码如下：

```javascript
//index.js
Page({
  onLoad: function() {
    //1.获取 canvas 对象和渲染上下文
    this.ctx = wx.createCanvasContext('myClock')
  }
})
```

此时可以通过代码测试画布上下文是否已经生效，在上述代码后面添加两句临时代码绘制矩形测试，代码如下：

```javascript
Page({
  onLoad: function() {
    ...
    //test:绘制矩形
```

```
    //填充颜色
    ctx.fillStyle='red'
    //画一个矩形
    ctx.fillRect(0, 0, 300, 300)    //ctx.fillRect(x, y, width, height)
  }
})
```

此时运行效果如图10-8所示。

由图10-8可见,此时画布上下文已经创建文笔,可以进行简单的图形绘制工作了。测试完成后删除测试矩形绘制代码,正式添加电子手绘时钟。

2. 绘制时钟刻度

在index.js文件中创建自定义函数myClockCanvas用于进行时钟绘制,并在onLoad函数中进行调用。打开index.js文件,修改代码片段如下:

```
//index.js
Page({
  /*加载*/
  onLoad: function() {
    ...
    //绘制时钟
    this.myClockCanvas()
  },
  /*绘制时钟*/
  myClockCanvas: function() {
    /*1.准备工作*/
    //定义时钟宽高,默认单位 px
    let width=350, height=350
    //获取画布上下文对象
    var ctx=this.ctx
    //设置画布中心为参考点
    ctx.translate(width/2, height/2)
    //逆时针旋转画布 90°
    ctx.rotate(-Math.PI/2)
  }
})
```

上述代码中,首先定义电子手绘时钟的画面尺寸宽高均为350像素,并获取画布上下文对象;然后调用translate()方法将时钟参考点移到画布的中心坐标处,以中心坐标为参考点进行变形、位移、旋转等设置。由于画布默认水平向右进行圆弧绘制,因此调用rotate()方法进行逆时针旋转进行绘制。

(1)绘制小时刻度

首先绘制12小时对应刻度,相邻刻度之间为30°,换算为弧度单位后是π/6。因此使用for循环进行循环12次,从之前设置的水平向上的方向开始绘制刻度,再调用rotate()方法顺时针旋转30°继续绘制下一条即可。具体代码如下:

```
//index.js
Page({
  /*加载*/
  onLoad: function() {
    ...
  },
  /*绘制时钟*/
  myClockCanvas: function() {
    ...
    /*2-1 绘制小时刻度*/
    //设置线条粗细
    ctx.lineWidth=5
    //设置线条末端样式
    ctx.lineCap='round'
    //绘制12小时刻度
    for(let i=0; i<12; i++) {
      //开始路径
      ctx.beginPath()
      //从(100,0)绘制到(120,0)
      ctx.moveTo(100, 0)
      ctx.lineTo(120, 0)
      //描边
      ctx.stroke()
      //画布顺时针旋转30°
      ctx.rotate(Math.PI/6)
    }
  }
})
```

运行后效果如图10-9所示。

(2)绘制分钟刻度

绘制完毕后接着绘制60分钟对应的刻度,相邻两个刻度之间的间隔为6°,换算成弧度单位为π/30。因此可以使用for循环语句循环60次,从之前设置的水平向上的方向开始绘制刻度,再调用rotate()方法顺时针旋转6°继续绘制下一条即可。具体代码如下:

```
//index.js
Page({
  /*加载*/
  onLoad: function() {
    ...
  },
  /*绘制时钟*/
  myClockCanvas: function() {
    ...
```

```
    /*2-1 绘制小时刻度*/
    ...
    /*2-2 绘制分钟刻度*/
    ctx.lineWidth=5
    ctx.lineCap='round'
    for(let i=0;i<60;i++){
      ctx.beginPath()
      ctx.moveTo(118,0)
      ctx.lineTo(120,0)
      ctx.stroke()
      ctx.rotate(Math.PI/30)
    }
  }
})
```

运行效果如图 10-10 所示。

图 10-8　画布上下文临时使用效果

图 10-9　绘制小时刻度效果

图 10-10　绘制分钟刻度效果

由图 10-10 可见，当前手绘时钟的全部刻度绘制完毕，接下来开始绘制时钟的指针。

3. 绘制时钟指针

绘制时钟指针时需要获取当前事件信息，依次在 index.js 中创建自定义函数 getSystemTime()用来获取当前系统时间，并在 myClockCanvas()绘制时钟函数中进行调用。具体代码如下：

```
//index.js
Page({
  /*获取当前系统时间*/
  getSystemTime:function(){
    let now=new Date()           //获取当前时间日期对象
    let time=[]                  //声明一个空数组用于存放时、分、秒
    time[0]=now.getHours()       //获取小时
```

```
        time[1]=now.getMinutes()
        time[2]=now.getSeconds()
        //24 小时转换成 12 小时
        if(time[0]>12){
            time[0] -= 12
        }
        //返回时、分、秒数组
        return time
    },
    /*加载*/
    ...
    /*绘制时钟*/
    myClockCanvas:function(){
        /*1.准备工作*/
        ...
        /*2-2 绘制分钟刻度*/
        ...
        /*3.获取当前时间*/
        let time=this.getSystemTime()   //调用方法获取当前系统时间
        let h=time[0]
        let m=time[1]
        let s=time[2]
        //console.log(time)
    }
})
```

保存编译后,开发者可以通过 consloe.log(time)语句在控制台测试是否获取当前系统时间。获取系统时间后即可继续开始绘制时针、分针和秒针,用于在表盘中显示时间。

(1)绘制时针

成功获取当前系统时间以后,首先进行时针绘制,以 12 点方向的刻度为参照,当前时针顺时针旋转角度计算方法如下:

时针的角度＝360°/12 h ＋ 360°/12/60/60 s

换算成弧度单位的计算方法如下:

时针的弧度＝π/6 h ＋ π/360 m ＋ π/21 600 s

因此,通过上述公式计算出时针需要旋转的弧度后进行绘制。具体代码如下:

```
//index.js
Page({
    /*获取当前系统时间*/
    ...
    /*绘制时钟*/
    myClockCanvas:function(){
        /*1.准备工作*/
        ...
```

```
        /*2-1 绘制小时刻度*/
        ...
        /*2-2 绘制分钟刻度*/
        ...
        /*3.获取当前时间*/
        ...
        /*4.绘制时钟指针*/
        /*4-1 绘制时针*/
        //保存当前绘图状态
        ctx.save()
        //旋转角度
        ctx.rotate(h * Math.PI/6 + m * Math.PI/360 + s * Math.PI/21600)
        //设置线条粗细
        ctx.lineWidth = 12
        //绘制路径
        ctx.beginPath()
        //绘制角度,从(-20,0)到(80,0)
        ctx.moveTo(-20,0)
        ctx.lineTo(80,0)
        //描边路径
        ctx.stroke()
        //恢复之前保存的绘图样式
        ctx.restore()
    }
})
```

保存编译后,当前小程序效果如图 10-11 所示。

(2)绘制分针

时针绘制完毕后继续绘制分针,同样以 12 点方向刻度为参照,此时分针需要顺时针旋转的角度为:

分针角度 = 360°/60 m + 360°/60/60 s

换算成弧度单位计算公式如下:

分针的弧度 = π/30 m + π/1800 s

通过上述公式计算出分针需要旋转的弧度,然后进行分针绘制,具体代码如下:

```
//index.js
Page({
    /*获取当前系统时间*/
    ...
    /*绘制时钟*/
    myClockCanvas: function() {
        /*1.准备工作*/
        ...
        /*2-1 绘制小时刻度*/
```

```
        ...
        /*2-2 绘制分钟刻度*/
        ...
        /*3.获取当前时间*/
        ...
        /*4.绘制时钟指针*/
        /*4-1 绘制时针*/
        ...
        /*4-2 绘制分针*/
        //保存当前绘图状态
        ctx.save()
        //旋转弧度
        ctx.rotate(m*Math.PI/30＋s*Math.PI/1800)
        //设置分针线条粗细
        ctx.lineWidth=8
        //开始绘制路径
        ctx.beginPath()
        ctx.moveTo(-20,0)
        ctx.lineTo(112,0)
        ctx.stroke()
        ctx.restore()
    }
})
```

编译运行后,分针绘制结果如图10-12所示。

图10-11　绘制时针效果　　　图10-12　绘制分针结果

(3)绘制秒针

完成时针和分针的绘制后,最后进行秒针的绘制。同样以12点方向的刻度为参考,当前秒针需要顺时针旋转的角度为:

秒针的角度＝360°/60s

换算成弧度单位：

秒针的弧度＝π/30s

根据上述公式计算秒针需要旋转的弧度进行编码绘制，代码如下：

```
//index.js
Page({
  /*获取当前系统时间*/
  ...
  /*绘制时钟*/
  myClockCanvas：function() {
    /*1.准备工作*/
    ...
    /*2-1 绘制小时刻度*/
    ...
    /*2-2 绘制分钟刻度*/
    ...
    /*3.获取当前时间*/
    ...
    /*4.绘制时钟指针*/
    /*4-1 绘制时针*/
    ...
    /*4-2 绘制分针*/
    ...
    /*4-3 绘制秒针*/
    ctx.save()
    ctx.rotate(s * Math.PI/30)
    //设置画笔描边颜色为红色
    ctx.strokeStyle='red'
    ctx.lineWidth=3
    ctx.beginPath()
    ctx.moveTo(-30, 0)
    ctx.lineTo(120, 0)
    ctx.stroke()
    //设置填充颜色为红色
    ctx.fillStyle='red'
    ctx.beginPath()
    //绘制圆弧
    ctx.arc(0, 0, 10, 0, Math.PI*2, true)
    //填充圆弧
    ctx.fill()
    ctx.restore()
    //在画布中全部绘制出来
```

```
        ctx.draw()
    }
})
```

保存编译后,效果如图 10-13 所示。通过图 10-13 可以看到,此时已经完成了时钟全部指针的绘制,接下来需要进行实时更新电子时钟的信息。

4. 实时显示数字电子时钟

通过上述 JS 逻辑代码编译,已经实现了全部指针的绘制。接下来编辑电子时钟实时显示系统当前时间的方式。

在 WXML 结构文件中修改文本组件显示,将逻辑代码中获取的系统时间的 h、m、s 进行渲染绑定。代码如下:

WXML(pages/index/index.wxml)中代码片段修改如下:

```
<!--index.wxml-->
<view class="container">
  <text>Clock Time</text>
  <text>{{h}}:{{m}}:{{s}}</text>
  <canvas type="2d" id="myClock"/>
</view>
```

接着修改 index.js 中的逻辑文件,代码如下:

```
//index.js
Page({
  /*获取当前系统时间*/
  ...
  /*绘制时钟*/
  myClockCanvas: function() {
    /*1.准备工作*/
    ...
    /*2-1绘制小时刻度*/
    ...
    /*3.获取当前时间*/
    ...
    /*4.绘制时钟指针*/
    ...
    /*5.更新页面显示时间*/
    this.setData({
      h:h>9?h:'0'+h,
      m:m>9?m:'0'+m,
      s:s>9?s:'0'+s
    })
  }
})
```

编译运行后,效果如图 10-14 所示。通过效果可见,已经成功更新小程序中模拟电子时钟的时间为系统实时时间显示。

图 10-13　绘制秒针效果

图 10-14　实时更新显示电子时钟

5. 秒针实时更新

为了展示秒针实时更新的效果,用户可以在 index.js 文件中的 onLoad 函数中使用 setInterval 函数设置每秒重新刷新画面,从而实现秒针每秒更新的动画效果,并且在 onUpload 函数中清除计时器操作。具体代码如下:

```
//index.js
Page({
  /* 加载 */
  onLoad：function() {
    //1. 获取 canvas 对象和渲染上下文
    ...
    this.myClockCanvas()
    //每秒更新绘制
    var that＝this
    this.interval＝setInterval(function() {
      that.myClockCanvas()
    },1000)
  },
  /* *
   * 生命周期函数——监听页面的卸载
   */
  onUnload：function() {
    clearInterval(this.interval)
  }
})
```

编译运行后,效果如图 10-15 和图 10-16 所示。

图 10-15　时钟动态效果 1　　　　图 10-16　时钟动态效果

此时,手绘时钟小程序已全部完成,开发者可以根据上述内容自行更换时钟的颜色和尺寸进行绘制。

拓展训练　随心绘图小工具

【实现步骤】

1.首先,创建一个 canvas 组件,设置 canvas 的宽度和高度。

2.通过微信小程序界面 API 接口提供的 canvas 组件 API,绘制一个基本的图形,如一个矩形。

3.在页面中添加一些用户可见的操作按钮,如画笔颜色选择器、画笔大小选择器、"撤销"和"重做"按钮等。

4.当用户选择画笔颜色和画笔大小时,使用 canvas 组件 API 中提供的设置画笔颜色和大小的方法。

5.当用户开始绘制图形时,使用 canvas 组件 API 中提供的绘制方法,将用户绘制的图形添加到 canvas 上。

6.当用户单击"撤销"按钮时,使用 canvas 组件 API 中提供的删除方法,删除最后一个绘制的图形。

7.当用户单击"重做"按钮时,使用 canvas 组件 API 中提供的添加方法,添加上一次撤销的图形。

通过这个绘图小工具,用户可以自由绘制自己喜欢的图形,并通过选择不同的画笔颜色和大小来实现更加丰富多彩的效果。同时,用户还可以通过"撤销"和"重做"按钮来修正自己的绘图结果,提高用户体验。

项目小结

本项目主要介绍了微信小程序中界面 API 的应用,以及如何运用 canvas 组件实现一些扩展功能。通过本项目的学习,我们可以掌握以下几个方面的知识:

掌握微信小程序界面 API 的应用,可以使用微信小程序提供的组件和 API,快速构建一个简洁、易用、美观的小程序。

掌握 canvas 组件的应用,可以实现一些扩展功能,如图形绘制、动画效果等,提高用户体验和小程序的交互性。

掌握 canvas 组件 API 的使用方法,可以快速构建一个基础的图形绘制工具,并且可以通过其他 API 为用户提供更加丰富多彩的绘图体验。

在今后的实践中,我们应该不断学习微信小程序中的新技术和新应用,提高自己的技能水平,并且要不断优化小程序的交互性和用户体验,为用户提供更加优质的服务。

同步练习

一、单选题

1.下列关于 canvas 组件说法错误的是(   )。

A. CSS 动画对 canvas 组件无效

B. id 是 canvas 组件的唯一标识符

C. 使用了重复的 canvas-id,该<canvas>标签对应的画布将被隐藏不再正常工作

D. 同一页面,canvas-id 唯一

2.下列关于 canvas 中对象方法说法错误的是(   )。

A. setFillStyle()用于填充颜色

B. moveTo()把路径移动到画布中的指定点,不创建线条

C. lineTo()增加一个新点,创建一条从上次指定点到目标点的线

D. rect()用于创建一个圆形路径

3.下列关于 wx.createAnimation()参数对象的常用属性的说法错误的是(   )。

A. duration 动画持续时间

B. timingFunction 动画的效果,默认为 ease

C. delay 动画延迟时间

D. transformOrigin 表示样式,默认为"50% 50% 0"

4.下列关于 animation 对象方法说法错误的是(   )。

A. skew 动画倾斜   B. scale 动画缩放

C. translate 动画旋转   D. export 导出动画

5.下列关于 wx.getRecorderManager()说法错误的是(   )。

A. start()方法表示开始录音

B. pause()方法表示暂停录音

C. resume()方法表示继续录音

D. stop()方法表示停止录音,点击开始录音后会从中断的地方继续录音

6.下列关于微信小程序文件操作 API 描述错误的是（　　）。
A. wx.openDocument()用于在当前页面打开文档
B. wx.saveFile()用于保存文件到本地
C. wx.removeSaveFileFile()用于删除本地缓存文件
D. wx.getFileInfo()用于获取文件信息

7.下列关于 wx.connectSocket()参数说法错误的是（　　）。
A. url 为开发者服务器 WSS 接口地址　　B. protocols 为自协议数组
C. header 为 HTTP Header　　　　　　　D. header 中设置 Referer

二、判断题
1. canvas 画布组件是小程序中的原生组件。（　　）
2. canvas 组件不能通过 z-index 设置层级。（　　）
3. arc()方法可以绘制圆形。（　　）
4. rect()方法可以创建一个矩形。（　　）
5. beginPath()需要调用 fill 或 stroke 使用路径进行填充或描边。（　　）
6. 调用 wx.draw()，通过 Id 指定在哪张画布上绘制，通过 actions 指定绘制行为。（　　）
7. 父元素设为 Flex 布局后，子元素的 float 属性可以照常起作用。（　　）
8. animation 动画对象方法不支持链式的写法。（　　）
9. animation 动画对象可以调用一些方法来描述动画，调用结束会返回自身(animation)。（　　）
10. animation.export()每次调用后仍保留之前的动画操作。（　　）
11. 消息提示框使用的 API 是 wx.showToast()。（　　）
12. recorderManager.start()方法表示开始录音。（　　）
13. wx.downloadFile 用于下载文件资源到本地，将会发起 HTTP GET 请求，返回文件的本地临时路径。（　　）
14. wx.uploadFile 用于将本地资源上传到开发者服务器，将会发起 HTTPS POST 请求，其中 content-Type 字段为 multipart/form-data。（　　）
15. 在小程序中，正式项目必须使用 WSS 协议，在开发模式下可以使用 WS 协议。（　　）

三、填空题
1. canvas 组件的唯一标识符是_____。
2. 使用_____方法设置线条颜色。
3. 使用_____方法设置线条宽度。
4. 把路径移动到画布中的指定点，不创建线条使用_____方法。
5. 增加一个新点，然后创建一条从上次指定点到目标点的线使用_____方法。
6. ctx.fillRect(10,20,150,75)，表明坐标是_____，宽为_____，高为_____。
7. _____表示一组动画完成，可以在一组动作中使用多个动画方法，一组动画完成之后才会进行下一组动画。
8. _____导出动画队列。
9. _____从原点顺时针旋转一个角度。

10. _____动画缩放。

11. _____动画倾斜。

12. _____动画平移变换。

13. 触摸开始事件_____。

14. 触摸结束事件_____。

15. _____获取全局唯一的录音管理器。

16. _____方法用于暂停正在播放的语音。

17. 文件上传 API 接口使用_____。

18. 文件下载 API 接口使用_____。

19. _____用于创建一个 WebSocket 连接。

20. _____用于关闭 WebSocket 连接。

21. 在当前页面下选择匹配选择器 selector 的所有节点使用_____。

四、简答题

1. 如何创建 canvas 绘图上下文对象？

2. 简述用 canvas 绘制一条直线。

3. 简述使用 flex 如何实现容器内元素的垂直居中对齐。

4. 如何创建 animation 实例？

项目 11

推箱子游戏设计

知识目标

- 学习微信小程序提供的动画 API 的基础知识。
- 掌握动画对象的创建方式、常用动画参数的设置方法。
- 掌握使用动画 API 提供的动画效果设置方法。
- 掌握使用动画 API 提供的复杂、连续动画的实现方法。

技能目标

- 掌握微信小程序动画 API 的语法和使用,包括创建动画、设置参数和启动。
- 熟练使用平移、旋转、缩放、透明度和渐变等动画效果,适应不同业务需求。
- 掌握微信小程序动画 API 中的回调函数和定时器,实现复杂连续或交错动画。
- 能在项目中实践动画 API,如实现轮播图、模态框和下拉刷新等效果。

素质目标

- 提升创新意识与能力,优化用户服务。
- 追求科技领先,持续学习新技术。
- 培养团队精神,协同提升小程序质量。
- 强化社会责任感,保障用户隐私与安全。

11.1 知识准备

通过前面的案例我们简单了解了＜canvas＞画布组件和小程序界面中绘图的简单应用,接下来综合运用前面的知识尝试创建一个完整的推箱子游戏项目,进一步掌握微信小程序中小游戏的设计和开发,以及＜canvas＞组件和绘图 API 的应用。

11.1.1 首页功能需求分析

小游戏中首页功能需求如下：
(1)首页中设计标题以及关卡列表。
(2)至少设计 4 个关卡选项，且每个关卡显示预览图片和关卡序号。
(3)点击关卡列表可以打开相应的关卡游戏画面。

11.1.2 游戏页面功能需求

进入游戏页面后的功能需求如下：
(1)在游戏页面中显示第几关、游戏画面、方向键和"重新开始"按钮。
(2)通过点击方向按钮可以使游戏主角自行移动或推动箱子前进。
(3)游戏画面由 8×8 的像素方块组成，主要包括地板、围墙、箱子、游戏主角和终点目的地。
(4)点击"重新开始"按钮可以将当前关卡的箱子和游戏主角重置并重新开始游戏。

11.2 项目实施

任务 1 页面配置

1. 项目创建

创建小程序 PushBox，后端服务选择"不使用云服务"模式，模板选择部分选取"不使用模板"，选择自己的 AppID 后，单击"确定"按钮创建空白项目。

项目创建完毕后根目录的 pages 文件夹中会默认生成页面 index，表示小程序运行的第一个页面。本项目包含两个页面，还需要创建 game(游戏页面)。

新建小程序导航栏默认为白底黑字的效果，如果想要改变该默认效果需要在项目的 app.json 文件中自定义导航栏标题和背景颜色，更改后的 app.json 代码如下：

```
{
  "pages":[
    "pages/index/index",
    "pages/game/game"
  ],
  "window":{
    "backgroundTextStyle":"light",
    "navigationBarBackgroundColor":"#e64340",
    "navigationBarTitleText":"推箱子游戏",
    "navigationBarTextStyle":"white"
  },
  "sitemapLocation":"sitemap.json"
}
```

上述代码修改后，所有页面的导航栏标题为“推箱子游戏”，且背景颜色为红色，文字颜色为白色。预览效果如图 11-1 所示。

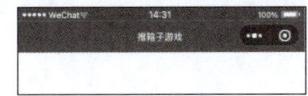

图 11-1　自定义导航栏效果预览

读者可以根据自己的兴趣更改小程序标题栏名称以及配色。

2. 资源文件创建

接下来创建小游戏需要的其他自定义文件，具体如下：

- images：用于存放小游戏图片素材。
- utils：用于存放公共逻辑 JS 文件。

（1）添加图片文件

本项目总共要在首页中使用 4 幅关卡图片，图片素材如图 11-2 所示。

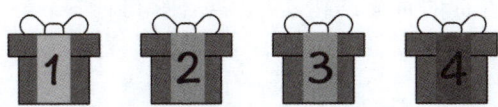

图 11-2　关卡图片素材展示

在项目的目录结构中新建 images 文件夹，将需要的图片素材复制进去。此外，还需要在游戏界面中使用游戏的图标素材，如图 11-3 所示。

(a) box　(b) boss　(c) ice　(d) bird　(e) stone

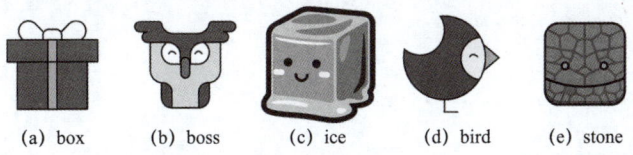

图 11-3　游戏方块图片素材

（2）创建公共 JS 文件

在项目中新建文件夹 utils，并在 utils 文件夹中新建文件 data.js，创建结束后，项目结构如图 11-4 所示。

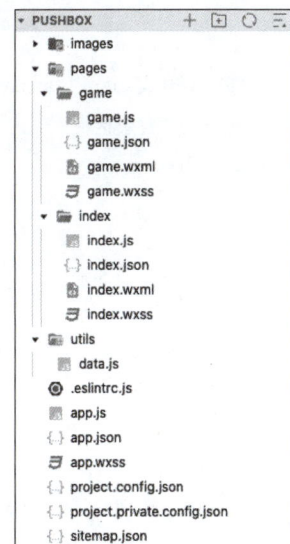

图 11-4　全部文件创建完成目录结构

此时，页面文件配置工作全部完成，接下来进行项目的视图设计和样式设计过程。

任务 2　视图设计

1. 公共样式设计

首先，需要在 app.wxss 中设计项目中所有页面容器和顶端标题的公共样式，代码如下：

```
/* 页面容器样式 */
.container {
  height: 100vh;
  color: #E64340;
  font-weight: bold;
  display: flex;
```

```
    flex-direction: column;
    align-items: center;
    justify-content: space-between;
}
/* 标题样式 */
.title {
    margin-top: 50px;
    font-size: 18pt;
}
```

2. 页面设计

(1) 首页设计

小程序首页 pages/index/index 中主要包含两个部分：标题及关卡列表。页面设计如图 11-5 所示。

通过分析可以看出，首页的页面结构实现需要使用到＜view＞容器组件，pages/index/index.wxml 页面结构代码如下：

```
<!--index.wxml-->
<view class="container">
    <!--标题-->
    <view class="title">选择游戏关卡</view>
    <!--关卡列表-->
    <view class="levelBox">
        <view class="box">
            <image src="/images/level01.png" mode="aspectFit"/>
            <text>第1关</text>
        </view>
    </view>
</view>
```

页面样式 pages/index/index.wxssd 代码如下：

```
/* 关卡列表区 */
.levelBox {
    width: 100%;
}
/* 单个关卡区域 */
.box {
    width: 50%;
    float: left;
    margin: 20rpx 0;
    display: flex;
    flex-direction: column;
    align-items: center;
}
/* 关卡选择图片 */
.image {
```

```
  width: 300rpx;
  height: 300rpx;
}
```

编译运行后可以看到初步的首页页面效果,如图 11-6 所示。

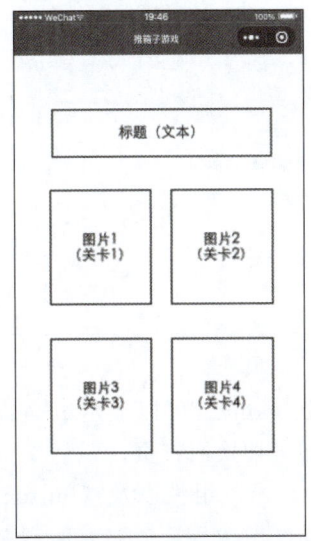

图 11-5　首页设计示意图　　　　图 11-6　首页页面效果

(2) 游戏页面设计

游戏页面需要通过首页中的游戏关卡点击跳转才可以在新窗口打开该页面。游戏页面结构设计示意图如图 11-7 所示,可以看出,游戏页面包含的内容有:关卡标题、游戏画面、方向按钮以及"重新开始"按钮。

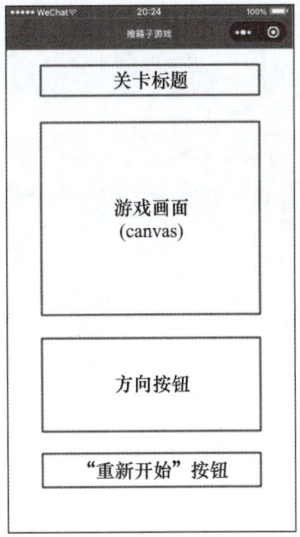

图 11-7　游戏页面结构设计示意图

由于当前页面没有设计点击关卡跳转页面,因此可以通过开发工具顶端的工具选项"普通编译"下的"添加编译模式"中编辑 game 页面编译模式,设置携带临时参数 level=0,具体设置如图 11-8 所示。

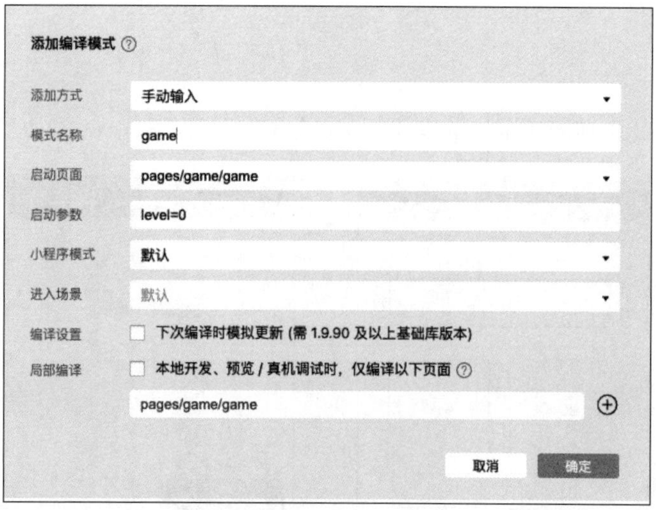

图 11-8 添加 game 页面编译模式

添加结束可以通过顶端工具切换编译页面为"game",可以显示 pages/game/game 页面进行页面结构设计,设计完毕再改回"普通编译"即可切换回首页。

在游戏页面预备使用＜view＞容器组件、＜canvas＞组件以及＜button＞组件,具体页面结构设计代码如下：

```
<view class="container">
  <!--关卡提示-->
  <view class="title">第 1 关 </view>
  <!--游戏画布-->
  <canvas canvas-id="myCanvas"></canvas>
  <!--方向键-->
  <view class="btnBox">
    <button type="warn">↑</button>
    <view>
      <button type="warn">←</button>
      <button type="warn">↓</button>
      <button type="warn">→</button>
    </view>
  </view>
  <!--"重新开始"按钮-->
  <button type="warn">重新开始</button>
</view>
```

页面样式 page.wxss 设计代码如下：

```
/*游戏画布样式*/
canvas{
  border：1rpx solid;
  width：320px;
  height：320px;
}
/*方向键区域样式*/
```

```css
.btnBox {
  display: flex;
  flex-direction: column;
  align-items: center;
}
/* 方向键第二行 */
.btnBox view {
  display: flex;
  flex-direction: row;
}
/* 方向键所有按钮 */
.btnBox button {
  width: 90rpx;
  height: 90rpx;
}
/* 所有按钮样式 */
button {
  margin: 10rpx;
}
```

编译运行后,小程序效果如图11-9所示。由图11-9可见,此时可以展示完整的样式效果了,但是由于还没有获取完整的游戏数据库,所以无法根据用户选择的关卡入口显示对应的游戏内容。布局和样式基本完成,接下来进行逻辑处理设计。

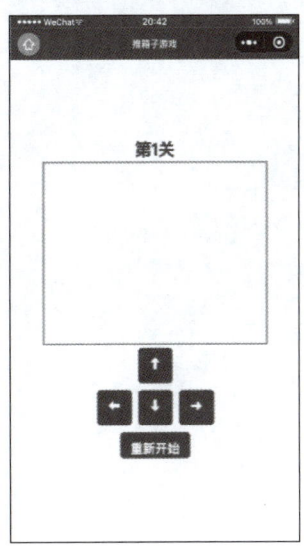

图11-9 游戏页面效果图

任务3 逻辑实现

1.公共逻辑

首先在utils文件夹中的data.js中编辑游戏的公共地图数据,代码如下:

```
/**
 * 地图数据 map1~map4
```

```
 * 地图数据:1:墙 stone 2:路 ice 3:终点 boss 4:箱子 box 5:鸟 bird 0:墙的外围
 */
//关卡1
var map1=[
    [0,1,1,1,0,1,1,0],
    [0,1,2,2,1,0,1,1],
    [0,1,5,4,2,1,2,0],
    [1,1,2,1,2,1,1,2],
    [1,3,4,2,5,2,2,1],
    [1,3,2,2,2,4,2,1],
    [1,3,2,2,2,1,2,1],
    [1,1,1,1,1,1,1,1]
]
//关卡2
var map2=[
    [0,0,1,1,1,1,0,0],
    [0,0,1,3,1,0,0,0],
    [0,0,1,2,1,1,0,0],
    [1,1,4,2,4,3,0,0],
    [1,1,1,1,4,1,0,0],
    [1,3,2,4,5,3,0,0],
    [0,0,0,1,3,1,0,0],
    [0,0,0,1,1,1,0,0]
]
//关卡3
var map3=[
    [0,0,1,1,1,1,0,0],
    [0,0,1,2,1,1,0,0],
    [0,1,2,4,5,4,1,1],
    [0,2,1,2,2,5,1,0],
    [1,2,2,2,5,4,1,0],
    [1,2,2,2,2,2,2,1],
    [0,1,2,2,4,3,1,0],
    [1,1,1,1,1,1,1,1]
]
//关卡4
var map4=[
    [0,1,1,1,1,1,1,0],
    [0,1,3,2,4,3,1,1],
    [0,1,1,2,2,3,4,1],
    [1,1,1,2,2,4,1,1],
    [1,1,0,0,0,0,0,0],
    [1,2,1,4,1,4,2,1],
    [1,2,2,2,2,5,2,1],
```

```
    [1,1,1,1,1,1,1,1]
]
```

上述代码中 map1～map4 分别代表 4 个不同关卡的地图数据并以二维数组形式存放,且当前地图是以 8×8 的方格组成,因此数组中每个位置的数字表示不同的图像素材。开发者可以根据自己的素材进行游戏布局的修改以及图片素材的自定义。

接下来需要在 data.js 文件中使用 module.exports 语句暴露数据接口,代码如下:

```
module.exports={
    maps:[map1,map2,map3,map4]
}
```

此时公共逻辑处理部分的地图数据已创建完毕。为了配合使用,还需要在 game 页面的 game.js 文件中引用公共 js 文件,引用代码如下:

```
var data=require('../../utils/data.js')
```

2. 首页逻辑

小程序首页主要需要完成两部分功能:一是展示关卡列表;二是点击关卡图片能够跳转到对应的游戏界面。

(1)关卡列表显示

修改 pages/index/index.js 文件,在页面的初始数据 data 中录入关卡的图片数据信息,具体代码如下:

```
//index.js
Page({
  //页面初始数据
  data:{
    levles:[
      'level01.png',
      'level02.png',
      'level03.png',
      'level04.png'
    ]
  }
})
```

接着在对应的 index.wxml 文件中对应的 view 组件中进行绑定渲染。代码如下:

```
<!--index.wxml-->
<view class="container">
  <!--标题-->
  <view class="title">选择游戏关卡</view>
  <!--关卡列表-->
  <view class="levelBox">
    <view class="box" wx:for="{{levles}}" wx:key="index">
      <image src="/images/{{item}}" mode="aspectFit"/>
      <text>第{{index+1}}关</text>
    </view>
  </view>
</view>
```

编译运行后,页面效果如图 11-10 所示。

(2)点击跳转游戏页面

接下来实现功能需求二,即点击关卡图片跳转到 game 页面。首先需要在关卡列表的项目中绑定点击事件,继续修改 index.wxml 文件中的代码,具体如下:

```
<!--index.wxml-->
<view class="container">
  <!--标题-->
  <view class="title">选择游戏关卡</view>
  <!--关卡列表-->
  <view class="levelBox">
    <view class="box" wx:for="{{levles}}" wx:key="index" bindtap="chooseLevel" data-level="{{index}}">
      <image src="/images/{{item}}" mode="aspectFit"/>
      <text>第{{index+1}}关</text>
    </view>
  </view>
</view>
```

上述代码中的 chooseLevel 是为关卡添加的自定义事件函数,使用 data-level 属性携带关卡图片下标信息以便跳转打开对应的游戏地图。

打开 pages/index/index.js 文件添加对应的 chooseLevel 函数内容,代码如下:

```
Page({
  //页面初始数据
  ...
  /* chooseLevel 自定义事件函数 */
  chooseLevel: function(e) {
    let level = e.currentTarget.dataset.level
    //console.log(level);
    wx.navigateTo({
      url: '../game/game?level='+level,
    })
  }
})
```

上述代码编译完成后,可以实现点击关卡图片跳转到 game 页面,并且成功携带了关卡的数据,但是携带的关卡数据需要在 game.wxml 页面进行接收处理才可以正确显示在游戏画面中。

3. 游戏页逻辑

游戏页面需要完成的功能包括:显示当前关卡数、游戏地图的绘制、方向键点击移动游戏主角以及点击"重新开始"按钮使游戏地图还原成初始状态。

(1)显示当前关卡数

前面首页逻辑中已经实现了页面跳转并携带关卡对应的图片信息,现在需要在 game 页面接收关卡信息并显示对应图片内容。打开 pages/game/game.js 文件,编写代码如下:

```
Page({
/**
 * 页面的初始数据
 */
  data: {
    level: 1
  },
/**
 * 生命周期函数,监听页面加载
 */
  onLoad(options) {
    //获取关卡
    let level=options.level
    //console.log(options);
    //更新关卡标题
    this.setData({
      level: parseInt(level)+1
    })
  }
})
```

接着修改 game.wxml 页面结构文件,代码如下:

```
<view class="container">
  <!--关卡提示-->
<view class="title">第{{level}}关</view>
...
```

此时编译运行后,从首页点击不同的关卡图片跳转页面时可以发现关卡标题能够正确显示对应内容,效果如图 11-11 所示。

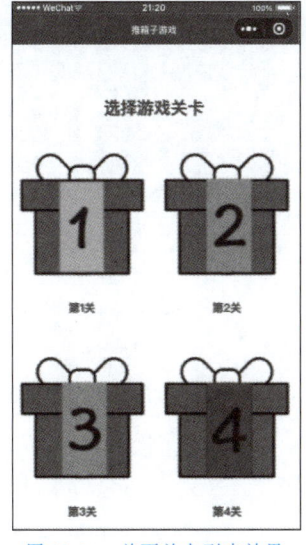

图 11-10 首页关卡列表效果

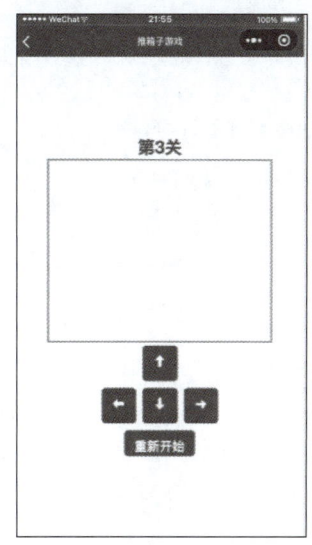

图 11-11 首页列表中的选关效果

(2)游戏逻辑实现

①准备工作

首先,在 pages/game/game.js 文件顶端记录一些游戏初始数据信息,对应 game.js 代码如下:

```
//pages/game/game.js
var data=require('../../utils/data.js')
/*地图图层数据*/
var map=[
  [0,0,0,0,0,0,0,0,0],
  [0,0,0,0,0,0,0,0,0],
  [0,0,0,0,0,0,0,0,0],
  [0,0,0,0,0,0,0,0,0],
  [0,0,0,0,0,0,0,0,0],
  [0,0,0,0,0,0,0,0,0],
  [0,0,0,0,0,0,0,0,0],
  [0,0,0,0,0,0,0,0,0]
]
/*箱子图层数据*/
var box=[
  [0,0,0,0,0,0,0,0,0],
  [0,0,0,0,0,0,0,0,0],
  [0,0,0,0,0,0,0,0,0],
  [0,0,0,0,0,0,0,0,0],
  [0,0,0,0,0,0,0,0,0],
  [0,0,0,0,0,0,0,0,0],
  [0,0,0,0,0,0,0,0,0],
  [0,0,0,0,0,0,0,0,0]
]
/*方块宽度*/
var w=40
/*初始化游戏主角 bird 的行与列*/
var row=0
var col=0
Page({
  ...
})
```

②初始化游戏画面

接下来根据当前是第几关读取对应的游戏地图信息,并更新到游戏初始数据中。打开 game.js 文件继续进行编辑,添加 initMap 函数用于初始化地图数据。对应的 game.js 文件代码如下:

```
Page({
  ...
```

```javascript
/**
 * 初始化地图数据 initMap 函数
 */
initMap: function(level) {
    //读取原始的游戏地图数据
    let mapData = data.maps[level]
    //使用双重 for 循环记录地图数据
    for(var i=0; i<8; i++) {
        for(var j=0; j<8; j++) {
            box[i][j] = 0
            map[i][j] = mapData[i][j]
            if(mapData[i][j]==4) {
                box[i][j] = 4
                map[i][j] = 2
            } else if(mapData[i][j]==5) {
                map[i][j] = 2
                //记录小鸟当前行和列
                row = i
                col = j
            }
        }
    }
}
})
```

上述代码首先从公共函数 data.js 中读取到对应关卡的地图数据，然后使用双重 for 循环对每一块地图数据进行解析并更新到当前游戏的初始地图数据、箱子数据以及游戏主角所在位置。

接着在 game.js 文件中添加自定义函数 drawCanvas 将地图信息绘制在 canvas 画布上。具体代码如下：

```javascript
/**
 * 绘制地图
 */
drawCanvas: function() {
    let ctx = this.ctx
    //清空画布
    ctx.clearRect(0,0,320,320)
    //使用双 for 循环绘制 8×8 的地图
    for(var i=0; i<8; i++) {
        for(var j=0; j<8; j++) {
            //默认道路
            let img = 'ice'
            if(map[i][j]==1) {
```

```
                img='stone'
            } else if(map[i][j]==3) {
                img='cat'
            }
            //绘制地图
            ctx.drawImage('/images/'+img+'.png',j*w,i*w,w,w)
            if(box[i][j]==4) {
                //叠加绘制箱子
                ctx.drawImage('/images/box.png',j*w,i*w,w,w)
            }
        }
    }
    //叠加绘制小鸟
    ctx.drawImage('/images/bird.png',col*w,row*w,w,w)
    ctx.draw()
}
```

最后,在game.js对应的onLoad函数中创建画布的上下文,并依次调用initMap函数以及地图绘制函数drawCanvas,对应的game.js文件中的代码如下:

```
/**
 * 生命周期函数,监听页面加载
 */
onLoad(options) {
    ...
    //创建画布上下文
    this.ctx=wx.createCanvasContext('myCanvas')
    //初始化地图数据
    this.initMap(level)
    //绘制画布内容
    this.drawCanvas()
}
```

编译运行后,效果如图11-12所示。

③方向按钮逻辑实现

首先在pages/game/game.wxml页面中为方向键的4个方向按钮<button>绑定点击事件,修改代码如下:

```
<view class="container">
    <!--关卡提示-->
    ...
    <!--游戏画布-->
    ...
    <!--方向键-->
    <view class="btnBox">
        <button type="warn" bindtap="up">↑</button>
```

```
        <view>
            <button type="warn" bindtap="left">←</button>
            <button type="warn" bindtap="down">↓</button>
            <button type="warn" bindtap="right">→</button>
        </view>
    </view>
    <!--"重新开始"按钮-->
    ...
</view>
```

接着在 game.js 文件中继续添加对应的函数,用于实现游戏主角 bird 在上、下、左、右 4个方向的移动,且每次点击仅能移动一格。

修改 game.js 中对应的代码如下:

```
Page({
    ...
    /**
     * 方向键:up
     */
    up: function() {
        //主角不在最顶端时上移
        if(row>0) {
            //如果上方不是墙或box可以移动bird
            if(map[row-1][col]!=-1 && box[row-1][col]!=4) {
                //更新bird坐标
                row=row-1
            } else if(box[row-1][col]==4) { //如果上方是box
                //且box上方不是墙或box
                if(row-1>0) {
                    if(map[row-2][col]!=1 && box[row-2][col]!=4) {
                        box[row-2][col]=4
                        box[row-1][col]=0
                        //更新bird坐标
                        row=row-1
                    }
                }
            }
            //重新绘制地图
            this.drawCanvas()
        }
    },
    /**
     * 方向键:down
     */
```

```javascript
down: function() {
  //不在最底层游戏主角下移
  if(row<7) {
    //如果下方不是box或者墙,可以移动bird
    if(map[row+1][col]!=1 && box[row+1][col]!=4) {
      //更新bird坐标
      row=row+1
    }
    //如果下方是box
    else if(box[row+1][col]==4) {
      //box不在最底层游戏主角,bird才可移动
      if(row+1<7) {
        //如果box下方是墙或box
        if(map[row+2][col]!=1 && box[row+2][col]!=4) {
          box[row+2][col]=4
          box[row+1][col]=0
          //更新bird坐标
          row=row + 1
        }
      }
    }
  }
  this.drawCanvas()
},
/**
 * 方向键:left
 */
left: function() {
  //主角不在最左侧才可移动
  if(col>0) {
    //如果最左侧不是墙或box,可以移动bird
    if(map[row][col-1]!=1 && box[row][col-1]!=4) {
      //更新bird坐标
      col=col-1
    }
    //如果左侧是box
    else if(box[row][col-1]==4) {
      //box不在最左侧,可移动
      if(col-1>0) {
        //左侧不是墙或box,才可移动
        if(map[row][col-2]!=1 && box[row][col-2]!=4) {
          box[row][col-2]=4
```

```javascript
          box[row][col-1]=0
          //更新 bird 坐标
          col=col-1
        }
      }
    }
    this.drawCanvas()
  }
},
/**
 * 方向键:right
 */
right: function() {
  //游戏 bird 主角不在最右侧才可移动
  if(col<7) {
    //如果右侧不是墙或 box,可以移动 bird
    if(map[row][col+1]!=1 && box[row][col+1]!=4) {
      //更新 bird 坐标
      col=col + 1
    }
    //如果右侧是 box
    else if(box[row][col+1]==4) {
      //如果 box 不在最右侧则考虑移动
      if(col+1<7) {
        //如果 box 右侧不是 box 和墙
        if(map[row][col+2]!=1 && box[row][col+2]!=4) {
          box[row][col+2]=4
          box[row][col+1]=0
          //更新 bird 坐标
          col=col + 1
        }
      }
    }
  }
  this.drawCanvas()
},
...
}))
```

编译运行后,为了能够观察到方向按钮的点击效果,继续选择关卡 3,点击按钮移动游戏主角 bird,对比之前初始地图,可以看到运行效果如图 11-13 和图 11-14 所示。

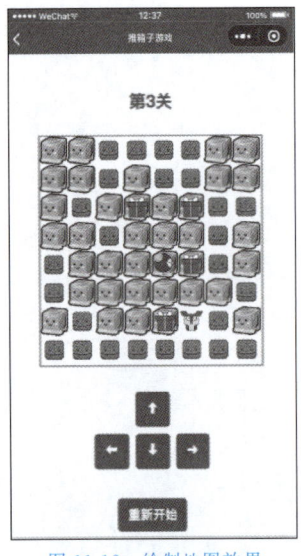
图 11-12　绘制地图效果

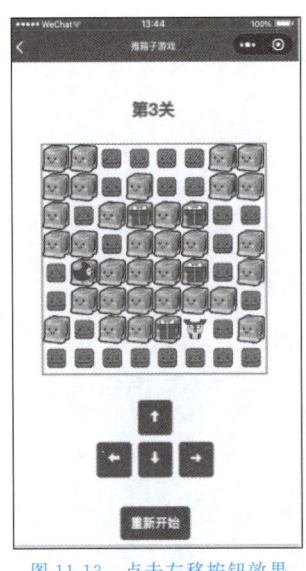
图 11-13　点击左移按钮效果

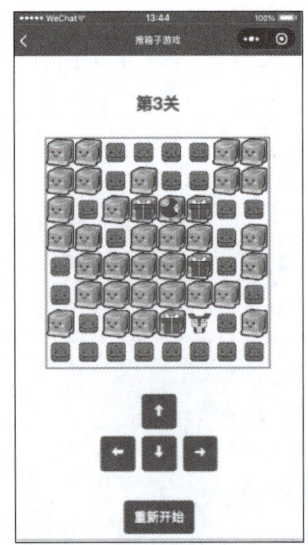
图 11-14　点击上移按钮效果

4. 判断游戏成功

在游戏的 game.js 中添加函数 isWin 用于判断游戏是否成功。逻辑代码如下：

```
Page({
  ...
  /**
   * 判断游戏是否成功
   */
  isWin: function() {
    //使用双重 for 循环遍历整个数组
    for(var i=0; i<8; i++) {
      for(var j=0; j<8; j++) {
        //如果 box 没有在终点
        if(box[i][j] ==4 && map[i][j] ==3) {
          //返回 false 表示游戏尚未成功
          return false
        }
      }
    }
    //返回 true 表示游戏成功
    return true
  },
  ...
})
```

上述代码中的逻辑判断为只要有一个箱子 box 没有在终点 boss 位置则判断游戏尚未成功。接着需要继续在 game.js 文件中添加 checkWin 函数用于判断游戏是否成功，成功则弹出对话框提示。具体代码如下：

```
Page({
    ...
    /**
    *游戏成功check函数
    */
    checkWin: function() {
        if(this.isWin()) {
            wx.showModal({
                title: '·恭喜~',
                content: '顺利过关!!',
                showCancel: false
            })
        }
    },
    ...
})
```

最后,需要在之前编辑的方向按钮中添加判断游戏是否成功的函数checkWin,以up函数为例,具体代码如下:

```
Page({
    ...
    /**
    *方向键:up
    */
    up: function() {
        ...
    }
    //重新绘制地图
    this.drawCanvas()
    //检查游戏是否成功
    this.checkWin()
    }
    },
    ...
})
```

为其他3个方向键添加检查游戏成功函数后,编译运行,游戏成功后效果如图11-15所示。

5. 重置游戏

最后,编辑"重新开始"按钮。首先,在game.wxml中为按钮绑定点击事件,具体代码如下:

```
<!--"重新开始"按钮-->
<button type="warn" bindtap="resetGame">重新开始</button>
```

接着在game.js逻辑中添加resetGame函数,完成游戏重置逻辑操作,具体代码如下:

图 11-15 游戏成功提示效果

```
Page({
  ...
  /**
   * 游戏重置
   */
  resetGame: function() {
    //初始化地图数据
    this.initMap(this.data.level-1)
    //绘制画布内容
    this.drawCanvas()
  },
  ...
})
```

保存并编译,运行效果显示点击方向按钮移动游戏主角 bird 后,点击重置按钮回到初始状态,读者可以自行实验。

扩展训练　音乐播放器小程序

【实现步骤】

1. 用户进入小程序后,可以看到音乐播放器的界面,包括歌曲封面、歌曲名称和歌手信息。
2. 点击"播放"按钮后,歌曲开始播放,同时歌曲封面开始旋转,以模拟唱片机的效果。
3. 当用户暂停或停止播放时,歌曲封面停止旋转,回到初始状态。
4. 用户可以通过点击"上一首"或"下一首"按钮,切换到上一首或下一首歌曲,同时歌曲封面和歌曲信息会相应地更新。
5. 当用户退出小程序时,歌曲停止播放,歌曲封面停止旋转,回到初始状态。

以上是一个简单的项目描述,通过使用微信小程序动画 API,可以实现歌曲封面的旋转效果,提升用户体验。

项目小结

本项目主要介绍了微信小程序中的动画 API，包括动画的基础知识和项目实施的具体方法。通过本项目的学习，我们可以了解到以下内容：

微信小程序中的动画 API，包括 wx.createAnimation() 方法和动画对象的方法。

动画对象的方法包括设置动画效果的属性和动画的持续时间、延迟时间等。

可以调用动画对象的 step() 方法生成动画数据，并将其传递给组件的 animation 属性，从而实现动画效果。

可以结合微信小程序的其他 API 和组件，如 swiper、scroll-view 等，实现更加复杂和丰富的动画效果。

在项目实施中，需要根据实际需求设计和实现不同的动画效果，同时要注意优化性能和提高用户体验。

总之，学习微信小程序中的动画 API 可以提高我们的小程序开发技能，提升用户体验和用户满意度，符合二十大习近平总书记重要讲话中提出的科技创新、服务人民等重要思想。

同步练习

1. 简述在微信小程序中如何使用动画 API 创建一个基本的平移动画。

2. 描述微信小程序动画 API 中旋转动画的实现过程，包括设置旋转的中心点和旋转的角度。

3. 在微信小程序中，如何实现一个元素的透明度渐变动画？请简述步骤和关键代码。

4. 如何在微信小程序中实现多个动画效果的连续播放？请说明使用回调函数和定时器的区别和适用场景。

5. 结合实际项目经验，谈谈在微信小程序中如何实现一个带有动画效果的轮播图组件，包括动画的设计和实现过程中的关键点。

项目 12

综合项目——校园点餐小程序

知识目标

- 通过综合项目训练让学生掌握如何分析项目需求。
- 学习综合项目的结构规划及页面设计方法。
- 掌握使用前面所学的组件基础知识以及 API 知识实现数据处理。
- 掌握使用网络 API 中的知识内容实现微信小程序与服务器数据交互的处理。
- 通过综合项目训练学生从整体对项目进行规划并实现的能力。

技能目标

微信小程序迅速发展并普及,外卖、点餐等小程序被越来越多地使用,且它们不需要像 App 一样具有复杂全面的功能,仅需要提供快速的服务即可,更妙的是不需要下载和安装,只提供核心功能简化其他不必需的功能。本综合案例将讲解校园点餐小程序的开发。

项目导航

训练目标	1. 掌握同步、异步存储数据用法; 2. 掌握数据接口的封装方法; 3. 掌握 Promise 的用法; 4. 熟练掌握如何为项目进行功能设计
重点知识	1. 网络请求的封装和调用; 2. Promise 的用法; 3. 列表的下拉刷新以及上拉触底的开发

素质目标

- 培养创新意识,创造新应用。
- 强调合作精神,团队协作。
- 锻炼实践能力,解决问题。
- 树立责任心,优化时间管理。
- 孕育创业意识,理解商业模式。
- 提升文化素养,融合多元艺术。

项目 12　综合项目——校园点餐小程序

12.1　开发准备

校园点餐
小程序分析

12.1.1　项目预览展示

本书配套资源中提供了项目需要使用的基于 Node.js 的后台服务器源码,且本项目中的数据都是从服务器获取的,读者可以通过参考项目 5 中服务器搭建的方法自行进行服务器环境搭建。本项目中的图片和数据都是通过服务器后台接口来返回的,接口地址为:http://127.0.0.1:8081/api。

本项目设计为一个校园点餐小程序,主要完成菜单列表、购物车、订单确认等功能设计,具体效果预览如图 12-1~图 12-3 所示。

图 12-1　菜单列表

图 12-2　购物车

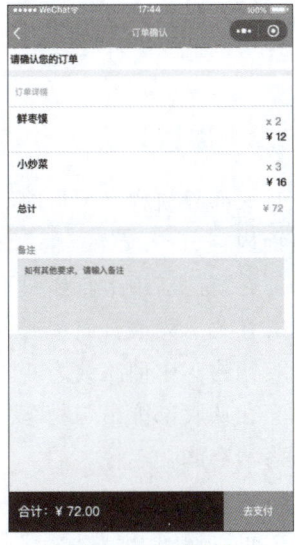
图 12-3　订单确认

在当前综合项目中主要完成的功能如下:

(1)首页设计。首页设计中包括顶部图片轮播、最新消息展示以及底部的新商品推送,如图 12-4 所示。

(2)菜单页设计。在菜单页面中单击左侧菜品分类可以切换右侧相应展示的菜品,如图 12-5 所示。在菜单列表界面中,单击"+"图标可以将对应商品加入购物车中,并在购物车弹出的列表层中显示选购的菜品,包括商品的图片、价格、名称、数量等信息,如图 12-2 所示。在选购完商品后点击"选好了"可以跳转到订单确认页面。

(3)订单确认页面。在当前页面中可以让用户核对商品信息是否正确,如果有需求可以填写备注,如果信息无错误可以单击"去支付"按钮向服务器发送请求,根据返回值判断成功与否,支付成功后跳转至订单详情页面,效果如图 12-3 所示。

(4)订单详情页面。支付完成的订单详情页面可以查看取餐号、订单等信息,如图 12-6 所示。

图 12-4　首页设计　　　　图 12-5　菜单页面设计效果

12.1.2　项目分析

1. 底部导航栏。项目的底部导航栏包括"首页""订单""我的",可以进行切换并显示对应的页面内容。

2. 在"首页"顶部轮播图下面单击"开启点餐之旅",跳转到菜单列表界面。

3. 在菜单列表页面中通过单击"+"把所选商品加入购物车中。

4. 购物车中商品数为 0 时,单击购物车不会展开购物车列表;当商品数量不为 0 时,单击购物车会从底部弹出购物车列表并对选中的商品进行操作。例如,增加商品数量、展示商品总价或者清空购物车等。

5. 通过"订单"列表页面可以查看订单当前状态,如是否取餐以及商品的详细信息等。

6. 可以通过"消费记录"页面查看历史订单的消费记录,如图 12-7 所示。

图 12-6　订单详情页面　　　　图 12-7　历史订单的消费记录

12.2 项目初始化

12.2.1 创建及配置项目

1. 创建项目

在微信开发者工具中，新建一个校园点餐小程序项目 OrderFood，后端服务选择"不使用云服务"模式，模板选择部分选取"不使用模板"，选择自己的 AppID 后，单击"确定"按钮创建空白项目。在项目目录中创建文件夹 images 并将本项目中需要的图片资源导入 images 文件夹中，创建 style 文件目录用于存放项目中使用的图标样式文件，创建 utils 文件目录用于存放公共 JS 文件。

项目创建完毕后根目录的 pages 文件夹中会默认生成页面 index，表示小程序运行的第一个页面。点餐小程序项目总共需要 6 个页面，除了默认生成的 index 首页页面以外，还需要创建菜单列表页面 list、订单列表页面 order、消费记录页面 record、订单确认页面 balance、订单详情页面 detial 以及订单确认页面 list。

2. 项目公共样式设计

项目的 app.wxss 文件中主要存放整个项目中用到的公共样式，本项目中主要用到 iconfont 字体图标，可以通过网址 http://iconfont.cn/home/index 页面将项目中使用的图标下载，并将其中的 iconfont.css 文件复制到项目的 style 文件夹中，由于微信小程序样式文件为 WXSSS 格式，因此需要将后缀 css 修改为 wxss，然后在 app.wxss 中导入样式，此外还需要在公共样式中添加样式类别。读者可以参考本教材提供的资源文件。具体代码如下：

```
@import "style/iconfont.wxss";
.icon-icon:before { content: "\e610"; }
.icon-youhuiquan:before { content: "\e61e"; }
.icon-lajitong:before { content: "\e61b"; }
.icon-jiahao2fill:before { content: "\e728"; }
.icon-gouwuchefill:before { content: "\e73c"; }
.icon-xiangshangjiantou:before { content: "\e601"; }
.icon-jian:before { content: "\e61a"; }
.icon-xiangxiajiantou:before { content: "\e74b"; }
.icon-dingdan:before { content: "\e609"; }
.icon-shouye:before { content: "\e620"; }
.icon-wode:before { content: "\e61f"; }
.icon-dingwei:before { content: "\e7cd"; }
.icon-shouji:before { content: "\e666"; }
```

除此之外，订单确认页面和订单详情页面相似的页面结构布局，可以将样式进行提取，因此可以在 utils 文件夹中创建文件 common.wxss，编辑这两个页面的公共样式并在后续页面样式编辑中进行引用，读者可以从本书提供的资源文件中进行提取并导入指定位置。

3. 项目配置文件设计

打开项目的 app.json 文件，在 pages 中添加上述分解出来的 6 个页面路径，接着修改 window 属性，设置窗口导航背景色以及导航文字，具体代码如下：

```
{
  "pages": [
    "pages/index/index",
    "pages/lsit/list",
    "pages/order/list/list",
    "pages/order/balance/balance",
    "pages/order/detail/detail",
    "pages/record/record"
  ],
  "window": {
    "backgroundTextStyle": "light",
    "navigationBarBackgroundColor": "#104E8B",
    "navigationBarTitleText": "美食餐厅",
    "navigationBarTextStyle": "white"
  },
  "style": "v2",
  "sitemapLocation": "sitemap.json"
}
```

接着在 app.json 中继续设置底部导航标签切换相关的内容,包括设置导航标签文字选中时的颜色、选中时的图标、未选中时的图标等,具体代码如下:

```
"tabBar": {
  "color": "#104E8B",
  "selectedColor": "#104E8B",
  "borderStyle": "black",
  "list": [
    {
      "selectedIconPath": "images/home_s.png",
      "iconPath": "images/home.png",
      "pagePath": "pages/index/index",
      "text": "首页"
    },
    {
      "selectedIconPath": "images/order_s.png",
      "iconPath": "images/order.png",
      "pagePath": "pages/order/list/list",
      "text": "订单"
    },
    {
      "selectedIconPath": "images/user_s.png",
      "iconPath": "images/user.png",
      "pagePath": "pages/record/record",
      "text": "消费记录"
    }
  ]
```

```
    }
  }
```

12.2.2 封装网络请求

本项目中采用网络请求封装的形式来请求数据。通过项目 5 的学习可以了解到，微信小程序官方文档提供了网络请求的 API，传递需要设置的接口参数并对不同的请求做出不同的处理。但是前端与服务器中的接口请求中有部分请求参数以及相应结果处理类似，为了提高代码利用率，项目中对原生请求进行封装。

1. 封装 fetch 模块

在 utils 文件夹中创建 fetch.js 文件用来封装网络请求代码，具体代码如下：

```
module.exports=function(path,data,method){
  //暴露接口
  return new Promise((resolve,reject) => {
    wx.request({
      url:'http://127.0.0.1:8081/api/' + path, //api 地址
      method:method, //请求方法
      data:data, //参数
      header:{
        'Content-Type':'json'
      }, //请求头，默认
      success:resolve,
      fail:function(){
        reject()
        wx.showModal({
          showCancel:false,
          title:'失败'
        })
      }
    })
  })
}
```

2. 调用 fetch 模块

网络请求代码封装完毕后，即可在需要调用的页面 JS 文件中引入 fetch.js 文件。引入文件格式如下：

```
const fetch=require('../../../utils/fetch')
```

引入后，在需要请求数据的地方使用即可，调用方法及格式如下：

```
//接口请求
fetch(path).then((res) => {
  //请求成功的操作
},() => {
  //请求失败的操作
})
```

12.3 项目实施

任务1 首页设计实现

首页模块主要展示顶部商品轮播模块、中间的新商品推荐以及底部商品列表展示区域。当用户进入首页时开始请求数据接口,在弹窗提示的同时进行数据加载。数据请求成功后关闭数据提示弹窗并将请求到的数据渲染到页面中。

1. 焦点指示切换

首页商品轮播区域设置了图片切换的焦点指示器小圆圈,图片资源可以通过请求接口获取数据。首先,打开 pages/index/index.wxml 文件进行首页顶部商品轮播图布局,代码如下:

```
<!--将 listData 后台返回数据进行渲染-->
<block wx:for="{{listData}}" wx:key="listData">
  <!--焦点图切换-->
  <swiper indicator-dots="{{indicatorDots}}" autoplay="{{autoplay}}" interval="{{interval}}" duration="{{duration}}">
    <block wx:for="{{item.imgUrls}}" wx:for-item="imgItem" wx:key="index">
      <swiper-item>
        <image class="slide-image" src="{{imgItem.src}}"/>
      </swiper-item>
    </block>
  </swiper>
</block>
```

上述代码中的{{listData}}表示通过 JS 文件向服务器请求数据成功后,获取的返回数据在当前 block 中循环渲染显示;{{item.imgUrls}}表示循环 listData 数组中的 imgUrl 图片地址对象,该对象中包括 2 个字段{id, src};{{imgItem.src}}则表示轮播图的图片地址渲染绑定。

打开 pages/index/index/WXSS 文件添加页面样式,具体代码如下:

```
/*轮播图样式*/
.slide-image {
  width: 100%;
  height: 280rpx;
}
```

接下来打开 pages/index/index.js 文件,在 onLaod 函数中编辑逻辑处理函数,向服务器请求接口数据并在页面中进行渲染。具体代码如下:

```
//index.js
const fetch = require('../../utils/fetch.js')
Page({
  /*初始化数据*/
  data: {
    //显示面板指示点
    indicatorDots: true,
```

```
        //图片自动切换
        autoplay: true,
        //自动切换时间间隔
        interval: 5000,
        //滑动动画时长
        duration: 1000
    },
    /*监听页面加载函数*/
    onLoad: function(options) {
        wx.showLoading({
            title: '正在努力寻找中……'
        })
        //请求数据
        fetch('food/index').then((res) => {
            //请求成功,关闭对话框
            wx.hideLoading();
            //把接口返回数据 setData 给 listData
            this.setData({
                listdata: res.data,
            })
        },() => {
            //请求失败,关闭对话框,执行 fetch.js 文件中的 fail 方法
            wx.hideLoading();
        })
    }
})
```

启动 Node 服务器后,编译运行上述代码可以看到运行效果如图 12-8 所示,能够正确显示出轮播图效果。

图 12-8　首页顶部轮播图效果

2. 单击跳转菜单列表

根据项目开发准备展示的效果可知在首页的中部展示了手机点餐的推广 banner 图,通过点击"开始点餐之旅"字样跳转至菜单列表,引导用户进行点餐。在 pages/index/index.wxml 文件中继续进行中间部分页面结构设计,代码如下:

```
<block wx:for="{{listData}}" wx:key="listData">
    ...
    <!--开启点餐之旅-->
    <view class="menu-bar">
        <view class="menu-block" bindtap="gostart">
```

```
        <view class="menu-start">开始点餐→</view>
      </view>
    </view>
    <!--推广图-->
    <view class="ad-box">
      <image src="{{item.image_ad}}" class="image-ad"></image>
    </view>
</block>
```

上述代码需要被包裹在<block></block>标签中,且在结构中为"开始点餐"按钮绑定 goStart 函数,用来实现点击跳转到菜单列表的功能。具体逻辑代码如下:

```
Page({
  ...
  /*开启菜单列表函数*/
  gostart: function() {
    wx.navigateTo({
      url:"../list/list",
    })
  }
})
```

最后在 pages/index/index.wxss 样式文件中添加中部样式设计,代码如下:

```
/*中间部分广告*/
.ad-box {
  margin-top:30px;
  width:100%;
  text-align:center;
}
.image-ad {
  width:95%;
  height:370rpx;
}
```

编译运行后效果如图 12-9 所示。

点击"开启点餐之旅"按钮后跳转到指定菜单列表页面。

3. 商品区域展示

在首页的底部区域用于展示不同的商品列表。打开 pages/index/index/WXML 文件继续进行底部商品展示区域的页面结构设计,且代码块同样需要包裹在<block></block>标签中,代码如下:

```
<block wx:for="{{listData}}" wx:key="listData">
  ...
  <!--底部商品图-->
  <view class="bottom-box">
    <view class="bottom-pic" wx:for="{{item.image_bottom}}" wx:for-item="bottomItem" wx:key="index">
      <image src="{{bottomItem.src}}" class="btm-image" data-id="{{bottomItem.id}}"></image>
```

```
        </view>
      </view>
    </block>
```

在样式文件 pages/index/index.wxss 中添加中部样式设计,代码如下:

```
/*底部图片展示*/
.bottom-box {
    margin-top:40rpx;
    display: flex;
    width: 100%;
    padding: 0 20rpx;
    flex-direction: row ;
    flex-wrap:wrap;
    justify-content:space-between;
    box-sizing: border-box;
}
.bottom-pic{
    width: 49%;
    display: inline-block;
}
.btm-image {
    width: 100%;
    height: 170rpx
}
```

编译运行后可以看到底部商品展示效果,如图 12-10 所示。

图 12-9　中间部分效果

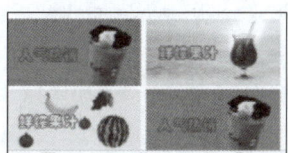

图 12-10　底部商品展示效果

任务 2　菜单列表设计实现

首页完成后,单击首页上的"开始点餐之旅"按钮会跳转到菜单列表界面,菜单列表页面划分为顶部折扣信息区域以及左侧菜单栏和右侧商品列表区域,菜单和商品实现单击联动效果。可以通过"项目预览展示"看到效果,接下来实现这部分内容。

1. 折扣信息区域

在折扣区域主要展示商家的折扣活动信息或者店铺的优惠信息。打开 pages/list/list.wxml 文件,设计商品列表顶部的折扣区布局,具体代码如下:

```
<!--折扣信息区-->
<view class="discount">
    <text class="discount-txt">减</text>满 50 元减 10 元(在线支付专享)
</view>
```

在 pages/list/list.wxss 样式文件中添加折扣区域样式,具体代码如下:

```css
/*折扣信息区*/
.discount {
    width: 100%;
    height: 70rpx;
    line-height: 70rpx;
    background: #fef9e6;
    font-size: 28rpx;
    text-align: center;
    color: #999;
    z-index: 111;
}
.discount-txt {
    color: #fff;
    padding: 5rpx 10rpx;
    background: red;
    margin-right: 15rpx;
}
```

2. 菜单列表设计

菜单列表页面分为左侧菜单分类、右侧单品商品列表两部分。单击左侧菜单子分类,右侧商品菜单找到相应分类对应的名字。为了实现该功能,在布局上左侧列表菜单栏以及右侧菜品列表都使用了<scroll-view>布局并指定高度。

打开 pages/list/list.wxml 文件,添加菜单列表页面布局,具体代码如下:

```
<view>
    <!--左侧菜单-->
    <scroll-view class="left-menu" scroll-y="true" style="height: 100%">
        <view wx:for="{{listData}}" wx:key="index" class="left-menu-common {{activeIndex===index?'left-menu-selected':'left-menu-unselect'}}" data-index="{{index}}" bindtap="selectMenu">
            <view class="list-menu-name">{{item.name}}</view>
        </view>
    </scroll-view>
    <!--右侧菜单栏-->
    <scroll-view scroll-y="true" style="height: 1200rpx;" bindscroll="scroll" scroll-into-view="{{toView}}" class="foods-wrapper" scroll-with-animation="true">
        <view class="content" id="a{{index}}" wx:for="{{listData}}" wx:key="lists">
            <view class="list-tab">{{item.name}}</view>
            <view class="content-list" wx:for="{{item.foods}}" wx:for-item="items" wx:key="list" wx:for-index="indexs">
                <view class="list-image-box">
                    <image class="list-image" mode="widthFix" src="{{items.image_url}}"></image>
                </view>
                <view class="list-name-box">
                    <view>{{items.name}}</view>
```

```
            <view class="list-price">
                ¥{{items.specfoods[0].price}}.00
                <i class="iconfont icon-jiahao2fill add-icon" data-type="{{index}}" data-index="{{indexs}}"
                bindtap="addToCart"></i>
            </view>
        </view>
      </view>
    </view>
  </scroll-view>
</view>
```

上述代码中，scroll-into-view 的属性值 toView 参数值与后续属性 id="a{{index}}" 中的锚点 id 相一致，且在 JS 中进行动态赋值而不能在元素中直接设定，由于 id 不能使用数组开头，因此需要在 index 前面加上 'a'。

接着在 pages/list/list.wxss 文件中进行样式设计，代码如下：

```css
/* 左侧菜单 */
.left-menu{
    width: 160rpx;
    font-size: 28rpx;
    position: absolute;
    left: 0px;
    z-index: 10;
}
/* 子菜单公共样式 */
.left-menu-common {
    height: 100rpx;
    line-height: 100rpx;
    text-align: center;
}
/* 子菜单未选中样式 */
.left-menu-unselect {
    color: #6C6C6C;
    border-bottom:1px solid #E3E3E3;
    background: #F9F9F9;
}
/* 子菜单选中样式 */
.left-menu-selected {
    color: #FF9C35;
    border-left: 3px solid #FF9C35;
    background: white;
}
/* 右侧菜单 */
.list-tab {
    margin-left: 170rpx;
```

```css
    font-size: 25rpx;
    background: #F3F4F6;
    padding: 2px;
    color: #FF9C35;
}
.content-list {
    margin-left: 160rpx;
    display: flex;
    border-bottom: 1px solid #E3E3E3;
}
.list-image-box {
    width: 160rpx;
    height: 72px;
    text-align: center;
}
.list-image {
    width: 108rpx;
    margin-top: 16rpx;
}
.list-name-box {
    width: 200px;
    font-size: 30rpx;
    margin-top: 20rpx;
}
.list-price {
    margin-top: 20rpx;
    color: #F05A86;
}
.add-icon {
    float: right;
    color: #FF9C35;
    font-size: 46rpx;
}
```

3. 数据请求

本案例使用本地接口作为测试接口,实际项目中应将 utils/fetch.js 文件中的 url 请求路径进行替换。进入 pages/list/list.js 文件,请求数据并渲染菜单列表页面,具体代码如下:

```javascript
const fetch = require('../../utils/fetch.js')
Page({
  /**
   * 页面的初始数据
   */
  data: {
    loading: false   //loading 默认为 false,不显示底部操作菜单
  },
```

```
/**
 * 生命周期函数,监听页面加载
 */
onLoad(options) {
  wx.showLoading({
    title: '正在加载中……',
  })
  fetch('food/list').then(res =>{
    wx.hideLoading()
    this.setData({
      listdata: res.data,
      loading: true
    })
  })
}
})
```

上述代码中,在设置页面初始数据 data 时将 loading 的默认值设置为 false,即不展示底部操作菜单,当数据请求成功后再设置为 true,此时可以显示底部操作菜单。编译运行后可以观察到能够显示出左侧菜单项目以及右侧的商品列表。此时还没有编辑联动以及点击事件,接下来继续完善项目。

4. 实现菜单栏与单品列表联动功能

菜单列表中,单击左侧菜单的不同类别,可以在右侧菜品列表中找到对应的类别并滑动到顶部。联动功能可以通过为左侧菜单类别绑定单击事件 selectMunu() 函数,右侧菜品列表借助 scroll-view 组件中 scroll-into-view 的 toView 参数值与锚点中的 id 值相一致并在 JS 中动态赋值即可。同时通过 scroll-y="ture"或 scroll-x="ture"设置向哪个方向滚动元素。

前面的小节内容在设计页面结构时已经进行了单击事件的属性设置,接下来只需要在 pages/list/list.js 中编辑 selectMunu() 函数即可,具体代码如下:

```
const fetch=require('../../utils/fetch.js')
Page({
  /**
   * 页面的初始数据
   */
  data: {
    loading: false, //loading 默认为 false,不显示底部操作菜单
    activeIndex: 0,
    toView: "a0",
  },
  /**
   * 生命周期函数,监听页面加载
   */
  ...
  //点击左侧菜单项选择
  selectMenu: function(e) {
```

```
        let index=e.currentTarget.dataset.index
        console.log(index)
        this.setData({
          activeIndex: index,
          toView:"a" + index,
        })
      }
    })
```

保存编译后运行可以看到点击左侧菜单栏右侧菜品列表实现了级联切换,效果如图12-11所示。

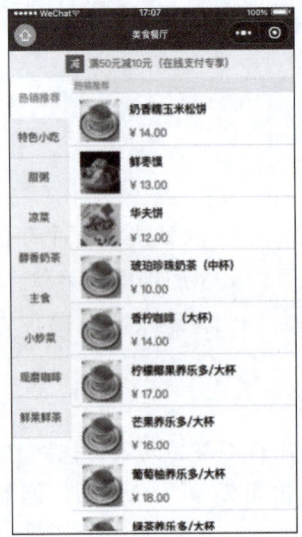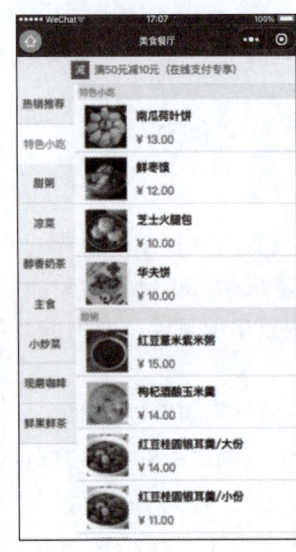

图12-11　菜单栏及菜品展示效果

任务3　购物车功能实现

根据项目预览展示部分所展示的购物车功能可以看出该区域位于商品列表界面的底部,且购物车中商品数为0时,购物车图标为灰色,即处于不可点击状态;当商品数量不为0时,购物车图标右上角显示商品数量,且图标可单击并展开查看里面的商品,同时修改商品的数量并动态核算全部商品的价格;可以单击清空购物车,商品数量为0,核算的商品价格为0,且购物车图标切换成灰色,即不可单击状态。由于样式内容较多,购物车部分样式设计代码可以参考本书提供的资源文件,样式文件路径为pages/list/list.wxss,在任务实现中不再粘贴代码。接下来我们分步骤实现本功能。

1. 设计底部购物车区域

任务2中菜单列表页面数据请求成功后,将data中的loading值设为ture,以便显示底部购物车区域。当购物车中商品数量为0时,购物车图标为灰色。首先,打开pages/list/list.wxml文件继续设计购物车布局,具体代码如下:

```
<!--底部操作菜单-->
<view class="bottom-operate-menu" wx:if="{{loading}}">
  <view class="shopping-cart">
    <view style="padding: 5px;display: flex"
```

```
            <i class="iconfont icon-gouwuchefill shopping-cart-icon {{sumMonney!=0?'activity-color':
            ''}}" bindtap="showCartList">
                <span class="number-msg" wx:if="{{cartList.length!=0}}">{{cupNumber}}</span>
            </i>
            <view class="shopping-cart-price" wx:if="{{sumMonney==0}}">购物车是空的</view>
            <view class="shopping-cart-price" style="color: white;font-size: 18px" wx:if=
            "{{sumMonney!=0}}">￥{{sumMonney}}.00</view>
        </view>
    </view>
    <view class="submit-btn {{sumMonney!=0?'activity-color-bg':''}}" bindtap="goBalance">
        <view class="submit-btn-label {{sumMonney!=0?'color-white':''}}">选好了</view>
    </view>
</view>
```

2. 添加菜品到购物车

在上一小节实现的右侧菜品列表布局中已经添加了将菜品添加到购物车的函数 addToCart()。此时单击图标"+",把商品添加到购物车中。打开 pages/list/list.js 文件实现添加购物车逻辑。代码如下:

```
const fetch=require('../../utils/fetch.js')
Page({
    /**
    * 页面的初始数据
    */
    data: {
        loading: false,  //loading 默认为 false,不显示底部操作菜单
        activeIndex: 0,
        toView: "a0",
        currentType: 0,
        currentIndex: 0
    },
    //加入购物车
    addToCart: function(e) {
        console.log(e)
        var type=e.currentTarget.dataset.type;
        var index=e.currentTarget.dataset.index;
        this.setData({
            currentType: type,
            currentIndex: index,
        });
        var a=this.data
        //声明数组 addItem
        var addItem={
            "name": a.listData[a.currentType].foods[a.currentIndex].name,
            "price": a.listData[a.currentType].foods[a.currentIndex].specfoods[0].price,
```

```
        "number": 1,
        "sum": a.listData[a.currentType].foods[a.currentIndex].specfoods[0].price,
      }
      var sumMonney = a.sumMonney + a.listData[a.currentType].foods[a.currentIndex].specfoods
[0].price;
      //把新数组(addItem) push 到原数组 cartList
      var cartList=this.data.cartList;
      cartList.push(addItem);
      this.setData({
        cartList: cartList,
        showModalStatus: false,
        sumMonney: sumMonney,
        cupNumber: a.cupNumber + 1
      });
    }
  })
```

3. 购物车界面设计

当购物车中菜品数量不为 0 时,购物车图标右上角显示商品数量且图标变成可单击状态,此时单击购物车图标可以展开或隐藏购物车中的内容,且在展开购物车时可以对商品数量进行添加或减少操作,最后动态核算全部菜品价格。首先,打开 pages/list/list.wxml 文件设计购物车布局,具体代码如下:

```
<!--点击购物车图标(购物车部分)-->
<view class="drawer-screen" bindtap="showCartList" data-statu="close" wx:if="{{showCart}}">
</view>
<view class="cartlist-content" wx:if="{{showCart}}">
  <view class="cartlist-title">
    <label class='label-title-bar'>
      <label class="lable-selected">已选商品</label>
    </label>
    <label class="lable-icon-clear" bindtap="clearCartList">
      <i class="iconfont icon-lajitong"></i>
      <label class="label-clear">清空购物车</label>
    </label>
  </view>
  <scroll-view scroll-y="true" class="{{cartList.length>5?'cart-scroll-list':''}}">
    <view class="cart-list-box" wx:for="{{cartList}}" wx:key="unique">
      <view class="listL-info">
        <view>{{item.name}}</view>
        <view class="list-info-size">{{item.detail}}</view>
      </view>
      <view class="listR-info">
        <view class="listR-info-con">
          <label class="activity-color">¥ {{item.sum}}.00</label>
```

```
          <i class="iconfont icon-jian icon-li-circle" data-index="{{index}}" bindtap="decNumber">
          </i>
          {{item.number}}
          <i class="iconfont icon-jiahao2fill activity-color font20" data-index="{{index}}" bindtap="addNumber"></i>
        </view>
      </view>
    </view>
  </scroll-view>
</view>
```

接着在 pages/list/list.js 文件中添加判断购车中菜品数量,以及切换是否显示购物车的逻辑。使用 this.data.cartList.length 进行购物车中菜品数量判断,并切换 showCart 的逻辑值来决定是否展开购物车,具体代码如下:

```
const fetch = require('../../utils/fetch.js')
Page({
  /**
   * 页面的初始数据
   */
  data: {
    loading: false, //loading 默认为 false,不显示底部操作菜单
    activeIndex: 0,
    toView: "a0",
    cartList: [],
    currentType: 0,
    currentIndex: 0,
    sumMonney: 0, //总价钱
    cupNumber: 0, //购物车里商品的总数量
    showCart: false //是否展开购物车
  },
  ...
  //展开购物车
  showCartList: function() {
    if(this.data.cartList.length != 0) {
      this.setData({
        showCart: !this.data.showCart
      });
    }
  }
})
```

4. 购物车中添加菜品

打开 pages/list/list.js 文件,编写 addNumber() 函数,实现购物车中菜品数量的增加,代码如下:

```
const fetch=require('../../utils/fetch.js')
Page({
    //购物车添加商品数量
    addNumber: function(e) {
        var index=e.currentTarget.dataset.index;
        var cartList=this.data.cartList;
        cartList[index].number++;
        var sum=this.data.sumMonney + cartList[index].price;
        cartList[index].sum+=cartList[index].price;
        this.setData({
            cartList: cartList,
            sumMonney: sum,
            cupNumber: this.data.cupNumber + 1
        })
    }
})
```

5. 购物车中减少菜品

打开 pages/list/list.js 文件,编写 decNumber()函数,实现购物车中菜品数量减少的功能,代码如下:

```
const fetch=require('../../utils/fetch.js')
Page({
    //购物车减少商品数量
    decNumber: function(e) {
        var index=e.currentTarget.dataset.index;
        var cartList=this.data.cartList;
        var sum=this.data.sumMonney - cartList[index].price;
        cartList[index].sum -= cartList[index].price;
        cartList[index].number == 1 ? cartList.splice(index, 1) : cartList[index].number--;
        this.setData({
            cartList: cartList,
            sumMonney: sum,
            showCart: cartList.length == 0 ? false : true,
            cupNumber: this.data.cupNumber-1
        });
    }
})
```

6. 清空购物车

打开 pages/list/list.js 文件,编写 clearCartList()函数,实现清空购物车中所有菜品的功能,代码如下:

```
const fetch=require('../../utils/fetch.js')
Page({
    //清空购物车
```

```
    clearCartList: function() {
      this.setData({
        cartList: [],
        showCart: false,
        sumMonney: 0,
        cupNumber: 0
      });
    }
  })
```

7. 满减优惠

满减信息应该显示在底部购物车图标的上方,打开 pages/list/list.wxml 文件,设计满减区域布局,代码如下:

```
<!--满减优惠-->
<view class="cut-bar" wx:if="{{sumMonney==0&&loading}}">
  <label>满 25 立减 3 元(手机点餐专享)</label>
</view>
<view class="cut-bar" wx:if="{{sumMonney<25&&sumMonney!=0&&loading}}">
  <label>满 25 立减 3 元,还差{{25-sumMonney}}元,去凑单></label>
</view>
```

上述代码根据条件判断显示不同文本信息,总价为 0 且 loading 为 true 时,显示内容为"满 25 立减 3 元(手机点餐专享)";总价小于 25 元,且不为 0 时,显示文本"满 25 立减 3 元,还差{{25-总价}}元,去凑单"。

8. 跳转订单确认页面

购物车选好菜品后,单击"选好了"按钮即可向服务器端发送 POST 请求的订单接口,将选定的菜品 id 和数量传递过去,请求结束服务器会返回状态码 error,根据状态码判断请求是否成功。在 pages/list/list.js 文件中添加 goBalance()函数请求订单接口,代码如下:

```
const fetch=require('../../utils/fetch.js')
Page({
  //点击"选好了"按钮,缓存购物车的值
  goBalance: function(e) {
    if(this.data.sumMonney == 0) {
      return
    }
    //请求接口返回参数{error: 0(错误代码), order_id: 1}}
    var order_id=this.data.order_id
    var method="POST"
    fetch("food/order", {id: 1,num: 1}, method).then(function(res) {
      if(res.data.error !== 0) {
        wx.showModal({
          title: '下单失败',
          content: '操作失败请重试'
        })
        return
```

```
            }
            //请求成功后跳转到订单确认页面,把返回的order_id订单编号传过去
            wx.navigateTo({
                url:'../order/balance/balance?order_id=' + res.data.order_id
            })
        })
    }
})
```

编译运行后,任务3购物车功能实现,可以看到运行效果如图12-12所示。

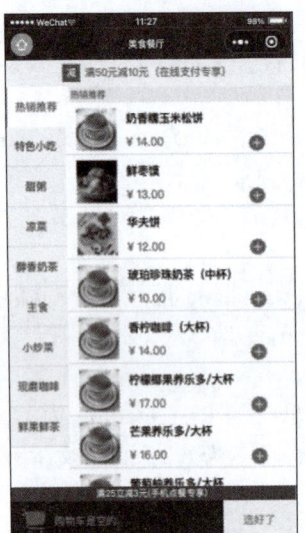

图12-12 购物车功能实现效果

任务4 订单确认页面设计实现

在任务3中实现购物车功能后,选好商品单击"选好了"按钮可以跳转到订单确认页面,即pages/order/balance/balance.wxml页面。在该页面需要请求订单接口并获取菜品相关数据,并将数据渲染到订单信息中展示。由于样式内容较多,订单确认部分样式设计代码可以参考本书提供的资源文件,样式文件路径为pages/order/balance/balance.wxss,在任务实施中不再粘贴代码。实现效果可以参考12.1.1中的项目预览展示。

1.订单信息页面设计实现

打开pages/order/balance/balance.wxml文件,设计并获取数据渲染页面,具体代码如下:

```
<view>
    <!--取餐时间-->
    <view class="top-bar">
        <label class="top-left-label">请确认您的订单</label>
    </view>
    <!--订单详情-->
    <view class="order-info">
        <view class="order-info-title">订单详情</view>
```

```
    <view class="cart-list-box" wx:for="{{order.foods}}" wx:for-item="item" wx:key="list">
      <view class="list-info">
        <view>{{item.name}}</view>
      </view>
      <view style="width:50%;padding:10px;">
        <view style="float:right">
          <view style="color:#A3A3A3">x {{item.num}}</view>
          <view>¥ {{item.price}}</view>
        </view>
      </view>
    </view>
  </view>
  <view class="order-cut" wx:if="{{order.promotion.length > 0}}">
    <label class="order-cut-dec">减</label>
    <label class="order-cut-note">{{order.promotion.name}}</label>
    <label class="order-cut-number activity-color">-¥ {{order.promotion.discount}}</label>
  </view>
  <view class="order-sum">
    <label>总计 </label>
    <label class="order-sum-number activity-color">¥ {{sumMonney-cutMonney}}</label>
  </view>
</view>
```

设计完页面结构后,打开 pages/order/balance/balance.js 文件,编辑请求订单列表逻辑操作,具体代码如下:

```
//pages/order/balance/balance.js
const fetch=require('../../../utils/fetch.js')
Page({
  /**
   * 页面的初始数据
   */
  data:{
    sumMonney:0,
    cutMonney:0,
    taken:''
  },
  /**
   * 生命周期函数,监听页面加载
   */
  onLoad(options) {
    //请求订单接口
    fetch('food/order', { order_id: options.order_id }).then((res) => {
      var foods=res.data.foods
      //计算总价
      var sum=0;
```

```
        for(var i in foods) {
            sum += foods[i].price * foods[i].num
        }
        if(res.data.promotion.length > 0 && sum > res.data.promotion.discount) {
            sum -= res.data.promotion.discount
        }
        this.setData({
            order: res.data,
            sumMonney: sum
        })
    })
  }
})
```

编译运行后,效果如图 12-13 所示。

2. 备注功能设计实现

为了满足客户对菜品的不同需求从而更好地服务客户,在订单页面中添加了备注区域,客户可以根据自己的需求添加备注信息。通过在订单页面 pages/order/balance/balance.wxml 中添加备注信息区域,提交订单完成支付后将在订单详情页面 pages/order/detail/detail.wxml 中查看备注信息。为了能够展示信息,本项目使用同步缓存的方式存储备注信息。

打开 pages/order/balance/balance.wxml 文件,在原有代码基础上添加备注区域的布局,具体代码如下:

```
<view>
    ...
    <!--备注-->
    <view class="note">
        <label style="font-size:13px;color:#A3A3A3">备注</label>
        <textarea maxlength="{{max}}" placeholder="如有其他要求,请输入备注" bindinput="listenerTextarea" class="note-text">{{note}}</textarea>
    </view>
</view>
```

上述代码中的<textarea></textarea>为多行文本输入组件,为该组件添加绑定事件可以实时监控输入的 value 值。

打开 pages/order/balance/balance.js 文件编辑逻辑代码,获取存储的 value 值,具体代码如下:

```
const fetch=require('../../../utils/fetch.js')
Page({
    ...
    //实时监控 textarea 值,采用同步的方式存储 note 值('key',value)
    listenerTextarea: function(e) {
        var note=e.detail.value;
        wx.setStorageSync('note', note)
    }
})
```

输入的信息可以通过控制台的 Storage 面板查看到。

接着打开 pages/order/detail/detail/js 文件,获取备注的内容,具体代码如下:

```
const fetch=require('../../../utils/fetch.js')
Page({
  ...
  onLoad(options) {
    //取出缓存的 note 值
    var note=wx.getStorageSync('note')
  }
})
```

3. 支付订单功能设计实现

本项目支付接口是模拟的本地接口,打开 pages/order/balance/balance.wxml 文件,设计页面底部支付区域布局,代码如下:

```
<view>
  ...
  <!--支付区域-->
  <view class="bottom-operate-menu">
    <view class="shopping-cart">
      <view style="padding: 15px;display: flex;font-size: 28rpx;">
        <view class="shopping-cart-price" style="color: white;font-size: 18px">合计:¥{{sumMonney}}.00</view>
      </view>
    </view>
    <view class="submit-btn activity-color-bg" bindtap="gotopay">
      <view class="submit-btn-label color-white">去支付</view>
    </view>
  </view>
</view>
```

在对应的 pages/order/balance/balance.js 中编辑 gotopay()函数,用于请求后台支付接口,具体代码如下:

```
//pages/order/balance/balance.js
const fetch=require('../../../utils/fetch.js')
Page({
  data: {
    sumMonney: 0,
    cutMonney: 0,
    taken: '',
    note: '',
    max: '20'
  },
  ...
  //点击"去支付"按钮
  gotopay: function(e) {
```

```
var order_id=this.data.order_id
//请求支付接口,把订单号传给后台,返回数据{error：0，order_id：1}
var method='POST'
fetch('food/pay',{order_id:order_id},method).then((res)=>{
  if(res.data.error !== 0) {
    wx.showModal({
      title：'支付失败',
      content：'请您重新尝试',
    })
    return
  }
  wx.showToast({
    title：'支付成功',
    icon：'success',
    duration：2000,
    success：function() {
      setTimeout(function() {
        wx.navigateTo({
          url：'../detail/detail?order_id=' + res.data.order_id
        })
      })
    }
  })
});
}
})
```

编译运行后点击"去支付"按钮可以跳转到 pages/order/detail/detail.wxml 页面。当前订单支付页面运行效果如图 12-14 所示。

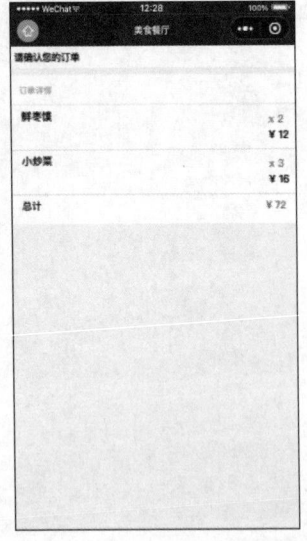 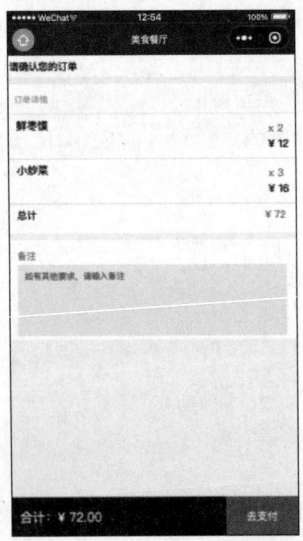

图 12-13　订单确认页面效果　　图 12-14　订单确认支付功能页面效果

4.支付成功返回页面效果

支付成功后单击左上角的返回箭头应该触发 onUnload 函数事件。首先在项目的 app.js 文件中定义全局变量 isReloadOrderList 的值为 false，表示不执行刷新。在支付成功后修改 isReloadOrderList 的值为 true 并跳转到订单列表即可。下面实现本功能。

打开项目的 app.js 文件，定义是否刷新全局变量，具体代码如下：

```
//app.js
App({
  //定义全局变量：是否刷新页面。为 false 不执行刷新
  isReloadOrderList：false
})
```

打开 pages/order/detail/detail.js 文件，设置页面跳转函数，具体代码如下：

```
const fetch=require('../../../utils/fetch.js')
Page({
  ...
  onUnload：function() {
    var app=getApp();
    //支付成功之后跳转到订单页面,通知订单页刷新
    app.isReloadOrderList=true
    wx.switchTab({
      url：'/pages/order/list/list'
    })
  }
})
```

任务 5　订单详情页面设计实现

根据上述任务实现功能描述可知在订单支付成功后需要跳转到订单详情页面 pages/order/detail/detail.wxml，在该页面向服务器请求订单详细信息，包括取餐号、订单详情、订单号码、订单时间、备注信息等。由于样式内容较多，订单详情页面样式设计代码可以参考本书提供的资源文件，样式文件路径为 pages/order/detail/detail.wxss，在任务实施中不再粘贴代码。

1.取餐信息页面展示设计

打开 pages/order/detail/detail.wxml 文件，设计顶部取餐信息展示布局，代码如下：

```
<view class="go-center go-top-10">
  <view class="card-box">
    <view class="card-fetch">
      <view class="card-left-bar">
        <label>取</label>
        <label>餐</label>
        <label>号</label>
      </view>
      <view>
```

```
        <view class="go-top-10">
            <label class="number-card">{{order.meunnumber}}</label>
            <block wx:if="{{order.taken}}">
                <label class="statu-card" style="color：#999">已取餐</label>
            </block>
            <block wx:else>
                <label class="statu-card">正在努力制作中···</label>
            </block>
        </view>
        <view wx:if="{{note==''}}">
        </view>
        <view wx:else>
            <view class="remark">备注：{{note}}</view>
        </view>
        <view class="note-card">
            餐品制作中,尽快为你服务
        </view>
    </view>
</view>
```

编译运行后,页面展示效果如图 12-15 所示。由于没有编辑 JS 文件进行数据请求,因此取餐号无法显示。

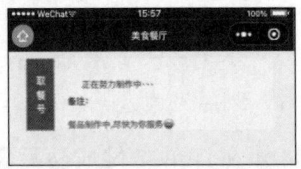

图 12-15　取餐区域页面效果

2. 订单详情区域设计

在文件 pages/order/detail/detail.wxml 中设计中间的订单详情显示区域,具体代码如下：

```
<!--订单详情区域-->
<view class="order-info">
    <view class="order-info-title">订单详情</view>
    <block wx:for="{{order.foods}}" wx:key="item">
        <view class="cart-list-box">
            <view class="list-info">
                <view>{{item.name}}</view>
            </view>
            <view style="width：50%；padding：10px;">
                <view style="float：right">
                    <view style="color：#A3A3A3">x {{item.num}}</view>
                    <view>￥{{item.price * item.num}}</view>
                </view>
```

```
      </view>
    </view>
  </block>
  <!--订单金额-->
  <view class="order-sum">
    <label>总计 </label>
    <label class="order-sum-number activity-color">￥{{sumMonney}}</label>
  </view>
</view>
<!--订单号及订单时间-->
<view class="order-info">
  <view class="order-info-title flex-display">订单信息
    <view class="order-info-li">{{order.orderinfo}}</view>
  </view>
  <view class="order-info-title flex-display">订单号码
    <view class="order-info-li">{{order.ordernum}}</view>
  </view>
  <view class="order-info-title flex-display">订单时间
    <view class="order-info-li">{{order.ordertime}}</view>
  </view>
</view>
<view wx:if="{{order.taken==false}}">
  <view style="margin-top:15px" class="go-center">
    <label class="note-exchange">请凭此画面至取餐柜台领取饮料</label>
  </view>
</view>
```

页面结构设计完毕后打开 pages/order/detail/detail.js 文件，添加请求接口数据的函数，获取数据后渲染页面并展示订单信息，具体代码如下：

```
const fetch = require('../../../utils/fetch.js')
Page({
  //页面加载函数
  onLoad(options) {
    //取出缓存的 note 值
    var note = wx.getStorageSync('note')
    wx.setNavigationBarTitle({
      title: '订单详情'
    })
    fetch('food/order', { order_id: options.order_id }).then((res) => {
      var foods = res.data.foods
      //算总价
      var sum = 0;
      for(var i in foods) {
        sum += foods[i].price * foods[i].num
      }
```

```
            if(res.data.promotion.length > 0 && sum > res.data.promotion.discount){
                sum -= res.data.promotion.discount
            }
            this.setData({
                order: res.data,
                sumMonney: sum,
                note: note
            })
        })
    }
})
```

保存编译后运行效果如图12-16所示,可以看到获取到了上一个任务中选择的订单信息。

图12-16　订单详细信息效果展示

任务6　订单列表与消费记录设计实现

因为前面编辑的pages/order/list/list.wxml是在项目app.json中定义的tabBar页面,因此除了支付完成返回以外,还可以直接点击底部导航进入订单列表页面,此时不执行页面刷新。本任务中的样式文件pages/order/list/list.wxss可以通过本书提供的资源文件导入,后续不再粘贴。

1. 订单列表设计实现

订单列表页面中主要展示所有的订单信息,包括下单时间、总价以及是否取餐等。通过点击订单后面的"查看详情"按钮跳转到订单详情页。打开pages/order/list/list.wxml文件,设计订单列表页面结构,具体代码如下:

```
<scroll-view class="container" enable-flex="true" scroll-y="true">
    <block wx:for="{{orderList}}" wx:for-item="item" wx:for-index="idx" wx:key="order_id">
        <view class="orderList" data-postId="{{item.order_id}}">
            <view class="order-content" wx:for="{{item.foods}}" wx:for-item="items" wx:key="orderlist">
```

```
        <view class="content-time">下单时间:{{items.date}} {{items.time}}</view>
        <view class="content-btm" style='display: flex'>
          <view class="content-info">
            <text class="food-name">{{items.name}}</text>
            <text class="food-describe"s>{{items.describe}}</text>
            <text class="food-price">¥{{items.price}}</text>
          </view>
          <view class="content-infoR">
            <view class="order-detail" catchtap="orderdetail" data-postId="{{item.order_id}}">
            查看详情</view>
            <view wx:if="{{item.taken}}" class="taken">已取餐</view>
            <view wx:else class="notaken">未取餐</view>
          </view>
        </view>
      </view>
    </view>
  </block>
  <view class="bottom" wx:if="{{is_last}}">到底啦~</view>
</scroll-view>
```

2. 封装数据

当前页面中加载服务器中初始化数据、下拉刷新以及上拉触底事件都需要调用服务器相同接口,因此在 pages/order/list/list.js 文件中重新定义一个加载数据的函数,用来根据传递的参数获取不同数据。具体代码如下:

```
//引入文件
const fetch=require('../../../utils/fetch')
Page({
  data: {
    orderList: [],
    //数据是否加载完毕
    is_last: false
  },
  //加载文件的标识
  last_id: 0,
  //定义请求接口,封装请求的公共部分(三个参数:数据、成功、失败)
  loaddata: function(data, success, fail) {
    //每一页 10 条数据
    data.row=10
    fetch('food/orderlist', data).then((res) => {
      this.last_id=res.data.last_id
      this.setData({
        is_last: res.data.is_last
      }, () => {
```

```
      success(res.data)
    })
  }, fail)
  }
})
```

3. 初始化页面数据

在pages/order/list/list.js文件中的onShow函数中获取全局变量isReloadOrderList,如果值为true表示需要刷新并请求服务器订单数据;单击页面中的"查看详情"按钮跳转到订单详情页面,并根据订单号查询订单数据,渲染订单详情页面。具体逻辑代码如下:

```
//引入文件
const fetch=require('../../../utils/fetch')
Page({
  ...
  onLoad: function(options) {
    wx.showLoading({
      title: '加载中...'
    })
    this.loadData({
      last_id: 0
    }, (data) => {
      this.setData({
        orderList: data.list,
      }, () => {
        wx.hideLoading();
      })
    })
  },
  onShow: function() {
    //获取app
    var app=getApp();
    //获取到并判断全局变量isReloadOrderList是否为true,是则就刷新
    if(app.isReloadOrderList) {
      this.onLoad()
      app.isReloadOrderList=false
    }
  },
  orderdetail: function(e) {
    var index=e.currentTarget.dataset.postid
    wx.navigateTo({
      url: '../detail/detail?order_id=' + index
    })
  }
})
```

4. 下拉刷新及上拉触底

最后,在 pages/order/list/list.js 页面逻辑中添加上拉触底以及下拉刷新函数功能,具体代码如下:

```javascript
//引入文件
const fetch=require('../../../utils/fetch')
Page({
  ...
  //下拉刷新
  onPullDownRefresh: function() {
    //显示顶部刷新图标
    wx.showNavigationBarLoading();
    this.loadData({
      last_id: 0
    }, (data) => {
      this.setData({
        orderList: data.list,
      }, () => {
        //隐藏导航条栏加载框
        wx.hideNavigationBarLoading();
      })
    })
  },
  //上拉触底事件
  onReachBottom: function() {
    //判断数据是否到底,如果 is_last 为 true 说明到底了,则不执行请求
    if(this.data.is_last) {
      return
    }
    //显示加载图标
    wx.showLoading({
      title: '玩命加载中',
    })
    this.loadData({
      last_id: this.last_id,
    }, (data) => {
      var orderList=this.data.orderList;
      for(var i=0; i < data.list.length; i++) {
        orderList.push(data.list[i]);
      }
      //设置数据
      this.setData({
        orderList: orderList
      }, () => {
```

```
        //隐藏加载框
        wx.hideLoading();
      })
    })
  }
})
```

保存编译后,订单列表页面运行效果如图12-17所示。

5. 消费记录页面展示

消费记录页面用于展示用户个人的历史订单信息,包括用户的下单时间、商品消费总价钱等内容。消费记录页面样式读者可以参考本书提供的项目资源文件,文件路径为 pages/record/record.wxss,可以将提供的样式文件导入项目中,后续代码讲解中不再粘贴。

在文件 pages/record/record.wxml 中设计消费记录列表布局,具体代码如下:

```
<view class="avatar">
  <image src="/images/she.jpg" mode="aspectFill"></image>
</view>
<view class="content">
  <view class="con">消费记录</view>
</view>
<view class="record-content" wx:for="{{listData.record}}" wx:for-item="items" wx:key="record_id">
  <view class="content-infoL" style='display: flex'>
    <view>消费</view>
    <view class="content-time">{{items.date}} {{items.time}}</view>
  </view>
  <view class="content-infoR" style='display: flex'>
    <text>¥{{items.summoney}}</text>
  </view>
</view>
```

编辑 pages/record/record.js 文件,请求数据并渲染页面,代码如下:

```
//引入fetch文件
const fetch = require('../../utils/fetch.js')
Page({
  data: {
  },
  onLoad: function(options) {
    wx.showLoading({
      title: "努力加载中"
    })
    //设置小程序导航栏标题文字内容
    wx.setNavigationBarTitle({
      title: '消费记录'
    })
    //请求消费记录接口
```

```
    fetch('food/record').then((res)=>{
        //关闭加载信息
        wx.hideLoading();
        this.setData({
            listdata:res.data
        })
    })
})
```

保存编译后,运行效果如图12-18所示。

图12-17　订单列表页面效果展示

图12-18　用户消费记录页面效果展示

项目小结

校园点餐小程序主要完成了底部导航栏、轮播图效果设计、菜单列表级联效果展示、购物车功能实现、订单详情、订单列表以及用户消费记录页面的设计及功能实现。通过综合案例的学习,读者能够掌握如何设计一个完整的微信小程序项目,熟悉项目的开发流程,学会如何在开发中应用前面所学的技术解决实际问题。

参考文献

[1] 沈顺天.微信小程序项目开发实战[M].北京:机械工业出版社,2020.
[2] 周文洁.微信小程序开发实战[M].北京:清华大学出版社,2020.
[3] 刘刚.微信小程序开发图解教程[M].2版.北京:人民邮电出版社,2019.
[4] 雷磊.微信小程序开发入门与实践[M].北京:清华大学出版社,2017.